U0181306

化妆品功效临床评价实用手册
——如何设计科学的皮肤生理学研究

Practical Aspects of Cosmetic Testing
How to Set up a Scientific Study in Skin Physiology

（第 2 版）

注　意

　　该领域的理论知识和临床实践在不断变化。随着新的研究与经验不断扩充我们的知识结构，有必要在实践、治疗和用药方面做出适当的迭代。建议读者核实与操作相关的最新信息，或查阅每种药物生产厂家所提供的最新产品信息，以确定药物的推荐剂量、服用方法、服用时间以及相关禁忌证。医师根据对患者的了解和相关经验，确立诊断，以此确认每一位患者的用药剂量和最佳治疗方法，并采取适当的安全预防措施，是其职责所在。不论是出版商还是著作者，对于在本出版物使用过程中引起的或与本出版物相关的所有个人或财产的损伤和（或）损失，均不承担任何责任。

出版者

化妆品功效临床评价实用手册
——如何设计科学的皮肤生理学研究

Practical Aspects of Cosmetic Testing
How to Set up a Scientific Study in Skin Physiology

（第2版）

原　著　Joachim W. Fluhr

主　译　廖　勇　赵良森

副主译　沈　頔　李育胜

译　者（按姓名汉语拼音排序）

李育胜　廖　勇　沈　頔

吴晓晖　杨　鑫　张泽荣

赵良森

北京大学医学出版社

HUAZHUANGPIN GONGXIAO LINCHUANG PINGJIA SHIYONG SHOUCE —— RUHE
SHEJI KEXUE DE PIFU SHENGLIXUE YANJIU (DI 2 BAN)

图书在版编目（CIP）数据

化妆品功效临床评价实用手册：如何设计科学的皮肤生理学
研究：第 2 版 /（德）乔基姆·W. 弗吕尔（Joachim W. Fluhr）原著；
廖勇，赵良森主译 . – 北京：北京大学医学出版社，2024.5
书名原文：Practical Aspects of Cosmetic Testing：How to Set up a
Scientific Study in Skin Physiology
ISBN 978-7-5659-3023-2

Ⅰ.①化…　Ⅱ.①乔…②廖…③赵…　Ⅲ.①化妆品—效果
—评价②皮肤病学—病理生理学—研究　Ⅳ.① TQ658 ② R751.02

中国国家版本馆 CIP 数据核字 (2023) 第 203773 号

北京市版权局著作权合同登记号：图字：01-2023-4491

First published in English under the title
Practical Aspects of Cosmetic Testing: How to Set up a Scientific
Study in Skin Physiology (2nd Ed.)
edited by Joachim W. Fluhr
1st Edition Copyright © Springer-Verlag Berlin Heidelberg 2011
2nd Edition Copyright © Springer Nature Switzerland AG 2020
This edition has been translated and published under licence from
Springer Nature Switzerland AG.

化妆品功效临床评价实用手册——如何设计科学的皮肤生理学研究（第 2 版）

主　　译：廖　勇　赵良森
出版发行：北京大学医学出版社
地　　址：（100191）北京市海淀区学院路 38 号　北京大学医学部院内
电　　话：发行部 010-82802230；图书邮购 010-82802495
网　　址：http://www.pumpress.com.cn
E — mail：booksale@bjmu.edu.cn
印　　刷：北京信彩瑞禾印刷厂
经　　销：新华书店
责任编辑：李　娜　　责任校对：靳新强　　责任印制：李　啸
开　　本：787 mm × 1092 mm　1/16　印张：15　插页：2　字数：380 千字
版　　次：2024 年 5 月第 1 版　2024 年 5 月第 1 次印刷
书　　号：ISBN 978-7-5659-3023-2
定　　价：108.00 元
版权所有，违者必究
（凡属质量问题请与本社发行部联系退换）

廖勇，现任华熙生物药械线医学事务中心医学总监，原解放军总医院第七医学中心皮肤科主治医师，医学博士。硕士阶段师从廖万清院士，博士阶段师从杨蓉娅教授。长期致力于问题皮肤和面部年轻化综合诊疗方案的制订及临床应用。在国内外期刊发表论文 30 余篇，其中 SCI 收录论文 20 篇。《微针治疗操作规范团体标准》（2021 年版）、《微针治疗临床应用中国专家共识》（2022 年版）执笔人。主译专著 7 部。作为主研人获得国家自然科学基金及北京市自然科学基金支持，并入选北京市科技新星计划。任中华医学美容培训工程专家委员会委员、北京医学会皮肤性病学分会青年委员、中华预防医学会皮肤病与性病预防与控制专业委员会青年委员、中国非公立医疗机构协会整形与美容专业委员会青年委员。

赵良森，毕业于中国医科大学，现任华熙生物药械线医学事务中心学术经理，在传统医药、医疗器械和医疗美容领域有多年的从业经历。在中文核心期刊发表论文多篇，为华熙学苑、优麦医生、肉毒毒素等多个学术平台创作医学文稿。副主译《化妆品科学与技术手册（第 5 版）》《再生医美治疗技术与临床应用》，参译《美容微针疗法——基于循证医学的全球视角》《美容微针疗法临床应用指南》。

译者前言

在短短的 20 余年间，中国的化妆品行业已经发生了翻天覆地的变化，由小到大，由弱到强，由简单粗放转向科技领先，如今已极具规模，充满生机活力，成为全球最大的新兴市场之一。然而，尽管这一领域取得了巨大的成功，仍需要更多专业的研究和深刻的认知，以满足不断增长的市场需求和消费者对功效的预期。

本书的翻译旨在为中国化妆品科学家、学者和医美从业人员提供一份关于如何使用无创性生物物理仪器评价皮肤功能和功效临床评价的实用指导。它凝结了全球领先专家的智慧和经验，详细介绍了如何规划、执行和评价皮肤生理学临床功效评价研究，包括测量皮肤表观生理指标。这本书不仅为初入这一领域的专业人员提供了简明的信息，还使读者能够紧跟最新的皮肤生理学临床功效评价研究进展，为其在化妆品市场中的创新提供坚实的基础。

本书的一大特色在于将复杂的科学内容以通俗易懂的方式呈现，使读者能够迅速掌握实用技能。同时，它也强调中国在化妆品功效评价科研领域的潜力和机遇，鼓励更多的科研人员深入参与，并为中国的化妆品行业贡献智慧和创新。

最后，我要由衷感谢原著作者 Joachim W. Fluhr 的辛勤工作，以及北京大学医学出版社一直以来对我们团队的大力支持和帮助。没有他们的贡献和协助，这本译著将不可能问世。希望本书能为您提供有益的知识，激发您对化妆品功效评价临床科学研究的兴趣，帮助您更好地理解和应用相关知识与技术。

廖　勇　赵良森
北京
2024 年 1 月

第 2 版原著前言

皮肤生理学评价正经历着从描述性方法向更深入地理解角质层的生物物理功能及其潜在分子机制的转变，例如表皮屏障功能与角质层水合作用。无创性仪器的研究如今为制药和化妆品行业的基础研究和产品测试提供了可靠且可重复的方法。标准仪器关注功能，而创新的成像设备则提供对潜在机制更深层次的认识。

本书提供了有关皮肤生理学评价的基础信息，以及在受控研究中使用无创性生物物理仪器评价皮肤功能的体系。第 2 版中介绍了正确计划、执行和评价科学研究的框架。第 1 版的所有章节几乎都进行了更新，并新增两个章节。在此，我要再次感谢所有作者的认真工作，使本书得以出版。同时，我要衷心感谢 Springer Nature 出版社的 Juliette R. Kleemann 博士和 Karthik Periyasamy 先生的耐心协助。如果没有他们的支持，新版是不可能问世的。我相信这本书将再次为年轻而渴望知识的科学家提供指导，帮助他们解决所有科学家在使用新技术时都会面对的一些实际问题。此外，我期待实际工作将带来激动人心的成果、新的思考和有趣的理念。

Joachim W. Fluhr

德国柏林

2020 年 2 月

第 1 版原著前言

出版该"实用手册"的构想源于一次实操研讨会，其中数位参会者询问了关于实际操作方面的阅读建议。尽管当时的手册提供了大量科学概述，涵盖了用于化妆品功效临床评价的无创检测仪器的广泛领域，但它们并未全面覆盖美容实践方面的内容。此外，已发布的指南也未涵盖关于准备、执行和评价临床研究过程中可能遇到的日常问题。本书旨在为科学家提供实用指导，特别是那些刚进入这个领域或者在研究中面临实际问题的科学家。新进实验室的人员应能够方便地获取有用的首选阅读资料。

在此，我要向现代生物物理仪器领域的一些奠基人表达崇高的敬意，例如 Rony Marks、Harvey Blank、Pierre Agache、Gary Grove、Jorgen Serup、Howard Maibach、Peter Elsner、Enzo Berardesca、Albert Kligman，以及在本领域中最具创新精神的公司 Courage & Khazaka。他们中的一些人对我的个人职业发展产生了深远影响。

我要感谢本书的所有作者。如果没有他们的贡献，这个项目将无法完成。特别感谢 Springer 出版社的 Blasig 女士，她在整个项目过程中都充满热情和奉献精神并给予了支持。

正如 Albert Kligman 曾经所言，在生物物理评价皮肤功能领域取得进展时，我们应铭记："手持工具的傻瓜仍然是傻瓜。"因此，科学家在操作和分析测量时应保持思维的敏锐性。希望本书能填补详细的科学教材、国际期刊上的原创和综述文献与实操性训练需要纳入年轻科学家化妆品检测培训之间的空白。

Joachim W. Fluhr

德国柏林

2010 年 10 月

目　录

第一部分　化妆品检测的法律法规

第二部分　化妆品检测的常规要求

第三部分　化妆品检测的典型应用

第一部分
化妆品检测的法律法规

第1章 监管

Oliver Wunderlich 著

核心信息

- 化妆品市场的立法框架主要基于化妆品的广义或狭义定义。
- 化妆品广义定义的法律框架（如欧洲）适用于广泛的原料禁用目录。
- 化妆品狭义定义的法律框架（如美国）虽然没有原料禁用目录，但产品基于某些原料的功效宣称或已知的治疗效果，可能会被归类为药品。
- 人体化妆品安全性检测主要用于确认受检产品的安全性高，正如其他现有信息所表明的那样，并非用于反驳其安全性低。
- 在临床试验条件下，受检产品的安全性最终由制造商负责，但出于伦理和责任的原因，检测机构应始终严格监测所有安全问题。
- 化妆品功效检测的设计应能够证实特定监管框架下对化妆品可行的功效宣称。
- 化妆品试验产品的标签没有具体规定，但受试者的安全性是其基本责任和实际要求。

通常，不同国家的化妆品监管规则存在差异，即使是对于化妆品分类规则的定义也是如此。被某国归类为化妆品的产品，在另一个国家可能被归类为药品，这将影响化妆品的检测。根据进行检测和（或）试验产品销售的国家不同，可能要求、可选和（或）允许进行不同的特定检测。本章将对化妆品临床检测的监管维度进行简要介绍。本章内容仅供参考，不提供法律意见。

1.1 欧洲与其他国家化妆品立法比较

不同国家之间的化妆品监管规则存在大量且复杂的差异，这可能会让非监管人员感到困惑。但值得庆幸的是，在主要市场经济体中存在一些共识：

- 销售人员对产品的安全性负有全部责任，这意味着产品在预期的使用方式下不得对消费者的健康造成危害，而且无须在上市前通过当地监管部门的审批。
- 化妆品的市场监管由当地有关监管部门（以不同方式）执行。

- 任何分销渠道都可以使用,例如商店、邮购等。
- 向消费者提供的相关化妆品功效宣称和其他信息不得具有误导性。
- 包装上的成分功效宣称要求采用国际化妆品原料命名（International Nomenclature of Cosmetic Ingredients,INCI）体系。

此外,化妆品监管框架可以分为两大类:

（1）广义化妆品监管体系。其对特定原料采用广泛禁用目录以及允许原料添加的已使用目录,并要求提供安全性数据。

欧盟的化妆品监管制度大致符合上述框架体系,一方面有效规范了化妆品的安全性问题,另一方面促进了化妆品的创新。由于欧洲化妆品市场在全球具有重要作用,因此许多新兴国家也采用欧洲模式来建立自己的化妆品监管体系,并取得了不错的效果。例如东盟国家（印度尼西亚、马来西亚、菲律宾、新加坡、泰国、文莱、缅甸、柬埔寨、老挝和越南）、南方共同市场国家（巴西、阿根廷、巴拉圭、乌拉圭）、安第斯条约国家（玻利维亚、哥伦比亚、厄瓜多尔和秘鲁）以及南非,这些国家的化妆品法规与欧盟化妆品法规非常相似。

（2）狭义化妆品监管体系。这些监管标准对化妆品原料的限制较少,同时对其安全性数据的要求也相对较低。然而,如果该化妆品宣称具有某种功效或含有已知的疗效成分,其监管标准可能会被归类为非处方（over the counter,OTC）药,而非仅仅被归类为化妆品。美国的化妆品监管制度大致符合上述框架体系。

此外,日本和加拿大这两个主要市场的化妆品监管体系介于上述两个对立体系之间。日本的监管体系在已使用和禁用原料目录方面与欧盟和中国类似,但存在第三类中间产品,即药妆品。药妆品被定义为用于特定目的/适应证/功效宣称的产品,仅限于日本厚生劳动省发布的目录。而加拿大的监管体系与美国类似,但禁用清单更长,参考了欧盟有效禁用目录的"化妆品原料热门目录"。

中国的化妆品市场备受关注,其监管体系与其他国家有所不同,且目前正在研究和发展中,未来可能会发生显著变化。当前,中国的监管体系将化妆品分为"普通"和"特殊用途"两类。简单来说,前者仅包括修饰性和清洁性化妆品,而后者则具有更多的功效。此外,对于在中国境内生产或境外进口的化妆品,中国的监管规则也有所不同。进口化妆品必须经过漫长而复杂的上市前注册和审批流程,必须进行严格规定的安全性检测,并需取得涉及多个国家和地区政府机构的许可证,且所有检测都必须在中国进行。这些要求被一些西方经济体的代表批评为歧视性要求。我们将密切关注这些情况是否会在未来发生积极变化。

最后,值得注意的是印度市场的变化。尽管过去由于印度人均收入较低,主要化妆品制造商对该市场的兴趣不大,但随着印度经济的增长,该市场正变得越来越重要。印度的化妆品监管体系完全整合于药品监管体系中,该体系可追溯至20世纪40年代,与美国的监管体系相似。然而,与美国相比,印度的化妆品定义相对较为狭义。

2004年,欧盟委员会总理事会启动了一项研究,旨在对比欧盟和其他主要化妆品市场的立法[1]。最近,一份比较美国、欧盟、日本和印度化妆品立法的报告公布,主要关注化妆品的安全性问题[2]。

1.2 欧洲化妆品法规的最新变化

2013 年 7 月 11 日，欧盟化妆品法规（EC）No 1223/2009 正式生效，取代了源自 1976 年的欧盟化妆品指令 76/768/EC，后者也曾经历了多次更新和修订。后者曾是欧洲化妆品的指南，要求欧盟各成员国将其转化为国内法。然而，这个过程导致欧盟国家的化妆品法规之间存在一些差异，例如，在含有已使用原料（染色剂、防腐剂和紫外线吸收剂）的"已使用目录"方面存在一些差异。

相对于既往做法，现行法规是一种直接有效的法律行为，消除了上述差异。该法规整合了过去的修订，并进行了澄清和定义，例如给出了法律术语汇编。此外，该法规首次明确了对制造商存档的安全性档案需要进行哪些安全性检测和评估，并制定了安全性档案的规格要求。这些规格是仿照欧盟消费品科学委员会（现称消费者安全科学委员会）对化妆品安全性检测所提出的建议制定。到目前为止，仅在新原料被添加到已使用原料目录时才要求进行安全性检测。该法规还首次对纳米材料的使用进行了专门监管。另外，该法规修订了欧盟提交产品的上市前基本信息要求，以促进和加强上市后监管和"化妆品警戒"。

1.3 权威网站

1.3.1 欧盟

化妆品法规：

原始链接：https://data.europa.eu/eli/reg/2009/1223/oj

最新整合修订版链接：https://data.europa.eu/eli/reg/2009/1223/2019-08-13

消费者安全科学委员会（SCCS，前身为 SCCNFP 和 SCCP）中心网站：https://ec.europa.eu/health/scientific_committees/consumer_safety_en

欧盟消费品科学委员会（SCCP）档案网站：https://ec.europa.eu/health/ph_risk/committees/04_sccp/04_sccp_en.htm

SCCP/SCCNFP/SCCS 权威指南 / 建议：https://ec.europa.eu/health/sites/health/files/scientific_committees/consumer_safety/docs/sccs_o_224.pdf

https://ec.europa.eu/health/ph_risk/committees/sccp/documents/out101_en.pdf

欧洲化妆品协会（European Cosmetics Association，原名 Colipa）中心网站：https://cosmeticseurope.eu/

德国化妆品、盥洗用品、香水和洗涤剂协会（IKW）：https://www.ikw.org/

化妆品制造商一般信息：https://www.ikw.org/ikw-english/beauty-care-topics/

德国联邦风险评估研究所（BfR）：https://www.bfr.bund.de/en/health_assessment_of_cosmetics-570.html

1.3.2　美国

美国食品药品监督管理局（FDA）：https://www.fda.gov/cosmetics/cosmetics-guidance-regulation

个人护理产品委员会 [原化妆品、盥洗用品和香水协会（CTFA）] ：https://www.personalcarecouncil.org

1.3.3　加拿大

加拿大卫生部化妆品条例：https://laws.justice.gc.ca/eng/regulations/C.R.C.，_c._869/index.html

化妆品原料热门目录：https://www.canada.ca/en/health-canada/services/consumer-product-safety/cosmetics/cosmetic-ingredient-hotlist-prohibited-restricted-ingredients/hotlist.html

1.3.4　日本

厚生劳动省（MHLW）化妆品标准：https://www.mhlw.go.jp/english/dl/cosmetics.pdf

《药事法》（PAL）非官方翻译版本：https//www.japaneselawtranslation.go.jp/law/detail/?id=3213&vm=04&re=02

日本化妆品工业协会（JCIA）：https://www.jcia.org/en/

1.3.5　南方共同市场国家（部分）

阿根廷国家药品、食品和医疗技术管理局（ANMAT）：https://www.anmat.gov.ar/cosmeticos/Cosmeticos_en.aspBrazilian

巴西国家卫生监督局（ANVISA）：https://portal. anvisa.gov.br/cosmetics

1.3.6　东盟国家（部分）

新加坡卫生科学管理局（HSA）：https://www.hsa.gov.sg/cosmetic-products

1.3.7　南非

南非政府信息，《1972 年食品、化妆品和消毒剂法》(1972 年第 54 号法案)：
https://www.gov.za/sites/default/files/gcis_document/201409/32975146.pdf

南非化妆品、盥洗用品和香水协会（CTFA）：https://ctfa.co.za/

1.3.8　中国

https://www.chemsafetypro.com/Topics/Cosmetics/How_to_Comply_with_Cosmetics_Regulations_in_China.html

国家药品监督管理局（NMPA）：http://english.nmpa.gov.cn/cosmetics.html

国家质量监督检验检疫总局：http://english.aqsiq.gov.cn/

1.3.9 印度

中央药物标准质控组织（印度药监局）：

https://cdsco.gov.in/opencms/opencms/en/Cosmetics/cosmetics/

1.4 化妆品安全性检测

本部分主要介绍欧洲化妆品安全性检测的现状，然而对其他主要市场的安全性检测也基本适用。

然而，最重要的差异在于在进行人体试验之前是否需要获得动物实验数据，这涉及伦理维度的不同理念。在欧洲，这些数据可以通过替代（非动物）方法获得，而在其他一些市场则需要进行动物实验。近年来，许多市场也开始禁止进行化妆品动物实验。因此，化妆品安全性检测在各个市场随着时间和试验要求的变化而不断发生变化。

化妆品的安全性是其最重要的属性之一，欧盟化妆品法规 EC No 1223/2009 规定，所有化妆品在上市前必须进行安全性检测。欧盟化妆品法规、欧盟消费品科学委员会（SCCP，现已更名为欧盟消费者安全科学委员会，SCCS）以及欧洲化妆品协会的指南中列出了应检测和标注的产品安全属性。早在 1999 年，SCCP 就发布了《人类受试者化妆品成品安全性试验指南》，提出了基本原则。

以下是 SCCP 指南的网站：https://ec.europa.eu/health/ph_risk/committees/sccp/docshtml/sccp_out87_en.htm

这些原则是基于《赫尔辛基宣言》《药物临床试验管理规范》和相关人体试验的国家法规。

在这方面还可参考由 SCCP/SCCS 发布的《化妆品原料安全性评价检测指南》（该指南定期更新）。网站：https://ec.europa.eu/health/sites/health/files/scientific_committees/consumer_safety/docs/sccs_o_224.pdf

该指南明确指出："不能认为在人体进行的化妆品安全性试验可以替代动物实验"，这种试验"只能用于证明……产品不会像其他现有信息证明的那样会损害皮肤和黏膜。"

产品上市前并无明确的法律规定要求进行人体试验。然而，在进行人体临床试验之前，必须获得毒理学特性的数据，并且这些数据必须证明该产品不存在任何安全性问题。例如，如果在非临床试验模型中发现了受检产品具有腐蚀性迹象，那么该产品就不应进行人体试验，以免发生负面的结果。

针对研究者的试验或文献数据（例如已知某种成分），应提供以下类型数据：腐蚀性、致突变性、基因毒性、致癌性、生殖毒性、真皮 / 经皮吸收、光毒性、急性和重复剂量毒性、致敏性 / 光敏性。

1.5　化妆品安全性研究设计与实施的责任考量

即使是由专门从事此类试验的临床研究组织（Clinical Research Organization，CRO）进行，即在受控环境下进行临床试验，受试产品的安全性责任最终仍由制造商承担。然而，出于伦理和责任两方面的考虑，检测机构应始终严格把控临床研究设计的所有方面，以确保受试者的健康不会因研究而受到损害。尽管在某些情况下签订了特定受试者保险合同（除药物研究外，化妆品研究中很少签订保险合同，因为这并非法律强制要求），检测机构仍需在意外情况下赔偿受试者未被此类保险所覆盖的损失。因此，检测机构负责人员对临床试验期间受试者的安全负有重要责任，应始终努力将受试者的风险降至最低。

制造商通常希望对受试产品的现有数据（如成分）保密，因此检测机构无法获得完整的产品描述／信息。然而，检测机构至少应要求制造商／其安全评估员确认，即他们已考虑受试产品的安全性评估和毒理学特征，并且受试产品在研究条件下被判定为安全。研究前必须出具一份正式签署的受试产品功效宣称说明。此外，制造商应确认其受试产品符合当地（如欧洲）化妆品法律法规。例如，仅含可使用浓度的原料，并应确认受试产品是否含有已上市化妆品中从未使用过的原料。如果确认含有新原料，检测机构应要求制造商提供更多信息（如专家进行的风险评估），以便在研究期间对受试者的安全负责。

在试验受试产品时，成分表对研究非常有价值。首先，如果已知受试者对受试产品中某种成分存在过敏反应，那么应将该受试者排除在研究之外，以保护受试者。其次，经验丰富的检测机构可以咨询并正确选择合理的研究设计以满足研究目标，这通常严格依赖于产品的一般属性、配方类型或特定成分。

虽然法律并不要求独立伦理委员会在研究前审查研究文件，但是至少在对受试者存在潜在风险的情况下，应始终考虑这一点。例如，如果受试产品含有新成分或者研究计划对受试者进行有创性或压力性操作，那么必须考虑伦理委员会的审查，以确保受试者的安全。伦理委员会这个"外部"视角有助于发现安全性问题。

1.6　化妆品安全性研究的常用方法

化妆品人体安全性检测的主要目标是评估化妆品对人体皮肤急性和（或）慢性不良影响的潜在风险。为达到此目的，各种安全性研究方法已被采用，以模拟甚至放大正常使用条件。其中，最常用的方法包括以下几种：

- 皮肤刺激斑贴试验：该试验通过特殊的应用体系（开放式、半封闭式或封闭式）将受试产品受控地单次或重复应用于小的检测区域，以放大正常使用的情况。经过培训的观察者使用标准或改良的临床评估分级量表来评估皮肤对受试产品的反应，如皮肤泛红（红斑）或鳞屑等。
- 使用过程刺激试验：该方法中，受试者以开放的方式重复使用受试产品，以模拟正常使用。皮肤反应由经过培训的观察者评估；此外，还可以收集皮肤的生物物理学数据（如皮肤含水量、经皮水分流失）。主观评价则由受试者完成相关量表评估。

- 人体重复损伤贴片试验：该试验旨在评估受试产品的潜在致敏性。在诱导阶段，受试产品被重复使用，随后是间隔和激发阶段。激发后进行致敏反应（过敏潜力）的皮肤评估。然而，该试验备受质疑。关于此类试验受试者致敏的长期预后，目前相关信息有限。另外，用于该试验的样本量通常过小，因而无法可靠地预测潜在致敏性，也会导致试验不足以满足研究目的。

SCCP 发布了有关致敏性试验的意见，该意见编号为 SCCNFP/0120/99。读者可以通过以下网站链接获得更多信息：https://ec.europa.eu/health/ph_risk/committees/sccp/docshtml/sccp_out102_en.htm

目前尚无经过验证的可以完全替代动物的实验方法，但在欧盟动物替代实验参考实验室（EURL ECVAM）和欧洲化妆品行业协会的推动下，非动物实验的深入研究和开发正在进行中 [3]。局部淋巴结试验是一种改进型动物实验，可最大限度地减少动物使用量。因此，推荐首选已知具有低致敏性的成分，并回避已明确的高致敏性成分，这是最好的方法。

在化妆品研究中，欧洲接触性皮炎学会发布的诊断性斑贴试验指南 [4] 所提供的建议也有帮助。多年来，SCCP/SCCS 还在化妆品安全性的临床试验领域发布了多个进一步的指南 / 共识，详情可参见网站链接：

https://ec.europa.eu/health/archive/ph_risk/committees/sccp/documents/out101_en.pdf

https://ec.europa.eu/health/sites/health/files/scientific_committes/consumer_safety/docs/sccs_o_224_0.pdf

https://ec.europa.eu/health/scientific_committees/consumer_safety/opinions/sccnfp_opinions_97_04/sccp_out45_en.htm

另外，我们还可以参考 1997 年 Colipa（现为欧洲化妆品协会）发布的《化妆品成分皮肤耐受性评估指南》，以进一步深入了解化妆品成分的安全性。相关指南的网站链接如下：

https://cosmeticseurope.eu/files/2314/6407/8977/Guidelines_for_Assessment_of_Skin_Tolerance_of_Potentially_Irritant_Cosmetic_Ingredients_-_1997.pdf

1.7 化妆品功效评价

欧盟化妆品法规的第 6 次修正案规定，产品信息文件中必须提供科学数据来证明产品包装上所宣称的功效。这些数据可能来自非临床研究（如细胞培养）或临床研究。

在美国，化妆品功效宣称证明的情况相当复杂，必须合理地证明其有效性，以避免各种制裁。食品药品监督管理局（FDA）和联邦商务委员会（FTC）是执行功效宣称证明标准的主要机构。关于这一点，McEwen 和 Murphy 已经做出了全面的概述 [5]。

在日本，只有药妆品（即含特定活性成分）才需要提供证明其功效宣称的数据，而普通化妆品则不需要。在使用具体、授权的功效宣称表述时，必须严格遵守规定。

只有在明确无安全性风险的情况下，才可以进行化妆品的功效评价（详见第 1.4 部分）。

尽管产品安全性几乎总是作为化妆品功效研究的次要目标（例如通过观察任何不良反应）进行"联合检测"，但这种要求是正确的。

早在 2008 年，Colipa（现为欧洲化妆品协会）就发布了《化妆品功效评价指南》的修订版。该指南包括了功效评价的一般原则、评价方案和报告要求，以及人类和非人类功效检测试验方法模板。网站链接：

https://cosmeticseurope.eu/files/4214/6407/6830/Guidelines_for_the_Evaluation_of_the_Efficacy_of_Cosmetic_Products_-_2008.pdf

在过去几年中，专家们在市场利益和对皮肤生理学的认知不断进步的推动下，研发出了各种检测方案，以满足对化妆品功效宣称证明的多方面要求。生物物理学检测领域的进展和摄影记录方法的标准化也为此提供了新的机遇。

尽管国际 SPF 法是个例外，但是在化妆品功效评价方面，缺乏行业内标准化的试验方法。目前已有大量不同方案的化妆品功效研究发表。然而，考虑到化妆品的多样性可能涉及许多方面，化妆品制造商仍需依赖有经验的化妆品检测机构来选择适合的研究设计。

考虑到该主题的多样性，对功效评价类型的概述可能会偏离太远。然而，一个基本原则需要牢记：为了针对功效宣称提供相关证据，研究过程必须模拟产品的正常使用场景。

1.8　化妆品标签及包装

对于已上市的化妆品的标签和包装，在各主要市场现行的法规中都有详细规定。例如，欧盟的化妆品法规要求标签上必须包含以下信息：销售厂家名称、产品重量或体积、保质期限（若短于 30 个月则需注明开封后保质期限）、使用注意事项、批号、产品功能，以及特定的过敏原说明。

此外，在所有主要市场中，化妆品成分必须使用 INCI 命名法进行列示。

2006 年，化妆品标签与包装国际标准（ISO 22715:2006）被提出，并于 2016 年最终确认。这一标准未来有望在全球范围内得到广泛采用。网站链接：https://www.iso.org/obp/ui/#iso:std:iso:22715: ed-1:v1: en

化妆品标签的一个重要问题是功效宣称，它通常同时出现在包装和广告材料中。然而，不同国家的监管体系对于功效宣称的合规要求也各不相同（详见前文）。

在美国，化妆品标签的一个特点是，即使缺乏足够的安全性数据的化妆品仍然可以上市销售，只需在产品标签上注明"警告：该产品的安全性尚未得到确认"。

在化妆品临床研究中所使用的受试产品标签和包装则没有具体的监管要求。除了要对受试者承担常规责任之外，最重要的是在实用维度上进行考虑，例如产品是否分发给受试者以居家使用、储存要求和盲法等。然而，最重要的是保障受试者的安全。受试产品标签应该包含在特定环境中可能存在风险的所有合理预防措施说明。例如，发放给受试者（居家使用试验）的受试产品的典型标签可能包括预防用语，如"仅供化妆品研究使用""请储存在儿童接触不到的区域""仅供外部使用"和"请储存在室温下的安全区域"。此外，标签中也可

以添加简短的使用说明。使用说明也应包括在广泛的受试者信息表或治疗日记中。研究者的
联系信息也可以添加到标签中。

参考文献

1. RPA Ltd. for European Commission Directorate General Enterprise: Comparative Study on Cosmetics Legislation in the EU and Other Principal Markets with Special Attention to so-called Borderline Products. Final Report. August 2004. https://rpaltd.co.uk/uploads/report_files/j457-final-report-cosmetics.pdf
2. Suhag J, Dureja H. Cosmetic regulations: a comparative study. Skinmed. 2015;13(3):191-194.
3. Hoffmann S, et al. Non-animal methods to predict skin sensitization (I): the Cosmetics Europe database. Crit Rev Toxicol. 2018;48(5):344-358.
4. Johansen JD, et al. European society of contact dermatitis guideline for diagnostic patch testingó recommendations on best practice. Contact Dermatitis. 2015;73(4):195-221.
5. McEwen GN, Murphy EG. Cosmetic claim substantiation in the United States: legal considerations. In: Elsner P, Merk HF, Maibach HI, editors. Cosmetics: controlled efficacy studies and regulation. Berlin: Springer; 1999.

第 2 章　伦理要求

Hristo Petrov Dobrev　著

2.1　简介

伦理要求是任何涉及人体试验对象的生物医学研究的重要组成部分[1-3]。医学研究旨在增加医学领域的知识，可分为基础科学（非治疗性或非临床）医学研究和应用（治疗性或临床）医学研究（即临床试验）。前者主要涉及健康人群，其实施目的是提升对基本原理的认知，从而促进应用医学研究的发展；后者则涉及患者，旨在评估一种新的诊断或治疗方法的安全性和有效性。

涉及人体皮肤检测方法和化妆品检测的研究与医学研究相似。它们以人体为研究对象，也涉及纯科学研究，其主要目的是提供关于人体皮肤生理学和活性物质的基础知识，而应用研究旨在评估新的化妆品成分和成品的安全性和有效性。在这两种研究中，伦理要求涉及医生 / 研究者与人体试验受试者 / 健康或患病受试者之间的关系，其主要目的是保护受试者。因此，化妆品检测和人体皮肤检测方法应用有关的伦理要求与进行医学研究的伦理要求相似，特别是非治疗性研究。这些研究要遵守《赫尔辛基宣言》和《药物临床试验质量管理规范》(Good Clinical Practice，GCP) 的伦理原则，相关的伦理要求要被纳入研究设计中。

本章的目的是概述使用无创皮肤方法的化妆品检测的伦理方面的内容。

2.2　研究伦理学简史

伦理学是一套正确的人类行为原则，其中涉及道德价值观念，例如好或坏、对或错、适当或不适当等。医学伦理学是应用伦理学的一个分支，主要探讨道德价值在医学中的应用。医学伦理学主要包括其在临床实践中的应用，并被视为一种职业道德应用。研究伦理学也是应用伦理学的一个领域，涉及基本伦理原则在科学研究中的应用。医学伦理学在医学研究中是一个迅速发展的概念，涉及人体试验的研究设计和实施。

职业医学伦理学的起源可以追溯到公元前 4 世纪由希波克拉底撰写的《希波克拉底誓言》。传统上由医生宣誓该誓言，医生有义务基于患者的利益而遵守医疗职业规则和现行的最佳方式。在现代医学中，《希波克拉底誓言》的意义已经降低为医学院毕业生的一种象征

性通行惯例 [4]。

1846 年，美国医学会（AMA）制定了第一部医学伦理准则。该准则是基于英国医生 Thomas Percival（1740—1804）关于医生咨询的指南制定的，它规定了专业医生在为他人服务时的道德权威和独立性、对患者的责任以及医生的个人荣誉 [5]。

1947 年发布的《纽伦堡法典》是第一部关于医学研究伦理学的国际文书，它是第二次世界大战结束时纽伦堡审判（医生审判）的成果。该法典旨在保护研究对象的安全性，并规定了涉及人类受试者研究的 10 个伦理行为准则，其中包括：自愿知情同意，有利的风险/效益评估，由有科学资质的人员执行，受试者或科学家在任何阶段可自愿或对过度风险、疼痛或伤害做出反应而终止试验 [6-9]。

自《纽伦堡法典》发布以来，《日内瓦宣言》和《世界医学协会国际医学伦理准则》也相继问世。1948 年，世界医学协会在日内瓦召开第 2 届大会，并通过了《日内瓦宣言》，这是《希波克拉底誓言》的现代更新和修订版，代表了医生对医学人道主义目标的承诺。自此以后，《日内瓦宣言》又经过多次修订，其中最近的一次是在 2006 年 [10]。1949 年，第 3 届世界医学协会大会在伦敦通过了《世界医学协会国际医学伦理准则》，并于 1968 年、1983 年和 2006 年进行了修订。该守则明确规定了医生的基本职责以及对患者和同事的责任 [11]。

《赫尔辛基宣言》是人类研究伦理学领域的基础性文件，最初于 1964 年在芬兰赫尔辛基举行的世界医学协会大会上通过，此后历经 6 次修订（最近一次是 2008 年 10 月）。该宣言是一份综合性国际声明，涉及人类受试者研究的伦理基本准则。它是医学界制定的关于保护参与临床和非临床生物医学研究的人员的基本伦理准则。1975 年的修订引入了"独立委员会"监管的概念。美国成立了一个机构审查委员会（Institutional Review Boards，IRB）体系，其他国家也相继成立了独立伦理委员会（Independent Ethics Committees，IEC）或伦理审查委员会（Ethical Review Boards，ERB）。这些机构被授权审查、批准和监督涉及人类的生物医学研究，以保护研究对象的权利和福祉。《赫尔辛基宣言》是如今执行《药物临床试验质量管理规范》的基础 [12-15]。

1979 年，美国国家生物医学和行为研究人类受试者保护委员会发表了《贝尔蒙报告：人类受试者研究保护的伦理原则和指南》（简称《贝尔蒙报告》），旨在为区分治疗医学与研究医学提供指导，明确人类受试者保护的三项基本伦理原则（尊重、仁慈和正义），并说明这些伦理原则如何应用于人体研究的实施（知情同意、风险和收益评估、受试者选择）。这些原则为采用人类受试者进行的研究提供了伦理基础 [9, 16-17]。

1981 年，美国卫生与公众服务部基于《贝尔蒙报告》发布了法规（45 CFR 46，第 45 主题 46 部分），这些法规的核心内容被正式采纳为《美国联邦受试者保护通则》或称《保护通则》，成为美国医学伦理学的一个准则 [18]。《保护通则》的主要内容包括：确保研究机构遵守规定要求，要求研究人员获取并记录知情同意，对机构审查委员会（IRB）的要求，以及对某些弱势研究对象（如孕妇、囚犯和儿童）的特殊保护 [9]。

自 1982 年以来，由于国际医学科学组织理事会（CIOMS）和世界卫生组织发布了《人体生物医学研究国际伦理指南》，因此《赫尔辛基宣言》不再是唯一的通用指南。这些指南主要涉及研究的伦理正当性和科学有效性、伦理审查、知情同意、涉及弱势群体的研究、风险和收益的公平性、临床试验的对照选择、保密、伤害赔偿、加强国家或地方伦理审查能力以及申请方提供卫生保健服务的义务。该指南的修订 / 更新分别于 1993 年和 2002 年进行。2002 年版《人体生物医学研究国际伦理指南》旨在为各国在确定涉及人类受试者的生物医学研究中的伦理政策、适应当地情况的伦理标准以及建立或改进伦理审查机制方面提供应用指导。人用药品技术要求国际协调理事会（ The International Council for Harmonisation of Technical Requirements for Pharmaceuticals for Human Use，ICH ）指南在多个国家已被采纳为法律，但美国仅将其作为食品药品监督管理局的指南 [7, 19]。

1996 年，ICH 发布了《药物临床试验质量管理规范》(Guideline on Good Clinical Practice，GCP) [16, 20]，旨在确保各国监管机构能够相互接受临床试验获得的数据，包括欧盟、日本、美国、澳大利亚、加拿大、北欧国家和世界卫生组织。GCP 指南规定了涉及人类受试者参与的临床研究的设计、实施、记录和报告的伦理及科学标准，并明确了临床试验研究者、申请方、监督者和受试者的角色及责任。遵守 GCP 为公众提供了保证，即保护和尊重研究对象的权利、安全和福祉，同时也保证临床研究数据的完整性。目前，该指南是涉及人类受试者临床试验的国际质量标准，任何采纳该指南的国家在技术上都遵循同样的标准。

2001 年，欧盟部长理事会通过了指令 2001/20/EC，涉及在欧盟范围内实施人用药品临床试验的 GCP[21]。该指令的目的是通过建立一个明确、透明的程序，简化和协调管理欧洲共同体临床试验的行政规定。其中规定包括保护临床试验受试者、伦理委员会、临床试验的实施、报告要求以及其他方面的要求。欧盟成员国有义务通过和公布必要的法律、法规和行政规定，以遵守本指令，并从 2004 年 5 月 1 日起实施。

此外，英国医学理事会也于 2002 年发布了《药物临床试验质量管理规范》(研究：医生的角色和责任) [6, 22]。该规范明确了在英国国民卫生服务体系、大学和私营部门从事研究的所有医生都应遵守的一般原则和标准。

为了在企业、政府和研究者发起的临床研究中促进 GCP 的实施，世界卫生组织在 2002 年发布了《药物临床研究管理规范手册》[23]。该手册结合了目前主要的国际指南，旨在对 GCP 研究过程的理解和实施提供参考和教育工具。

目前，医学研究的监管要求遵循现行的国际伦理标准和所属国家的伦理标准规范。

2.3 化妆品检测的伦理要求

根据欧盟化妆品指令 76/768/EEC，化妆品在正常或合理预期的使用条件下不得对人体健康造成任何损害。为了控制风险并确保安全性，根据第 6 修正案 93/35/EEC，化妆品制造商应保留有关成分和产品对人体健康安全性评估的信息以及化妆品功效宣称证明 [24-25]。要达到这些要求，化妆品活性成分和产品必须接受检测，包括在人体试验中评估其安全性、耐受性和有效性。进行化妆品成分和产品的研究应遵循《赫尔辛基宣言》原则和《药物临床试验质量管理规范》指导原则。通常在进行人类受试者安全性试验前，应先使用动物或体外方法；而在进行功效检测之前，应使用体内方法（例如过敏和刺激性皮肤试验）对每一种化妆品成分和产品进行安全性评估，并且在没有明确的局部或全身不良反应证据的情况下进行。此外，在化妆品功效研究（监测不良反应）中，安全性评估应始终作为次要目标[26-29]。

2.4 无创皮肤检测的伦理要求

近年来，随着生物工程技术的飞速发展，利用仪器检测技术对多种皮肤形态和功能参数进行无创评估成为可能。所谓"无创"技术，指的是"对结构或功能造成微小且仅为暂时性改变的操作或仪器，尤其不涉及疼痛、创面或出血"[28]。皮肤生物工程技术可以成功地应用于评价皮肤美容产品的安全性和有效性，从而使评价结果具有量化和客观化的特点。此外，这些技术还可以检测出皮肤结构和功能的微小变化，从而为进一步的研究提供基础。

与其他研究技术相比，无创皮肤检测方法并不涉及真正的伦理问题。因为这些方法被认为对人体无伤害，而且不会引起不适或恐惧。但需要注意的是，即使检测本身无创，涉及无创皮肤检测的研究也必须遵守人体临床研究的伦理标准[2-3, 28, 30]，以确保研究过程的合理性和安全性。因此，在进行相关研究时，必须充分考虑涉及的伦理问题，从而确保研究的合法性和可靠性。

2.5 开展研究的基本伦理要求

Emanuel 等（2000 年）提出了研究符合伦理要求必须满足的 7 个条件[16, 31]，包括：
- 研究必须具有社会价值。
- 研究必须以严谨的方法实施。
- 选题必须公正。
- 风险 - 收益比必须有利。
- 必须有独立的伦理审查。
- 受试者必须自愿地给予其知情同意才能参与。
- 整个研究过程中及完成研究后，受试者必须受到尊重。

涉及人类受试者的化妆品研究必须符合人类受试者医学研究的相关法规要求。基本伦理和科学原则需遵循《赫尔辛基宣言》[13-15]、现行的《药物临床试验质量管理规范》国际指南[19-21, 23, 25, 32]以及化妆品安全性、耐受性和有效性评价指南[26, 33]、医疗器械指南[34]和关于人体研究的国家法规。需考虑以下原则：

研究开展相关原则
- 研究必须具备科学合理性和伦理合规性。
- 进行研究之前应进行风险 - 收益评估，综合考虑所有研究要素（包括受试成分和检测技术）。研究对象的利益必须始终高于科学和社会利益。只有当预期收益超过风险时，才能启动研究。

- 研究应基于良好的设计和科学有效的方法并遵循质量管理规范。良好的设计应将与产品应用和使用过程等相关的人体风险降至最低。化妆品研究设计和类型的选择应考虑到功效宣称的性质（例如成分宣称、功效宣称、感官/美学宣称、组合宣称和比较宣称）以及与消费者期望相关的研究设计的强度[27]。每个流程的设计和实施应在研究方案中明确描述，该方案应提交至独立机构审查委员会/独立伦理委员会（IRB/IEC）进行审查、评论、指导，并在符合要求的前提下获得批准/给予正面意见。
- 研究应按照《赫尔辛基宣言》中提出的基本伦理原则进行。
- 研究方案应始终表明遵守伦理原则并获得受试者知情同意。

研究人员相关原则

- 研究者和其他研究人员应当具备履行其职责的资质和能力[27]。
- 研究者有责任保护生物医学研究对象的生命、健康、隐私和尊严。他们必须以合乎伦理的方式并采用最佳研究方法开展研究。
- 研究者（研究团队）应通过教育、培训和经验来确保研究的正确进行。他们应当充分了解试验方案中所述的受试产品和检测设备的正确使用方法。
- 研究者应当告知受试者有关研究的所有方面，包括可能的风险和收益。信息必须是书面、相关且易于理解的，并包含所有必要的数据，以帮助受试者做出是否参与研究的决定。在确保受试者知晓研究相关信息后，研究者应当获得受试者自愿给予、符合规定的知情同意书，该知情同意书应当以书面、签署和注明日期的形式保存。
- 研究者通常有义务将研究方案提交至 IEC/IRB 审查。
- 如果研究者认为继续研究可能对受试者有害，则应当立即停止研究。
- 研究者应当确保受试者在发生与研究相关的不良事件或伤害时获得足够的赔偿和医疗服务。

研究对象相关原则

- 研究对象必须是研究项目的志愿者和知情参与者。
- 研究对象必须充分了解研究的目的、方法、资金来源、任何可能的利益冲突、研究人员的机构隶属关系、预期收益和潜在危险以及可能带来的不适。
- 研究对象应在研究开始前自愿地提供有效知情同意。研究对象必须以书面形式签署一份说明研究性质、受试产品、已知或潜在风险、受试者权利以及问题责任联系人的知情同意书。如果研究条件或过程发生重大变化，以及在长期研究中定期发生变化，研究者应再次征求受试者的知情同意[27]。
- 研究对象样本量应充足。样本量有限和（或）不足的研究可能产生误导性结论，这样会耗费时间、金钱且不符合道德标准[27]。

- 研究对象的选择应严格按照纳入 / 排除标准，这些标准应在研究方案中明确规定。研究结果与正确识别评价化妆品作用的人员密切相关[27]。
- 研究对象应被告知有权在任何时间因任何原因放弃参与研究或撤回知情同意，而不会受到报复。
- 在研究完成时，研究对象有权被告知研究的结果，并分享由此产生的任何收益。
- 研究对象可报销其交通费用，也可因为时间和由于参与研究而带来的任何不便获得适当的报酬，这些都应在最初审查时的 IRB 方案中详细描述。报酬数额不应过大，以免影响研究对象同意参加研究的决定[27]。
- 研究人员应确保参与研究的对象在过程中遭受非预期或不良的皮肤反应或损伤时能够获得免费医疗服务，并给予公平的经济补偿或其他援助，以应对任何由此造成的损害。在研究开始前，研究方应同意为受试者有权获得赔偿的任何身体伤害提供充分的医疗和赔偿责任[27]。
- 研究者应确保研究对象所有信息的保密性。在获得知情同意的过程中，研究者应告知未来受试者将采取哪些措施来保障其信息的保密性[27]。

研究产品相关原则

- 在进行临床试验时，化妆品作为被试验产品应该遵循《化妆品生产质量管理规范》（Good Manufacturing Practice of Cosmetic Products，GMPC）和其他生产规范的要求进行生产、处理和储存[35]。此外，试验产品只能按照已经批准的研究方案使用。

检测技术 / 仪器相关原则

大量的仪器生物工程技术被广泛应用于评价皮肤特征。这些仪器及其检测精度在不断创新和提高。然而，一些研究人员对这些方法提出了质疑，因为他们认为皮肤特征检测的变化可能不太明显，消费者无法感知。这也就解释了为什么仪器检测和功效宣称之间的关系以及与消费者的相关性需要得到密切关注。专家评分或消费者评价（例如自我评价问卷）应始终结合使用[27, 34]。

- 制造和操作皮肤检测仪器应遵循现行的医疗器械法规[34]。同时，根据批准的研究方案，皮肤检测仪器只能由合适的合格专业人员使用或在其指导下使用。
- 它们的使用方法应符合研究目标和研究领域[27]。

机构审查委员会 / 独立伦理委员会（IRB/IEC）相关原则

- RB/IEC 是一个独立的机构，由医学、科学和非科学成员组成，其职责在于确保参与生物医学研究的人类受试者的权利、安全和福祉得到保护。
- IRB/IEC 应该获得以下文件：研究计划、知情同意书、受试者招募方式（如广告）、受试者书面告知信息、研究者手册（investigator's brochure，IB）、可用的安全信息、受试者可以获得的补偿和报酬信息、研究者的最新简历和（或）其他资格证明文件，以及

IRB/IEC 认为可能需要的任何其他文件。

- IRB/IEC 应该对研究计划进行科学和伦理审查，以确保其具有科学价值和伦理可接受性，并在合理时间内做出书面的评价结果。科学审查和伦理审查不可分割：以人类为研究对象的非科学研究实际上是不道德的行为，因为这种研究可能会使受试者面临风险或不便，没有任何实际目的。即使没有任何伤害风险，在非生产性活动中浪费受试者和研究人员的时间也是对宝贵资源的浪费。
- IRB/IEC 还应在研究过程中进行必要的进一步审查，并监督研究的进展。

2.6　其他方面

研究人员有时可能会认为某些研究不需要获得 IRB/IEC 的批准，特别是涉及化妆品功效的研究，包括皮肤生物工程方法的研究。如果所检测的化妆品已经在市场上长期销售，那么可以认为该产品对人体健康是安全的。如果所使用的皮肤检测仪器是无创性的，那么可以认为该仪器对人体是无害的。研究人员只对研究产品和检测技术是否具有非显著风险进行初步评估。然而，最终决定应由 IRB/IEC 做出。如果拟进行的研究对人类受试者的风险不超过最低限度，IRB/IEC 可以通过快速审查流程进行审查。在任何情况下，都必须始终强制要求获得受试者的知情同意。

2.7　结语

伦理原则和科学原则应该适用于所有涉及人类受试者的生物医学研究，这一点源自《赫尔辛基宣言》和广泛采用的《药物临床试验质量管理规范》。在皮肤检测技术的支持下，可以设计合理的、实施良好的化妆品研究，不会产生特殊的伦理问题。然而，研究必须提供所有受试者签署的知情同意书，并获得当地伦理委员会或其他授权机构对研究方案的批准。遵守这些要求可以确保受试者的权利、安全和福祉得到保护，并且试验数据可信。

符合伦理原则的研究的关键信息
- 良好的风险 / 收益评估
- 科学的研究设计
- 受试者自愿参与和知情同意
- 严格筛选研究对象
- 获得 IRB/IEC 的伦理批准
- 遵守国际及国家法规和标准

参考文献

1. Fakruddin M, Bin Mannan K, Chowdhury A, et al. Research involving human subjects ethical perspective. Bangladesh J Bioethics. 2013;4(2):41-8.
2. Noerreslet M, Jemec GBE. Ethical considerations. In: Serup J, Jemec GBE, Grove G, editors. Handbook of non-invasive methods and the skin. Boca Raton, FL: CRC Press, Taylor & Francis Group; 2006. p. 73-82.
3. Sohl P, Jemec GBE. Ethical considerations. In: Serup J, Jemec GBE, editors. Handbook of non-invasive methods and the skin. Boca Raton, FL: CRC Press; 1995. p. 667-70.
4. The Hippocratic Oath: Classical Version. http://www.pbs.org/wgbh/nova/doctors/oath_classical. html. Assessed 22 Dec 2019.
5. American Medical Association. Code of medical ethics. 1847. http://ethics.iit.edu/ecodes/ sites/default/files/Americaan%20 Medical%20Association%20Code%20of%20Medical%20 Ethics%20%281847%29.pdf. Assessesd 22 Dec 2019.
6. Hope T, McMillan J. Challenge studies of human volunteers: ethical issues. Med Ethics. 2004;30:110-6.
7. Macrae DJ. The Council for International Organizations and Medical Sciences (CIOMS) guidelines on ethics of clinical trials. Proc Am Thorac Soc. 2007;4:176-9.
8. Nuremberg Doctors Trial. The nuremberg code. 1947. BMJ. 1996;313:1448. http://www.bmj. com/cgi/content/full/313/7070/1448. Assessed 22 Dec 2019.
9. Rice TW. The historical, ethical, and legal background of human-subjects research. Respir Care. 2008;53(10):1325-9.
10. World Medical Association. Declaration of Geneva. 2017. http://dl.med.or.jp/dl-med/wma/ geneva_e.pdf. Accessed 22 Dec 2019.
11. World Medical Association. International Code of Medical Ethics. 2006. https://www.wma. net/wp-content/uploads/2006/09/ International-Code-of-Medical-Ethics-2006.pdf. Assessed 22 Dec 2019.
12. Carlson RV, Boyd KM, Webb DJ. The revision of the declaration of Helsinki: past, present and future. Br J Clin Pharmacol. 2004;57(6):695-713.
13. World Medical Association. Declaration of Helsinki. Br Med J. 1964;2:177.
14. World Medical Association. Declaration of Helsinki. 1975. https://www.wma.net/what-we-do/ medical-ethics/declaration-of-helsinki/doh-oct1975/. Accessed 22 Dec 2019.
15. World Medical Association. Declaration of Helsinki. 2008. https://www.wma.net/wp-content/ uploads/2016/11/DoH-Oct2008. pdf. Accessed 22 Dec 2019.
16. Kind C, Salathe M, editors. Research with human subjects. A manual for practitioners. 2nd ed. Switzerland: Swiss Clinical Trial Organization. Swiss Academy of Medical Sciences (SAMS); 2015.
17. National Commission for the Protection of Human Subjects of Biomedical and Behavioral Research. Belmont report: ethical principles and guidelines for the protection of human subjects of research. Washington, DC: Federal Register Document; 1979; April 18, 1978: 79-12065. https://globalhealthtrainingcentre.tghn.org/site_media/media/medialibrary/2011/04/Belmont_ Report_1979.pdf. Assessed 22 Dec 2019.
18. Department of Health and Human Services. Code of federal regulation, title 45: public welfare, part 46: protection of human subjects (the common rule). 2005. http://www.hhs.gov/ohrp/ documents/OHRPRegulations.pdf. Assessed 06 May 2009.
19. Council for International Organisations and Medical Sciences, World Health Organization. International ethical guidelines for biomedical research involving human subjects. Geneva, Switzerland: WHO; 2002. https://globalhealthtrainingcentre.tghn.org/ site_media/media/ medialibrary/2011/04/CIOMS_International_Ethical_Guidelines_for_Biomedical_Research_ Involving_ Human_Subjects.pdf. Assessed 22 Dec 2009.
20. International conference on harmonisation of technical requirements for registration of pharmaceuticals for human use. ICH harmonised tripartite guideline: guideline for good clinical practice (E6R1). 2002. http://www.emea.europa.eu/pdfs/human/ ich/013595en.pdf. Assessed 06 May 2009.
21. Council Directive 2001/20/EC on the approximation of the laws, regulations and administrative provisions of the member states relating to the implementation of good clinical practice in the conduct of clinical trials on medicinal products for human use. 2001. http://www.eortc.be/ Services/Doc/clinical-EU-directive-04-April-01.pdf. Assessed 22 Dec 2019.
22. General Medical Council. Research: the role and responsibilities of doctors. 2002. http://www. gmc-uk.org/guidance/current/ library/research.asp. Assessed 06 May 2009.
23. World Health Organisation. Handbook for Good Clinical Research Practice (GCP). 2002. http://www.who.int/medicines/areas/ quality_safety/safety_efficacy/gcp1.pdf. Assessed 22 Dec 2019.
24. Council Directive 76/768/EEC on the approximation of the laws of the member states relating to cosmetic products (consolidated version 2008). https://eur-lex.europa.eu/LexUriServ/ LexUriServ.do?uri=CONSLEG:1976L0768:20100301:en:PDF. Accessed 22 Dec 2019.
25. Opinion concerning guidelines on the use of human volunteers in compatibility testing of finished cosmetic products adopted by the Scientific Committee on cosmetics and non-food products intended for consumers during the plenary session of 23 June 1999. https://ec.europa. eu/health/scientific_committees/consumer_safety/opinions/sccnfp_opinions_97_04/sccp_ out87_en.htm. Assessed 22 Dec 2019.
26. European Commision. The rules governing cosmetic products in the European Union, volume 3. Guidelines. Cosmetic products. Notes of guidance for testing of cosmetic ingredients for their safety avaluation. 1999. https://op.europa.eu/en/publication-detail/-/ publication/86ca0a09-4aa7-40e3-bc40-d8f846f613e0/language-en/format-PDF/sourcesearch. Assessed 22 Dec 2019.
27. Nobile V. Guidelines on cosmetic efficacy testing on humans. Ethical, technological, and regulatory requirements in main

cosmetics markets. J Cosmetol Trichol. 2016;2(1):1000107.

28. Rogiers V, Balls M, Basketter D, et al. The potential use of non-invasive methods in the safety assessment of cosmetic products. ATLA. 1999;27:515-37.

29. Salter D. Non-invasive cosmetic efficacy testing in human volunteers: some general principles. Skin Res Technol. 1996;2(2):59-63.

30. Serup J. Efficacy testing of cosmetic products. Skin Res Technol. 2001;7(3):141-51.

31. Grady C, Wendler D, Emanuel EJ. What Makes Clinical Research Ethical?. JAMA. 2000;283(20):2701 11. https://doi.org/10.1001/jama.283.20.2701. PMID: 10819955.

32. Committee of Ministries/Council of Europe. Recommendation No R (90) 3 concerning Medical Research on Human Beings. 1990. http://hrlibrary.umn.edu/instree/coerecr90-3.html. Assessed 22 Dec 2019.

33. Colipa. Guidelines for the evaluation of the efficacy of cosmetic products. Brussels, Belgium. 2008. http://www.canipec.org.mx/woo/xtras/bibliotecavirtual/Colipa.pdf. Assessed 22 Dec 2019.

34. Council Directive 93/42/EEC concerning medical devices (consolidated version 2007). https:// eur-lex.europa.eu/LexUriServ/LexUriServ.do?uri=CONSLEG:1993L0042:20071011:en: PDF. Accessed 22 Dec 2019.

35. Council of Europe. Guidelines for good manufactiring practice of cosmetic products (GMPC). Strasburg: Council of Europe Publishing; 1995.

第 3 章　临床试验质量管理规范

Betsy Hughes-Formella, Nicole Braun, Ulrike Heinrich　著

《药物临床试验质量管理规范》（Good Clinical Practice, GCP）是国际公认的标准，用于确保设计、实施、记录和报告涉及人体受试者的临床试验符合伦理及科学质量的规定。该规范的主要原则由人用药品技术要求国际协调理事会（The International Council for Harmonisation of Technical Requirements for Pharmaceuticals for Human Use，ICH）制定 [1]。

尽管 ICH-GCP 的每条原则在化妆品研究中并非必须完全遵守，但只要涉及人体试验，就应该遵循 GCP 原则。这样才能保障研究对象的权利、安全和福祉，确保临床研究结果的可信和准确。

3.1　GCP 原则

ICH-GCP 指南第 2 部分规定了 GCP 的一般性原则，这些原则同样适用于化妆品研究。以下阐述这些原则在化妆品研究中的适用性：

（1）临床试验应依据源自《赫尔辛基宣言》的伦理原则进行，并与 GCP 和适用的监管要求相一致。这一原则完全适用于化妆品研究。《赫尔辛基宣言》是医学界关于人体试验伦理原则的基石 [2]。此外，受试产品必须符合研究所在国家 / 地区的化妆品法规。

（2）在试验开始前应评估预期风险和困难，以及对研究对象和对社会的预期收益。只有在预期收益与风险相符的前提下，才可以启动并继续试验。正如欧洲化妆品指令最新修订版中所述 [3]，化妆品风险 - 收益的推理不应成为对人类健康造成风险的理由。只有在测试产品的皮肤耐受性和研究相关过程具有高度安全性的前提下，才可以进行化妆品研究。

（3）受试者的权利、安全和福祉是最重要的考虑因素，应该优先于科学和社会利益。这一原则是基本原则，无条件地适用于任何涉及人类受试者的临床试验。

（4）临床试验产品的非临床和临床信息应足以支持拟开展的临床试验。在对化妆品进行临床研究前，研究者应确保受试产品符合化妆品法规，并且所有成分均是安全的或非禁用于化妆品。若既往有临床研究使用数据，应将这些研究中试验产品的任何潜在不良反应告知研究者。

（5）临床试验应科学合理，并能通过清晰、详细的方案进行描述。在"研究设计和方案

标准"部分（见下文）概述了临床方案中需要解决的要点。

（6）试验应按照事先获得的机构审查委员会（IRB）/独立伦理委员会（IEC）批准/赞成意见的方案进行。化妆品研究并非必须获得IEC的批准。然而，在某些情况下应获得批准，例如致敏潜能试验，或具有微创操作的试验设计，如剥脱性创面或负压所致水疱。一般来说，IEC应该是研究专用，而非设计专用，因为受试产品的成分对委员会的决策至关重要。在特定情况下，IEC可能认为对化妆品使用某种设计并非合理。

（7）向受试者提供医疗服务和代表其做出医疗决定应始终由一名合格的医生或在特定情况下由一名合格的医生负责。虽然医生通常不需要为化妆品研究进行医学检查，但需在研究过程中做出相应的医学决定，例如应由指导医生进行局部不良反应的处理。

（8）所有参与试验的人员都必须具备执行其任务所需的知识、培训和经验。任何涉及化妆品的临床研究都必须由合格的和受过培训的研究人员执行。

（9）在进行临床试验之前，必须获得每位受试者的自愿知情同意。在临床试验过程中，任何形式的胁迫都是不可接受的。每位受试者都有权在研究期间的任何时刻撤回他们的授权。这也是数据保护法规所要求的。

（10）所有临床试验信息的记录、处理和存储方式必须能够准确报告、解释和验证。临床试验数据的处理方式应该允许在任何时候重复抽样程序。

（11）应根据适用的法规要求，尊重隐私和保密原则，保护能够识别受试者信息记录的保密性。所有临床试验数据都受到国家数据保护法的保护。有关数据保密的事项应该在知情同意书中给予解释。

（12）试验产品应依据适用的《药品生产质量管理规范》（Good Manufacturing Practice，GMP）进行生产、处理和储存。试验产品应按照经批准的研究方案使用。与药品临床试验材料相比，化妆品试验样品通常不完全遵循GMP。但应该保证试验材料成分的准确性，试验产品应该有完善的标签，以便在化妆品研究中识别和正确使用，并且应该确保材料的稳定性和无污染。此外，试验材料应该能够随时重复其制造过程。

（13）应该实施确保试验各方面质量的程序系统。必须确保控制措施得到落实，以确保每次完成与研究相关的任务时都以相同的方式进行。这些控制措施应该以"标准操作规程"（Standard Operating Procedure，SOP）的书面形式提供。

3.2　标准操作规程

每个检测实验室或研究所都应该有一套标准操作规程（SOP），以规范其日常工作的执行。ICH将SOP定义为"实现特定功能统一性能的详细书面指令"（ICH-GCP 1.55）。SOP被用作完成每项研究相关任务所采取行动的参考和指南，并确定每项任务的负责人。每个关键过程都应该有SOP，例如准备研究方案、获得潜在研究参与者的知情同意、建立研究文件、记录和纠正病例报告表（Case Report Form，CRF）中的数据以及分发试验产品等。此外，在化妆品研究中使用的所有生物工程设备都应有设备SOP。

3.3　研究设计和方案标准

针对每项临床研究，精心设计和确定所有关键要素的方案，对于确保数据的科学完整性和可信性至关重要。研究方案应详细记录研究设计，包括受试者纳入和排除标准、主要和次要终点、减少偏差的措施描述（如随机化、盲法）、受试产品及其使用方法、依从性措施（如受试者日记、返回产品称重）以及个别受试者或研究的终止 / 退出标准。尤其需要详细描述安全性 / 有效性检测的方法和时间，以确保评估、记录和分析的全面性。试验方案中应有对计划统计量（包括样本量测算和显著性水平）的描述。

3.4　行为标准

遵守试验方案、获得知情同意、遵守数据保护条例、医疗管理和记录与试验相关的不良反应、正确分发试验产品及其使用说明以及问责制和记录工作人员的资格和培训，这些都是行为标准不可或缺的组成部分。此外，对工作人员的资质和培训进行监管和记录也非常重要。这些举措都是为了确保试验的安全性和科学性，并促进医疗管理的规范化和标准化。

3.5　记录及报告标准

所有研究数据必须准确地记录于病例报告表（CRF）中，并及时输入到研究数据库中。同时，必须保存受试产品的使用记录。所有信息和相关通信应当收集在同一研究中心的文件中，以便随时检索信息。

化妆品研究的研究文件必须包括：

- 研究方案和修正方案签署文件
- 病例报告表（CRF）样本
- 知情同意书以及提供给受试者的其他书面信息
- 受试者招募广告
- 伦理委员会（IEC）联系方式和表决记录（如适用）
- 研究人员简历
- 试验产品运输记录、试验产品责任表和未使用试验产品的销毁记录
- 试验产品的任何可用许可证，至少要确认试验产品适用于人体
- 随机盲法清单
- 治疗代码清单以及关于揭盲或更改治疗代码日期的信息
- 任何质量控制（监控）报告
- 如果是书面文件，请签署、注明日期并完成病例报告表（CRF）（包括更正）
- 申请方联系信息
- 受试者识别代码清单和登记日志（保密）

- 签名表，记录所有被授权在病例报告表（CRF）中进行录入或更正人员的签名和姓名缩写
- 保存组织样本的记录（如果有）
- 研究报告签署文件

参考文献

1. Guideline for Good Clinical Practice E6 (R2) (ICH harmonized tripartite guideline), CMP/ ICH/135/95, last updated December 2016.
2. World Medical Association Declaration of Helsinki. Ethical principles for medical research involving human subjects. Adopted by the 18th general assembly, Helsinki, Finland, June 1962, with the most recent amendment by the 64th WMA general assembly, Fortaleza, Brasil, October 2013.
3. Recast of the European Cosmetic Directive. http://ec.europa.eu/enterprise/cosmetics/html/ cosm_simpl_dir_en.htm

第 4 章　皮肤检测指南

Joachim W. Fluhr, G. E. Piérard, C. Piérard-Franchimont 著

4.1　简介

　　本章是 Joachim W. Fluhr 对之前"皮肤化妆品检测指南"一章的修订。该指南最初由 Gerald Piérard 和 Claudine Franchimont 在第 1 版中编写，介绍了皮肤科和美容科对皮肤生理学参数进行客观评价和检测的方法。然而，由于观察者间个体差异和偏差的存在，这种评价方法存在一定的局限性。

　　近年来，随着无创生物物理检测技术的不断发展，描述性和定量评价皮肤生理学参数的精度及可重复性有了极大提高。这项技术的进步离不开那些具备创新性视野研究人员的不懈努力，尽管他们最初的方法可能显得有些粗糙、耗时，甚至缺乏再现性。但随着时间的推移和技术的不断完善，无创生物物理检测技术在设计、准确性、数据可重复性以及检测设备的可靠性方面都取得了长足的进步。

　　这种技术的进步也与皮肤生物学和生理学知识的提升同步。目前，无创设备已广泛应用于皮肤科医生、生物工程师、美容师、临床科学家、生理学家和生物学家等领域，成为转化性研究的重要工具。

4.2　皮肤生物工程的发展

　　在临床试验中收集准确的临床数据依赖于合格的研究人员。必须用清晰客观的术语描述临床相关参数，例如每种分级量表的各个分级类别必须对应一个非常独特的临床描述。对于多中心临床试验的多个研究者，必须明确这一点，以避免临床评分中的不必要差异。此外，当临床症状严重程度出现在两个连续定义类别之间时，允许评分 0.5，进一步模糊梯度类别。使用与模糊和重叠定义相对应的半定量（有序）分级量表时，将会对临床试验产生负面影响。因此，旨在收集准确数据的分级量表应努力为研究者提供不同的临床类别。

　　已证实，受控的无创生物物理方法具有可校准、准确、敏感、特异和可重复性，比主观评分和临床分级等其他方法的有效性更高 [1]。无创生物物理方法通过减少临床观察的主观性，在实验皮肤病学和美容科学中得到广泛应用。这种方法符合伦理标准，在人体试验中

很少受到限制。无创评价提供了与特定目标产品功效相关的皮肤反应的客观且定量的生物物理信息，并允许可靠的安全性评价（如炎症反应）。它们还经常揭示出在临床皮肤反应发生前就出现的亚临床效应。数据和临床读数之间的相关性可提供更具体和深入的信息。生物检测仪器具有统计学优势，能够缩小观察者间和个体内差异。多参数检测跨越有限的过程连接至单一检测设备，提供关于特定皮肤功能有限范围的信息 [2]。

尽管无创皮肤计量学具有上述优势，但初学者可能会认为其可完善对皮肤生理病理学的认知。此外，人们可能会期望各种检测仪器所提供的可能性能够不受限制地应用于皮肤研究。然而，目前有关技术标准化的指南数量有限，只有少数公认的质控流程可用于确保数据收集和解释的一致性。尽管生物检测仪器已在不同临床状态下证明其相关性，但监管机构仍倾向于使用临床判断来评价皮肤科的药物治疗。

4.3   仪器使用方法和校验

无创皮肤检测技术正逐步应用于皮肤生物学、医学和美容学领域，并取得了显著进展。这些技术被用于评价外用产品的有效性和安全性 [3-5]，同时也被用于药品和化妆品行业的营销宣传。一些技术在研究机构得到了独特的应用，同时也可用于床旁监测患者。然而，某些商业化的技术可能被缺乏专业知识的人员误用，例如在化妆品店或药店等场所。需要注意的是，虽然这些仪器表面上看起来容易操作，但实际上需要专业知识和复杂技能。

无创检测技术的使用也存在一些问题 [1]。有些商业目的和以科学信息为幌子的虚假宣传可能会破坏合理的检测方法。未经证实的功效宣称可能会误导人们对这些技术的价值产生错误的理解。事实上，这些技术的真正价值在于严格遵循受控程序，并使用标准化和校准的仪器。操作者缺乏专业知识和观察者过于轻信，有可能导致未完成的皮肤无创检测存在严重的科学问题。

在任何情况下，使用这些仪器前必须进行校准和验证。研究目标和设计必须是在预先讨论的概念支持下，最好基于假设性驱动。所有涉及的术语必须符合各方认可并明确定义（表4.1）。在开始研究之前，应该提出一系列与实验目标相关的问题（表4.2）。

4.4   标准化和质量控制

科学研究通常需要达到同行评议期刊的水平。在发布基于皮肤定量研究数据支持的功效宣称之前，必须遵守严格的监管流程。化妆品制造商已经认识到皮肤生理参数的无创生物物理评价这一不断发展的领域具有巨大的价值。总体而言，制药行业和医生群体在这方面已经落后多年，但现在越来越多的人表现出兴趣。

无创生物物理方法的优化得益于严格校准的仪器、调节和标准化的检测流程。尽管在皮肤检测学、皮肤生理学和生物学之间的转化研究有了新的进展，但仅有少数出版物致力于皮肤属性检测的标准化。皮肤生物学领域的一些外行人进一步掩盖了这种情况，他们拥有生物物理检测仪器，他们可能会推测数据，而非进行科学的解释。这种情况模糊了宣称、规则、公理和事实之间的界限。

表 4.1　仪器校验和定义

准确度	探讨常规真值（即内部或当地标准）或被广泛接受作为参考值的国际标准与实验数据的重复检测平均值之间的相似程度，以便提供系统误差的指示。
精确度	在控制条件下，对同一均匀样品进行多次采样，获得一系列检测数据的相似程度，即散射离散度。该离散度可用于评价实验的重复性和再现性参数。
重复性	表示相同条件下，即相同操作者、仪器、时间间隔和样本。
再现性	在不同条件下进行实验，包括在不同实验室、使用不同样品、由不同操作人员进行、在不同试验日期进行、使用来自不同制造商的仪器。
检测范围	在使用该程序时，需注意其检测水平的上下限范围。
线性度	在给定的范围内，获取与真实值成比例的测量结果的能力。
灵敏度	在所定义的范围内记录微小变化或差异的能力。
检出限	最低可检测的差异。
定量限	在规定的实验条件下，我们可以确定一种高于零的最小变化量，该量能够被量化地测定其精度和准确度（不仅仅是进行检测）。
耐用性	评价检测过程中的微小变化对检测性能的影响。

改编自参考文献[6]。

表 4.2　生物工程的基本准则

1　研究的目的及相应的终点是什么？

2　研究的终点是否具有定量性质？是否过于局限，以至于难以支持研究目的？

3　是否需要将终点划分为主要、次要、三级等级别？

4　是否需要采用单一申报还是联合设计？

5　检测工具的功能包括支持、描述、排除、比较和验证等，需要根据研究需求进行选择。

6　研究的实际检测对象是哪种结构或功能？

7　研究期间变量的范围、线性和预期变化情况是怎样的？

8　何时进行检测？

9　个体间、个体内以及皮损内的变异情况，如果可能，需要提供正常和健康皮肤的变异数据。

10　需要考虑性别、年龄、皮肤类型和种族的影响。

11　研究将在哪个季节进行？需要避免跨越两个季节，尤其是在非常温暖和阳光充足的季节。

12　是否包含有意义的（理想状态下独立的）对照组？

13　研究设计和样本量的统计评价如何？

14　需要提供仪器的验证研究和相关文献。

15　如果目标或检测区域很小，是否需要重复检测以克服局部位点的差异？

16　是否有现有的内部标准或建议，是否有标准操作程序（SOP）？

17　需要遵守指导方针和法律要求，包括伦理方面。

18　如何处理和储存仪器及源数据输出？是否安全？

19　实验室设施是否符合良好的标准？

（续表）

20	在仪器或实验室发生意外故障的情况下，是否存在数据备份的方案？
21	环境因素如温度和湿度是否经过严密控制，并在研究期间保持恒定？
22	是否需要对研究对象进行预处理？
23	实验人员是否接受了充分的教育和训练，并为特定的研究做好准备，例如 GCP 培训？
24	是否识别并尽可能消除各种类型的偏差？
25	如何确保或监督研究按计划进行，以及对稳定性的要求和不稳定性情况下的后果是什么？
26	在研究开始、进行和结束时，是否对仪器进行校准、维护和调节？
27	排除正在执行的测量或使结果无效的事件和情况是什么？
28	如何对研究进行总结和报告？
29	研究时间表是否现实可行且令人满意？
30	所涉及的资源是否始终可用？
31	该研究是否处于学术水平，并且结论和解释是否独立于经济利益，即使研究得到行业支持？
32	该研究是否有文件记录，并为可能出现的特殊情况做好准备，例如是否有欺诈指控？
33	所有研究文件是否以有组织的方式保存，以便在未来（10～15 年）再次调用？

改编自参考文献[6]。

4.5 生物检测规范

在建立良好的生物检测规范时，有两个重要特征必须予以考虑，即对仪器主要物理特性的了解，以及在检测皮肤特定生物物理属性和功能时的应用模式。理想情况下，检测的有效性可以用 SI 单位进行量化，并与明确的临床特征相关，例如以 g/m^2h 检测的表皮屏障渗透性功能。必须严格遵守检测再现性的充分条件，并且必须经常进行校准并相应记录。在使用相同仪器的实验室中，检测流程应相同或相似。然而，每个研究人员都应遵循当地的标准操作流程，以确保数据可以在实验室环境中重现。

另一个问题涉及检测方法在皮肤相关生物医学问题的应用。被评价的生物学领域的基本知识至关重要，因为它决定研究方法的选择。在可能的情况下，应综合使用多种评价方法，而非单一的检测方法。这对于数据解释的有效性至关重要。此外，特定的仪器通常被设计用于检测某个单一的生物物理参数或功能，但所收集的数据可能会受到替代变量的影响，而这些变量并非由该特定仪器所评价。因此，应使用一系列不同的方法来联合评价皮肤属性之间的复杂相互关系。

实验条件必须事先正确定义、控制和监测，以适用于受试者和环境条件。必须筛选并记录每个小组成员（受试者）的特征，包括种族、性别、年龄、研究的确切解剖区域以及研究中感兴趣的任何其他具体特征或潜在影响因素。一些检测明显受到季节、月经和昼夜周期、疾病和预处理措施（如皮肤预处理）的影响。环境条件显著改变皮肤的一些生物物理性质和功能，故每个生物计量评价都需要一个受控环境，在其中，温度和相对湿度被监测和仔细记录。暴露于非电离辐射（包括紫外线、日光宽光谱和近红外能量）会强烈影响皮肤的特定属性和功能，有时会产生长期影响。许多检测明显受到一系列药物和化妆品使用的影响，故选择合适的专家组成员或患者至关重要，他们的数量也很重要[7]。对照组也应包括阳性和阴性对照。

从生物学角度解释数据对科学家来说可能很困难，即使数据在商业策略中被过度简化。因此，在数据分析中应始终包括完善的统计学方法，并结合有意义的生物学 / 临床相关性标准。在某些情况下，增加测量值的数量有助于使用统计分析进行验证[7]。然而，在前瞻性研究中，在设计研究时应使用功效计算来估计纳入的受试者数量。

4.6　检测指南

循证指南为特定疾病的诊断和治疗提供了最佳的科学证据。它们在教育研究人员了解某一特定领域的科学现状方面发挥着重要作用。近年来，指南已经从基于专业知识的意见演变为基于证据的共识声明。这种循证方法得到了专家认可，但其理念的驱动因素是现有的无偏差和经过评价的文献。使用这种循证程序制定的指南具有科学的一致性，并且是改进教育工具的有效途径。

随着时间的推移，一些专家小组已经发布了有助于皮肤美容领域进行无创评价的指南[8-12]。欧洲接触性皮炎学会（European Society for Contact Dermatitis）、欧洲化妆品盥洗和香水协会（European Cosmetic Toiletry and Perfumery Association，COLIPA）以及欧洲化妆品和其他产品功效检测小组（European Group for Efficacy Measurements on Cosmetic and Other Products，EEMCO）在该领域开展了大量工作[13]（表 4.3）。他们发表了一系列适用于皮肤检测无创方法的指南和综述。目前，无创皮肤检测方法领域包括大量信息，从教育到非常复杂的程序。

表 4.3　已发表的无创检测指南

指南主题	第一作者	发表年份	参考文献
经皮水丢失	Pinnagoda	1990	[14]
皮肤血流量	Bircher	1994	[15]
皮肤色泽及红斑	Fullerton	1996	[16]
皮肤干燥和干燥症状	Piérard	1996	[17]
角质层水合作用	Berardesca	1997	[18]
十二烷基硫酸钠（SLS）刺激试验	Tupker	1997	[19]
皮肤色泽	Piérard	1998	[20]
皮肤纹理特征	Leveque	1999	[21]
拉伸性能（Ⅰ）	Piérard	1999	[22]
拉伸性能（Ⅱ）	Rodrigues	2001	[23]
皮肤的油脂分泌	Piérard	2000	[24]
经皮水丢失	Rogiers	2001	[25]

（续表）

皮肤微循环	Berardesca	2002	[26]
止汗剂和除臭剂	Piérard	2003	[11]
皮肤表面 pH 值	Parra	2003	[27]
脱发和秃头症状	Piérard	2004	[28]
皮肤表面 pH 值	Stefaniak	2013	[29]
经皮水丢失、皮肤含水量	du Plessis	2013	[30]
角质层水合作用	Berardesca	2018	[31]
经皮水丢失、角质层水合作用、皮肤表面 pH 值	van Rensburg	2019	[32]
皮肤的机械性能特征	Monteiro Rodrigues	2020	[33]

4.7　结语

　　皮肤生理学或皮肤检测学的无创测量是一门迷人的学科，它正在吸引不同科学领域的众多研究人员的关注。基础研究、应用研究和转化研究已经探索了皮肤生物物理特性的多个方面。生物工程仪器的常规使用看起来很简单，但对于缺乏经验的初学者来说，这是一个充满陷阱的领域。即使是熟练的研究人员，也会面临许多数据相关性和解释的相关问题。在任何有情况下，必须强调严格遵守受控和标准化条件。目前，皮肤检测学仍处于发展阶段，研究者必须掌握检测的各个方面。检测仪器提供的数字只与特定的研究问题和假设相关。研究人员的技能水平以及未受过教育人员操作不熟练都会影响所收集数据的价值。此外，生物物理检测的解读需要专业知识。我们是否应该像驾驶汽车一样需要许可证来操作生物检测仪器呢？或许应该引入一些监管条例，以管控在皮肤检测的掩护下提供的虚假功效宣称和创意广告。

参考文献

1.　Agache P. Measurements: the why and how. In: Agache P, Humbert P, editors. Measuring the skin non invasive investigations, physiology and normal constants. Berlin: Springer; 2004. p. 6-15.
2.　Fluhr JW, Lazzerini S, Distante F, Gloor M, Berardesca E. Effects of prolonged occlusion on stratum corneum barrier function and water holding capacity. Skin Pharmacol Appl Skin Physiol. 1999;12:193-8.
3.　Berardesca E, Elsner P, Wilhelm KP, Maibach HI. Bioengineering of the skin: methods and instrumentation. Boca Raton, FL: CRC Press; 1995.
4.　Hermanns JF, Pierard-Franchimont C, Pierard GE. Skin colour assessment in safety testing of cosmetics. an overview. Int J Cosmet Sci. 2000;22:67-71.
5.　Ormerod AD, Dwyer CM, Weller R, Cox DH, Price R. A comparison of subjective and objective measures of reduction of psoriasis with the use of ultrasound, reflectance colorimetry, computerized video image analysis, and nitric oxide production. J Am Acad Dermatol. 1997;37:51-7.
6.　Serup J. How to choose and use non-invasive methods. In: Serup J, Jemec GBE, Grove GL, editors. Handbook of non-invasive methods and the skin. Boca Raton, FL: Tailor and Francis; 2006. p. 9-13.
7.　Kraemer HC, Thiemann S. How many subjects? Statistical power analysis in research. Newbury Park, CA: Sage Publications; 1987. p. 37-52.
8.　Pierard GE. Relevance, comparison and validation of techniques. In: Serup J, Jemec GBE, editors. Handbook of non-invasive methods and the skin. Boca Raton, FL: CRC Press; 1995. p. 9-14.
9.　Pierard GE. Instrumental non-invasive assessments of cosmetic efficacy. J Cosmet Dermatol. 2002;1:57-8.

10. Pierard GE. Streamlining cosmetology by standardized testing? J Cosmet Dermatol. 2002;1:97-8; author reply 98

11. Pierard GE, Elsner P, Marks R, Masson P, Paye M. EEMCO guidance for the efficacy assessment of antiperspirants and deodorants. Skin Pharmacol Appl Skin Physiol. 2003;16:324-42.

12. Serup J. Bioengineering and the skin: standardization. Clin Dermatol. 1995;13:293-7.

13. Pierard GE. EEMCO onward and upward. Streamlining its endeavour at the European venture in cosmetic efficacy testing. Int J Cosmet Sci. 2000;22:163-6.

14. Pinnagoda J, Tupker RA, Agner T, Serup J. Guidelines for transepidermal water loss (TEWL) measurement. A report from the standardization group of the European society of contact dermatitis. Contact Dermatitis. 1990;22:164-78.

15. Bircher A, de Boer EM, Agner T, Wahlberg JE, Serup J. Guidelines for measurement of cutaneous blood flow by laser Doppler flowmetry. A report from the standardization group of the European society of contact dermatitis. Contact Dermatitis. 1994;30:65-72.

16. Fullerton A, Fischer T, Lahti A, Wilhelm KP, Takiwaki H, Serup J. Guidelines for measurement of skin colour and erythema. A report from the standardization group of the European society of contact dermatitis. Contact Dermatitis. 1996;35:1-10.

17. Piérard GE. EEMCO guidance for the assessment of dry skin (xerosis) and ichthyosis: evaluation by stratum corneum strippings. Skin Res Technol. 1996;2:3-11.

18. Berardesca E. EEMCO guidance for the assessment of stratum corneum hydration: electrical methods. Skin Res Technol. 1997;3:126-32.

19. Tupker RA, Willis C, Berardesca E, Lee CH, Fartasch M, Agner T, Serup J. Guidelines on sodium lauryl sulfate (SLS) exposure tests. A report from the standardization group of the European society of contact dermatitis. Contact Dermatitis. 1997;37:53-69.

20. Piérard GE. EEMCO guidance for the assessment of skin colour. J Eur Acad Dermatol Venereol. 1998;10:1-11.

21. Leveque JL. EEMCO guidance for the assessment of skin topography. The European expert group on efficacy measurement of cosmetics and other topical products. J Eur Acad Dermatol Venereol. 1999;12:103-14.

22. Piérard GE. EEMCO guidance to the in vivo assessment of tensile functional properties of the skin. Part 1: relevance to the structures and ageing of the skin and subcutaneous tissues. Skin Pharmacol Appl Skin Physiol. 1999;12:352-62.

23. Rodrigues L. EEMCO guidance to the in vivo assessment of tensile functional properties of the skin. Part 2: instrumentation and test modes. Skin Pharmacol Appl Skin Physiol. 2001;14:52-67.

24. Piérard GE, Pierard-Franchimont C, Marks R, Paye M, Rogiers V. EEMCO guidance for the in vivo assessment of skin greasiness. The EEMCO group. Skin Pharmacol Appl Skin Physiol. 2000;13:372-89.

25. Rogiers V. EEMCO guidance for the assessment of transepidermal water loss in cosmetic sciences. Skin Pharmacol Appl Skin Physiol. 2001;14:117-28.

26. Berardesca E, Leveque JL, Masson P. EEMCO guidance for the measurement of skin microcirculation. Skin Pharmacol Appl Skin Physiol. 2002;15:442-56.

27. Parra JL, Paye M. EEMCO guidance for the in vivo assessment of skin surface pH. Skin Pharmacol Appl Skin Physiol. 2003;16:188-202.

28. Piérard GE, Pierard-Franchimont C, Marks R, Elsner P. EEMCO guidance for the assessment of hair shedding and alopecia. Skin Pharmacol Physiol. 2004;17:98-110.

29. Stefaniak AB, du Plessis J, John SM, Eloff F, Agner T, Chou T-C, Nixon R, Steiner MFC, Kudla I, Holness DL. International guidelines for the in vivo assessment of skin properties in non-clinical settings: part 1. Skin Res Technol. 2013;19:59-68.

30. du Plessis J, Stefaniak A, Eloff F, John S, Agner T, Chou T-C, Nixon R, Steiner M, Franken A, Kudla I, Holness L. International guidelines for the in vivo assessment of skin properties in non-clinical settings: part 2. Transepidermal water loss and skin hydration. Skin Res Technol. 2013;19:265-78.

31. Berardesca E, Loden M, Serup J, Masson P, Rodrigues LM. The revised EEMCO guidance for the in vivo measurement of water in the skin. Skin Res Technol. 2018;24:351-8.

32. van Rensburg SJ, Franken A, Du Plessis JL. Measurement of transepidermal water loss, stratum corneum hydration and skin surface pH in occupational settings: a review. Skin Res Technol. 2019;25:595-605.

33. Monteiro Rodrigues L, Fluhr JW, the EEMCO Group. EEMCO Guidance for the in vivo assessment of biomechanical properties of the human skin and its annexes: revisiting instrumentation and test modes. Skin Pharmacol Physiol. 2020;33:44-60.

第5章 功效宣称：如何提出和证实

Sinéad Hickey, Stephen Barton　著

本章将概述一个化妆品功效宣称的过程，包括如何进行决策以及在提出功效宣称时产品开发团队应该考虑的开放性选项。我们将参考这一领域的最新进展，探讨这一过程的基本步骤。虽然大部分功效宣称通过许多公司和检测机构进行多次试验得出，但本章旨在提出一些在建立功效宣称过程中可能被忽视的问题。本章提出的方法主要来自欧盟的经验，但同样适用于全球。

5.1　简介：化妆品功效宣称和检测

在过去20年中，由于各种原因，证实产品功效宣称已成为产品开发中日益重要的一部分。这主要是基于化妆品监管要求，以保护消费者免受不安全或误导性产品的影响。欧盟化妆品法规（EC）No 1223/2009规定，化妆品营销人员有法律义务为任何产品功效宣称提供支持证据[1]。该条款得到了法规（EU）No 655/2013的支持，该法规规定了证实功效宣称的共同标准（EU共同声明标准）[2]。这些标准着重涉及真实性、证据支持、诚实和公平。本书的其他章节（第2章第2.1部分）进一步讨论了证实功效宣称的规定。

科学研究和试验开发促进了化妆品科学的进步，这使得更具雄心的功效宣称成为化妆品公司营造更大差异化的源泉。然而，证实功效宣称的重要性不仅仅是出于法律角度。化妆品行业非常注重保护消费者，因为未兑现的功效宣称不仅会导致消费者对这些产品的怀疑，还会对该领域的其他产品产生质疑。上述因素强调了功效宣称关注消费者真实需求的重要性，更重要的是确保上市产品能够满足这些需求。

因此，支持产品功效宣称的过程变得十分重要。下文将介绍一些处理该问题的建议。然而，讨论的主要内容之一是如何利用科学来支持产品功效宣称。必须明白，在宣称和证实宣称的试验方法之间有区别。建立功效宣称过程的核心在于技术开发团队和营销团队之间的对话。他们不仅需要解释技术术语，建立一个经得起科学审查的基本原理，还需要与潜在客户沟通，了解他们期望通过产品获得什么。这将在第5.2部分中进一步讨论。大多数负责任的化妆品产品开发人员和营销人员都采用这种方法，与国家和国际机构合作，就如何获取支持功效宣称所需的信息达成一致。该行业及其监管机构需要知道如何定义合理的、相关

的功效宣称证据，需要什么样的证据以及多少这种证据才能支持功效宣称，以及需要何种类型的证据以及达到何种程度。本章目的是从这项工作中分析上述信息。

5.1.1　化妆品功效宣称的定义

化妆品功效宣称是指任何关于该产品的内容、性质、效果、特性或功效的公开信息。这些宣称可以是以文字、名称、商标、图片和图形等形式呈现[1]，例如"调理""清新口气""减少皱纹""皮肤触感柔软""滋润皮肤长达 24 小时"和"防晒系数 15"。这些功效宣称可以出现在产品的包装、标签、插页、品牌网站以及杂志、电视或其他媒体广告等任何与产品相关的材料中[3]。然而，随着数字平台如 YouTube、Instagram 和 Facebook 等的普及，越来越多的营销人员直接瞄准消费者，这也成为监管机构关注的新领域。

对于化妆品公司而言，面临的最大挑战之一是如何在化妆品的定义范围内坚持功效宣称，而不会误入临床药理治疗范畴。在欧洲，化妆品被定义为"任何设计用于和人体各外露部位（表皮、毛发系统、指甲、嘴唇和外部生殖器官）或牙齿和口腔黏膜接触的物质或制剂，**目的是专门或主要**是清洁它们、香化它们、改变它们的外观和（或）纠正体味、和（或）保护它们或使它们处于良好状态"[1]。因此，化妆品公司需要认真考虑产品名称和功效宣称之间的差异，特别是当它们提及一些产品的消费者利益。在第 5.3 部分中，我们将进一步探讨不同类型产品宣称之间的区别。

我们在这里强调的这句话意味着：虽然次要作用可以存在，但不能宣称具有药物或药理作用。

下划线的句子是支持化妆品功效宣称的核心理由，但它们不能宣称治疗疾病或改变生物结构，只能用于美容、清洁、提升吸引力和改变外观。药物定义的关键部分是："任何物质……使用或施用……目的是通过发挥**药理**、**免疫或代谢作用**来恢复、纠正或调节**生理**功能。"……被用于"治疗、治愈、预防或诊断疾病"……

美国的情况与欧洲类似，化妆品可以宣称具有"清洁""美容""提升吸引力"和"改变外观"的功效，但不能宣称治疗疾病或改变生物结构（例如"增加胶原蛋白""恢复细胞"等）。

因此，制定化妆品功效宣称时的首要决策点是：该宣称是否符合化妆品的定义。

5.1.2　功效宣称的界限

监管机构对化妆品制造药用宣称的印象将受到多种因素的影响。展示和营销如包装、营销场景、目标消费者以及所使用的措辞和图像，可以改变任何功效宣称的印象，特别是对于边缘性宣称。因此，一种产品被定义为药品还是化妆品取决于它的主要目的，这也是消费者被功效宣称所吸引而购买其产品的原因。如果一个产品满足化妆品定义中列出的一个或多个目的，那么它就可以作为化妆品进行营销。该产品不能宣称用于治疗疾病，但可以宣称具备有益的功效，如"舒缓皮肤""保持皮肤良好状态"或"有助于防止环境造成的伤害"。

近年来，随着对皮肤生理学的认识和化妆品对皮肤生理学的影响，引起了大量关于功效宣称的争议。由于药用宣称的定义交替使用术语"生理"和"药理"作用，从而产生这样一种观点，即化妆品带来的任何生理作用都使其成为药物。幸运的是，相关文件已经为欧洲销售的产品进行了澄清[1]。该文件不仅承认化妆品可能产生的生理作用，而且还澄清说，为适用药品条例，"通过发挥药理、免疫或代谢作用来改变生理功能……""必须是微不足道的"。如果这种说法难以解释，也许它可以作为一个警告，在试图做出这种类型的宣称时要格外谨慎。实际上，英国的广告监管机构预计会有大量有力的证据支持这种生理学表述。

化妆品的范畴不断扩展，逐渐涵盖了医学界定义的一类产品——"药妆品"。这一术语常被误认为是由美国知名皮肤科医生阿尔·克里格曼（Al Kligman）提出，但实际上是美国化妆品科学家雷蒙德·里德（Raymond Reed）创造的[4]。药妆品指的是一些看起来像是药品、化妆品或两者兼而有之的产品，通常被归入化妆品范畴[5]。虽然药妆品经常被使用，但并不存在明确的药妆品分类标准。然而，在涉及健康皮肤和疾病之间的情况时，如脂肪团、静脉破裂和青春期皮肤容易出现斑点等问题，药妆品常常是改善这些问题的选择。这也凸显了建立化妆品功效宣称的另一个重要判断：目标皮肤问题是否属于疾病范畴？

此外，需要注意的是，化妆品和其他产品类别之间存在明显的区别。例如，抗菌药物和医疗器械这两个类别，在产品开发之前需要认真考虑和关注。虽然在这些问题上已有指导方针，但通常最为安全的做法是向相关的监管机构征求意见。

5.2 功效宣称建立过程

在提出化妆品功效宣称时，需考虑多方面因素。首要因素是考虑产品预期用途及给消费者带来的益处，这些将在下文中讨论并在表 5.1 中进行了总结。此外，建议的层次结构也为记录决策过程提供了一个框架，可作为整个功效宣称证明素材体系的一部分。

表 5.1 建立化妆品功效宣称的步骤

决定事项	核心考虑	细节解释
功效宣称属于化妆品吗?	化妆品？ 边缘性产品？ 药品？ 目标市场 / 消费者 外观展示 地方性法规	不存在"药妆品"功效宣称，将界限推向药品可能会影响监管机构的观点，无论你的宣称是否属于"化妆品"。 确保宣称表述反映化妆品的益处——尤其是改变外观。 主要作用应是美容；次要作用可能是生理作用和潜在药理作用。 如果作用方式（或功效宣称）接近药物，请向当地药物监管机构咨询。 潜在的生理作用必须与美容功效相平衡。 产品外观可推断其药用价值。

---

1 http://ec.europa.eu/enterprise/cosmetics/doc/guidance_doc_cosm-medicinal.pdf

（续表）

决定事项	核心考虑	细节解释
这些功效宣称是否适用于化妆品？	每个目标市场当地的法规是什么？这是否意味着不同的功效宣称证实方法？ 地区/市场部门	不同地区的监管预期可能不同。 功效宣称预期在市场和产品部门之间有所不同。
该产品的销售场景是什么？	包装 销售终端 广播 印刷品 邮件广告 网站	使用媒介来实现功效宣称，例如包装背面内容解释包装正面的宣称；附注合适的广告文案；一键点击即可访问网站。 不同媒介传达的整体印象是什么？ 场景（销售终端；出版形式）；用于传递信息的声音/图像类型。 过程的早期决策——重新检测以支持广告宣传可能高成本且高风险。
你计划如何传递这些功效宣称？	性能 成分 感官/美学 功效组合 功效比较 拓展应用	消费者如何感知功效宣称已得到实现？ 根据可能的消费者体验建立支持理由基础。
消费者对功效宣称的期望是什么？	该功效宣称的产品目前是否已上市？ 对产品规格和类型的功效宣称是新的吗？	确定预期证据的级别/水平。 谨防隐含的功效宣称。 不同的皮肤类型/消费者群体可能有不同的期望。
需要进行哪些检测（如果有）？	如何契合消费者的期望？	使用多个来源的数据支持非常强效有力，逻辑依据建立于上述原则，可以回应对仪器方法的质疑。
成功检测的判断标准是什么？	什么样的数据和信息的质量和数量能够满足你的基本要求？	不同类型检测的优缺点见表 5.3。

5.2.1　全球或地区

在全球范围内，关于允许的化妆品功效宣称类型以及验证宣称所需的支持数量的法规可能有所不同。因此，全球营销人员需要有意识地评估其功效宣称在不同地区的认可情况。除了欧盟监管范围外，最常见的化妆品监管地区包括日本、美国、东盟国家和中国[6-9]。例如，任何想要在美国销售化妆品的公司都必须"拥有适当、可靠且合格的证明数据来支持所宣称功效的类型和数量"，并且"必须清楚地向消费者展示受限制的验证数据"[10]。因此，产品开发人员必须决定最佳策略，这包括三种基本方法及其可能的变体：

• 针对当地市场需求，量身定制聚焦于支持功效宣称的全球方案。
• 针对最严格的市场需求，量身定制聚焦于支持功效宣称的全球方案。
• 针对当地市场需求，制定支持功效宣称的区域性方案。

不同区域的需求详情参见第 2 章第 2.1 部分。

5.2.2　宣传方式与媒介

尽管功效宣称在产品差异化方面具有重要作用，但必须在提供给消费者的信息量和预期收益之间保持平衡。宣称过多可能会导致混淆甚至质疑，过少则可能会导致消费者选择竞争对手的产品。因此，在包装标签上达成有关功效宣称的共识尤为重要，这受到包装空间、小型产品（例如睫毛膏）以及多语言全球营销产品等限制的影响。

证明功效宣称的常用工具是在包装正面限定宣称，而在包装背面的文字中进一步描述，这样做对字体大小和空间限制相对较少。大多数人关注的是包装措辞，但产品功效宣称会在销售终端和通过各种媒介提供给消费者，甚至进行拓展推广。因此，在决定宣称什么内容时，必须考虑任何促销或广告。信息的一致性是一个重要因素，尽管每种媒介的不同优势和需求将影响关于如何建立和验证功效宣称的决策。

最后，这些信息对消费者留下的印象可能会影响对功效宣称的支持方式。图像、声音和应用场景等因素可能会改变功效宣称的本质，而不仅仅是包装措辞。

5.2.3　消费者因素

营销人员应关注的不仅仅是法律角度的考虑，而是确保功效宣称能够满足消费者的预期。满足消费者需求对于商业意义非常重要——充分支持的功效宣称有助于促进产品的销售和潜在的复购。如果营销人员有一个基本原则，即描述消费者如何与产品功效宣称相关，并且有支持该表述的证据，那么违反监管规定的风险将会降低，复购的概率也会增加。

为了建立积极高效的功效宣称，营销人员可能会利用特定的产品属性，使其在市场上与众不同，并吸引潜在消费者。产品的包装、配方、成分、性能优势、质地甚至新颖性都可能成为目标属性。因此，相关技术术语可能需要转化成消费者更容易理解的术语。如果是这样，营销人员需要构建一个逻辑依据，来说明这些技术属性和功效宣称之间的关系。

预先存在的功效宣称可能会影响决策——验证一个全新的功效宣称可能需要更多的工作，因为消费者的期望很难评估。消费者通常会对市场上长期存在的功效宣称有更清晰的理解和预期。这些因素还将影响后续决策（详见第 5.3.2 部分"证据等级"）。

5.3　如何支持功效宣称

提出功效宣称并取得行业和监管机构的认可，是一项极具挑战性的任务。英国化妆品、盥洗用品和香水协会（CTPA）与英国广告标准局（Advertising Standards Authority，ASA）联合发起了一项倡议，旨在解决此难题[11]。尽管该方法仅适用于特定地区的需求，但对于处理功效宣称证明时提出以下问题提供了有用的指导：

（1）所提出的功效宣称的性质是什么？

（2）如何通过支持信息证明该产品符合消费者对该功效宣称的合理期望？

（3）支持信息中的检测质量要求是什么？

要提出一个基本原则，第一步是根据提出的功效宣称类型确定其性质。第二步是通过明确功效宣称的特殊性、优势和新颖性来进一步构建基本原则。构建基本原则之后，最后一步是确定预期支持功效宣称信息的质量。每个营销人员都有自己的基本原则，将产品技术信息转化为消费者语言，以确保功效宣称与品牌和产品相一致。这种方法还避免了一些监管机构使用的核对表方法，即针对特定功效宣称需要进行特定检测。核对表方法忽略了一个事实，即定义任何给定外观属性的方法不止一种，度量方法也不止一种。例如，滋润皮肤可以通过角质层增厚、更高的含水量、更光滑的感觉、更均匀的外观和更有弹性的触感等多种方法来定义。

5.3.1 功效宣称的类别

CTPA/ASA 将功效宣称分为 5 类：

- 性能：性能是指产品对皮肤的效果以及产品如何改变皮肤外观、保护皮肤、维持皮肤处于良好状态等。此类功效宣称还可以指产品的作用强度和（或）作用方式，或效果的持续时间。例如，"去角质使皮肤更有光泽""紧致皮肤""减少皱纹""24 小时保护（如除臭剂）"和"防晒系数 20"。

- 成分：这些功效宣称基于产品包含的单一或多种成分。成分功效宣称可能暗示该成分的活性或成分组合对产品产生的功效。例如，成分功效宣称"含有视黄醇，可以减少皱纹出现"。

- 感官 / 美学：感官 / 美学是指消费者在使用产品时所体验到的任何感官属性，包括嗅觉、触觉或视觉效果。此类功效宣称还可能指产品的某一美学特性。例如，"使用后皮肤感觉柔软、光滑"（使用时的感觉）、"滚敷器"（产品的美学特性）。

- 功效组合：此类功效宣称是指将上述功效宣称进行组合，例如"喷雾涂抹更均匀，覆盖更持久"。

- 功效比较：此类功效宣称是将一种产品的功效与另一种产品进行比较。这些宣称必须符合《误导性和比较性广告指令》（Misleading and Comparative Advertising Directive）[12]和《欧盟共同声明标准》（EU Common Claims Criteria），且必须避免诋毁另一个品牌。功效宣称比较可能是指一种较老的产品"新改进"或一种基准品"比市场领先的保湿霜更有效"。可以看出，此类功效宣称存在固有的动态问题，尤其是比较产品的数量不断变化。

有些功效宣称声称的效果已超出其定义和支持的范围。这些雄心勃勃的宣称有时会被视为"夸大其词"或"炒作"，因为它们并未提及产品的具体细节。例如，"为了那种特殊的感觉"或"纯粹的放纵"等宣称属于此类。虽然本章不会探讨此类宣称，但需要注意的是，将此类宣称与其他类型（尤其是性能）结合使用会改变向消费者传达的整体印象，从而影响所需支持证据的等级。

5.3.2　证据等级

一旦产品功效宣称被分类，接下来就需要建立底层逻辑证据来支持预期的证据等级，这符合消费者的合理期望。这些支持证据可以从许多不同的来源获取。表 5.2 概述了一种界定支持产品功效宣称所需的预期证据等级的方法[2]。在此阶段，产品开发人员需要评估是否需要进行特定检测来证实功效宣称，并且这部分时间和费用成本都很高。通过微调功效宣称，有可能使消费者获得相同的好处，而无须进行检测。

表 5.2　支持不同类型的化妆品功效宣称的预期证据等级

共识性功效宣称	有基本原理的功效宣称，但需要产品或成分特定的证据	以科学或技术的重大进展为基础的功效宣称
这种说法的理论基础与目前科学界普遍接受的知识状态相一致，且适用于美容科学和相关学科。	该说法的基本原理与目前科学界的普遍认识一致。然而，需要特定的支持或验证，例如： • 高度依赖于配方因素。 • 产品类型或规格设计通常与已建立的功效宣称不相关。 • 取决于指南、行业规范或科学综述中描述的特定检测需要的因素。 • 对已建立的功效宣称进行增强或量化（例如效果强度、效果持续时间和功效百分比）。 • 针对特定人群（例如毛发/皮肤类型、年龄和种族）的需求。	该宣称的功效并非简单地使用以往常见的词汇，而是建立在背后科学技术的进步之上。宣称的功效基于以下方面的创新： • 全新成分的作用 • 全新的消费者利益 • 全新的感官特性 • 全新的确定或量化产品对皮肤影响的方法 • 新的生物学见解，适用于该产品在身体部位的应用。

5.3.2.1　已建立且公开的证据

这些功效宣称包括一些效果明显的产品，例如口红（为口唇上色）或洗发水（清洁头发）。科学界和化妆品行业广泛接受的证据很可能基于公开的报告、公开的信息或产品配方细节。一个产品的支持证据也可能来自于既往的研究，如市场调研、感官评价、消费者和（或）专家评分评价。此外，它还能从成分或成分组合的数据（与最终产品的使用浓度相关）或既往已上市产品（建立产品性能之间的相关性）中获取。

例如，"双相清爽爽肤水"是一个得到公认且广泛接受的有证据支持的功效宣称。该宣称被归类为感官/美学的功效宣称，它基于广泛接受的事实，即爽肤水通过爽肤（感官）和配方的美学外观（双相）实现。另一个已确立功效宣称的例子是"强效保湿霜"，这一表述可能基于已知油剂或润肤剂的性质和含量水平，以及它们对产品丰富质地的作用。

2　摘自 CTPA 指南文件 [11]，经许可使用。

这里的关键因素是这些类型的功效宣称应符合消费者的预期和认知。应该记住的是，《化妆品管理条例》要求所有功效宣称都有可靠的证据，因此记录下功效宣称被广泛接受的原因仍有必要，即使只是为了表明产品在上市前已经完成研究规划过程。

另一个关键因素是效果显著，因此功效宣称与其明显的剂型有关——含有颜料的蜡状唇膏会着色并调理口唇，以液体洗涤剂为基础的洗发水可以清洁头发。若仅将产品命名为唇膏或洗发水，则粉状唇彩或油性无洗涤剂洗发水不会有明显效果。实际上，情况恰恰相反（见下文）。

5.3.2.2 建立理论基础，结合具体证据

这种证据类型与前文所述有所不同，因为除了根据已确立且公开的证据之外，还需要进一步的证据来证明功效宣称的某一具体内容。这些额外的证据可来自多种不同来源，如临床研究或消费者评价。这些证据的支持原因可能是因为措辞差异、条例或法规的要求，或加强对已确定功效宣称的支撑等。

例如，宣称具有 SPF15 的产品就要求这种性能宣称的支持证据。使用这种产品可以在一定程度上保护皮肤，因为含有紫外线吸收剂的产品可能具有一定的防晒特性。然而，目前的知识信息表明，许多因素会影响这种产品宣称的绝对有效性。因此，如果要宣称防晒系数是经过检测的（例如 SPF15），该产品必须按照当前国际标准化组织（ISO）的指南[13]进行检测。

类似的考虑还适用于其他许多例子，这些例子强调或量化了产品效果的持续时间或强度，需要从检测中获得更多证据。例如，一种保湿乳液含有已知的保湿成分组合（例如甘油、尿素、羊毛脂和乳木果油），如果宣称能提供"24 小时保湿"效果，则需要进一步的证据。

另一个需要具体证据的例子是"含有视黄醇的 SPF15 保湿霜，可减少皱纹的出现"。这是一个将产品的性能和成分效能相结合的宣称。如前所述，虽然 SPF15 已有证据支持，但还需要针对该产品的特定证据等级。此外，"含有视黄醇可减少皱纹的出现"可能是基于视黄醇对皮肤影响的已有报告和出版物。营销人员也可能选择评价消费者的感知，或者评价最终产品的效果，以估计一旦营销成功可能会出现的市场反应。

然而，另一个需要证据的具体案例是当功效宣称归因于一种特定成分时。在大多数情况下，一个常见例子是通过让消费者联想到"含有舒缓芦荟"等方式来表达成分的优势。欧盟共同声明标准强调，采用这种方法必须确保消费者能够体验到功效。在其他情况下，品牌可能会将某种特定的效益直接归因于一种成分，例如"含有芦荟来舒缓皮肤"。对于这类功效宣称，我们期望产品配方中的成分证据可接受，即在这种情况下，芦荟确实具有舒缓作用。这种证据通常需要对含有芦荟和不含芦荟的产品进行研究，以证明这种直接的增量效应。

总而言之，每个市场营销人员都有自己的方法来获取所需的具体证据，这取决于他们对配方类型的经验、客户对量化效益的预期认知以及他们在产品配方、成分和所使用检测的科学领域的知识背景。

5.3.2.3 基于科学或技术重大进步的证据

为了宣称一种革命性的配方、成分或提供新的消费者益处的功效，或从一种意想不到的剂型中获得现有益处，需要有科学或技术的重大进步的证据来描述和支持这样的宣称。这种产品的功效宣称所需的证明等级可能比简单地收集证据来支持功效宣称的措辞更为复杂。它可能需要描述几项旨在检测技术进步的具体研究，并阐明这些研究如何为最终产品带来所描述的益处。对于这些宣称，证据通常基于新成分和（或）全部产品对皮肤的作用。为了支持这种说法，必须有可用或发表的新的科学证据，而且它应该针对一个新的消费者益处和（或）生物学的新目标。这些类型的宣称通常基于大量研究，在研究设计、报告和消费者相关性方面最具挑战性。

对于所有证据级别，最好的支持证据可能来自一些补充研究——至少使用来自消费者研究的信息（主观）、使用检测和配方或成分信息（客观）。当使用"突破性"功效宣称时，这种"证据体系"的方法极有可能被采用。

5.4 构建功效宣称的支持信息

化妆品营销人员有责任确保支持每项功效宣称的证据质量。为此，他们需要掌握与每个宣称相关的明确信息，以及产品或成分或成分组合相关的信息。正如前一部分所述，有多种不同的方法可以获得证据来证实功效宣称。这些支持数据的范围从利用现有的成分证据或既往密切相关产品收集的证据建立的确定信息，到基于更复杂的方法（包括耗时的研究）来支持。所选择的方法将取决于功效宣称原理。在所有情况下，支持该项宣称的依据应合理；在使用试验研究作为支持的情况下，研究设计的质量和数据本身也将是一个重要的考量因素。在没有进行试验研究的情况下，提供证据信息的质量仍然很重要。

是否进行检测以获取支持性证据的决策可能基于以下需求：证明消费者可感知的特征（感官、专家评价和消费者研究）和（或）在标准化的受控条件下定义的可以进行科学分析的特征（仪器研究：体外、体内和离体）。在所有情况下，现实或合理预见的使用条件都是重要的考虑因素。单一研究或多项研究的组合可用于任何一种成分或成分组合或整个配方，以收集所需的证据来证实功效宣称。

所需证据的质量通常由所计划的宣称推动。广告宣传往往会招致竞争对手、监管机构和消费者更高的挑战风险。更多地考虑广告监管机构的要求可能需要额外的检测。出于类似的原因，对第 5.1.2 部分"功效宣称的界限"中讨论的边缘性宣称进行更仔细的审查，可能需要一种不同的收集支持证据的方法。

表 5.3 列出了获取产品功效证据的主要研究类型，以及这些研究是否适合以及如何适合所要求的功效宣称的一些利弊。

产品感官特性是化妆品科学的基础，可以帮助理解消费者感知相关的需求和功效宣称。所使用的评价方法将取决于被检测的感官属性和功效宣称[14]。经过培训的受试者小组具有

表 5.3　选择支持功效宣称的实验数据来源的考量

方法	积极方面	不足方面	数据分析
感官特性	接受过培训的感官小组 尤其在产品概念和原型检测中的价值 存在必要但可接受的验证方法 适用于配方和成分的性质比较（如三角检验法） 利于产品质感和消费者预期的市场比较 感官评价 利于在配方和概念拓展中的调整，感官审查	并不一定等同于消费者的"偏好" 不能提供直接证据 监管机构对此类检测置信度低	检验的统计检验力不高 核心成分 分析有助于比较产品在竞争对手体系中的位置 对于给定的感官属性可进行简单的统计比较 区间尺度通常表示使用非参数统计
消费者检测	对获取"市场"等价物有价值 对目标客户或皮肤/毛发类型有用 紧密反映市场使用情况，因此模型具有现实性	需要大量的数据来获得显著性差异 不被多数监管机构信任 "受控"的检测组织起来困难且昂贵 "晕轮效应"会影响主观判断	检验的统计检验力不高 一旦上市，大量受试者对结果更有信心 高度依赖于方法学，因为问题的顺序、响应时间的尺度和获取的方式会影响整体的结果 置信度的使用 区间有助于理解结果 卡方可能用于比较检验 区间尺度通常表示使用非参数统计
在体试验"临床"/专家评价	经验丰富的专家对视觉、触觉、气味变化进行评分 受到多数监管机构的青睐 皱纹严重程度检测可对面部不同皱纹进行评分，如眶周皱纹、鼻唇皱纹等 使用摄影比例尺作参考可提高效度 "临床"照片评分是比较专家和消费者的视角和纳入功效宣称支持体系强有力的方法，进一步加强了例证	昂贵且耗时 各研究中心的结果可能有所不同 设计标准可能导致偏离实际的使用条件	类似消费者检测的问题 感官和消费者检测 优点是主观反应应该不受偏见影响，但大量的观察必不可少
仪器/生化检测	利于体内研究的定量和定性数据 利于评价难以感知的生理变化 快速且客观 验证和标准化 利于筛选	功效宣称和消费者相关性的关系有时难以评价 科学原理有时受到质疑	使用对照组和验证方法利于揭示并提高统计检验力 可执行数据处理/标准化 与对照组的比较很有帮助 通常为标准统计分析提供连续分布的数据
体外/离体试验	诸如仪器/生化检测	被批评脱离现实	类似仪器/生化检测

高水平的感官敏锐度，可以定义产品关键性能属性的语言和描述 [15]。此外，感官评价可为产品概念提供有用的自然链接。这种方法在本书的其他章节有更详细的介绍。

　　消费者检测研究主要用于模拟消费者对即将上市产品的反馈，以支持基于感官性能的产品宣称，例如"皮肤感觉更柔软""皱纹不那么明显""皮肤更有弹性和紧实"。然而，其中一个常见的挑战和潜在的缺陷是，预期的功效宣称可能没有准确地反映在问题选项中。因此，在问卷设计时，需要确保问题选项能够准确地反映预期的功效宣称。此外，这些研究还需要纳入足够数量的自主选择的对象，以代表目标消费者。其他重要考虑因素包括排版布局、避免引导问题以及确保问卷量表的平衡（表 5.4 ）。

　　专家评分被认为是一种更可靠的主观评价方式，经常作为"临床研究"[3]的一部分进行。评分可以基于多种特征，例如皮肤干燥或皱纹严重程度 [16-18]。通常，目标研究区域的照片与专家评分相结合，可以由专家评分成员或在某些情况下由受试者自行盲法且随机评分，以进一步验证产品的视觉表现。图 5.1 展示了使用此方法评价睫毛膏的抗水性或眼影的抗折痕性的示例。在进行任何特定研究、培训或其他验证时，无论是由皮肤科医生、眼科医生还是进行该研究的非临床科学家进行，其专业水平都必须保持一致。

表 5.4　用于评估消费者感知的问题举例

判断题：在"是"与"否"之间做出选择								
例如：产品能有效清洁皮肤吗？								
	是				否			
选择题：从 3 个或更多的答案中选择								
例如：您会用下列哪个术语来描述您正在检测产品的性能？								
焕新		焕发		爽肤		焕活		
基于程度的问题：								
这款产品是否清除了化妆的所有痕迹？								
1	2	3	4	5	6	7	8	9
肯定		可能		不确定		可能不会		肯定不会
认同程度的问题								
使用这个产品后，皮肤感觉更柔软。您在多大程度上认同这个观点？								
1	2	3	4	5	6	7	8	9
强烈反对		反对		既不同意也不反对		同意		强烈同意

　　随着时间的推移，评价皮肤特征的美容效果评价工具在评价保湿、经皮失水、紧致度 [19-21] 以及肤色和光泽 [22-24] 等方面变得越来越重要。同时，这些工具的技术也在不断更新和改进，其精度也在进一步提高 [25-27]。近年来，随着二维和三维图像分析仪器的出现以及

3　该术语通常用于在准临床条件下或由临床医生进行的对照研究。

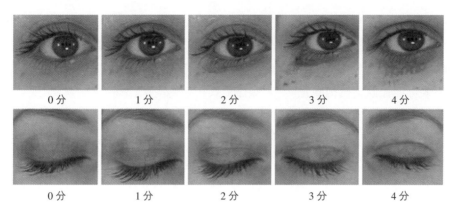

图 5.1 照片评分量表示例（由 Oriflame Cosmetics 授权使用）。上图用于睫毛膏的抗水性评价，下图用于眼影的抗水性评价

易于量化特征软件的应用，皮肤成像领域得到了快速发展，包括毛孔大小、眼袋、面部皱纹、头皮毛发和橘皮组织等方面 [25-32]。这些方法为"减少 30% 的皱纹""10 倍体积的睫毛膏"或"24 小时保湿"等功效宣称提供了定量和敏感的验证。

　　然而，这些方法也受到批评，因为所检测到的变化可能太小而无法被消费者察觉。针对这种情况，需要对消费者进行平行研究以确认与功效宣称的相关性。

　　尽管体外 / 离体研究很少单独使用，但使用额外的体内方法来支持证据有助于反映产品对人体皮肤的影响。此外，这些方法还可以为产品成分提供有用的支持。例如，在广谱防晒的宣称中，体外方法可以提供最终配方的支持 [33-36]。对于造型类产品的功效宣称或检测毛发损伤，建议进行最终产品的离体研究 [37-39]。

　　本部分中概述的方法将在后续章节中进行更详细的介绍。然而，针对功效宣称的验证方法必须与产品上市销售时提出的宣称直接相关。总之，任何特定的功效宣称都可以从一个或多个证据来源获得支持，例如配方信息、成分信息、特定检测结果以及出版的书籍和科学论文。最终，根据欧盟法规，"责任人"将决定哪些证据充分，并确定验证功效宣称时需要使用什么质量和数量的证据。这些证据需要整理成令人信服的证据结构体系。欧盟市场更新的《欧盟共同功效宣称标准》的一个重要方面是需要考虑所有证据，而仅仅选择能够提供所需答案的研究是不可接受的，因为这既不诚实、真实，也不公正。

5.5　验证功效宣称资料的呈现

　　本书的其他章节涉及研究数据和报告的组织与呈现。然而，通过遵循本章概述的流程，营销人员将能够定义产品是什么、在哪里和如何销售、其用途和益处、消费者类型，以及他们可能有什么预期。记录这些信息的"最重要"理由是提供证据，但从上一部分可以明显看出，任何信息都需要整理成某种结构体系。多数情况下，将使用一个以上的证据来源，重要的是记录这些证据如何有助于相关功效宣称。针对一个产品通常会提出一个以上的功效宣称，因此必须强调每个支持来源与每个具体宣称的关系。简单地提供产品所有支持证据和宣称清单不太可能让监管机构满意。

欧盟验证功效宣称的信息是一项法律要求，因此需要有某种方式让这些信息可访问。目前没有规定的具体方法或形式，但上述方法应该是一个有价值的起点。这些描述结果通常构成产品相关的产品信息文件（product information file，PIF）的一部分。该文件包含与该产品相关的所有信息，包括配方、宣称依据、产品功效宣称报告、研究文件（包括研究地点、目的、方案和报告）等信息。

在考虑到其他市场或政府可能要求的功效宣称支持信息时，产品开发过程应该考虑到这些需求的价值，以确保所有检测都是必要的，从而避免进行昂贵的二次检测。

5.6　目前发展状态

功效宣称的验证面临多重挑战。随着对皮肤生理学认知的提高和新技术的不断涌现，护肤品等领域的功效宣称越来越复杂，这使得与消费者体验相关的挑战日益突出[40]。新兴的检测皮肤结构和生理细节的方法也进一步增加了这些挑战的复杂度。因此，在化妆品广告宣传中使用这些技术信息时，需要在不显得有药理价值的情况下向消费者传递。然而，一些品牌占据了市场中的"药妆"空间，这将继续引发来自消费者、监管机构和竞争对手的挑战。为此，充分认知客户需求将有助于应对这些挑战。此外，"消息灵通人士"的概念作为一个如何理性评估功效宣称的仲裁者，对于所有相关人员而言都具有重要的价值理念。

随着消费者对产品的认知程度逐渐提高，对特定客户需求的关注也将不断增加，特别是针对细分群体的需求。现在已经有针对特定族裔群体的产品存在，而在不断增长的发展中国家市场中，这种趋势只会进一步加强。

另一个挑战是消费者对具有复杂功能的"天然产品"的需求日益增长。当前对于"天然"功效宣称 4 的定义仍在辩论之中，虽然已经制定出了一些标准，但毫无疑问，这方面的讨论还将继续。过去几年，对"不含/无添加"宣称的兴趣和使用也在日益增长。本文不会详细讨论这些有争议的、日益增长的功效宣称。欧盟委员会在 2017 年对《欧盟共同功效宣称标准》提供了进一步的指导，明确表示此类宣称的唯一正当理由是帮助消费者做出选择，例如宣称产品"不含酒精"，以帮助消费者出于宗教或文化原因避免接触酒精[41]。然而，宣称产品不含那些被允许且符合安全要求的成分，例如"不含苯甲酸酯"，来说明其安全性更高是不可接受的。

4　"天然"的功效宣称可以根据文中的描述被定义为一种美学宣称。如何定义"天然"本身以及它的有效性是化妆品行业中众多的讨论焦点之一。

5.7 结语

化妆品功效宣称验证的过程将继续面临挑战。为确保成功的策略，建立新宣称时必须始终考虑消费者的视角，因为消费者是实际使用产品的受众和最终判断产品功效的重要角色。因此，建立和验证功效宣称时应充分考虑消费者利益，确保营销人员与真实性、证据支撑、诚实和公正的监管标准保持一致。本文提出采用构建模块的方法对功效宣称进行分类和支持，以此来帮助克服功效宣称验证中的挑战。

参考文献

1. Regulation (EC) No 1223/2009 of the European parliament and of the council of 30 November 2009 on cosmetic products. https://eur-lex.europa.eu/legal-content/EN/TXT/?uri=CELE X:02009R1223-20180801
2. Commission Regulation (EU) No 655/2013 laying down common criteria for the justification of claims used in relation to cosmetic products. https://eur-lex.europa.eu/LexUriServ/ LexUriServ.do?uri=OJ:L:2013:190:0031:0034:EN:PDF
3. COLIPA. Guidelines for the evaluation of the efficacy of cosmetic products, Revised version. 2008.
4. Reed RE. The definfiton of cosmeceuticals. J Soc Cosmet Chem. 1962;13(2):103.
5. Kligman AM. Cosmeceuticals: do we need a new category? In: Elsner P, Maibach HI, editors. Cosmeceuticals; drugs vs. cosmetics. New York: Marcel Dekker; 2000.
6. Masuda M, Harada F. Legislation in Japan. In: Paye M, Barel AO, Maibach HI, editors. Handbook of cosmetic science and technology. Boca Raton, FL: Taylor & Francis Group; 2006.
7. Milstein SR, Harper AR, Katz LM. Regulatory requirements for the marketing of cosmetics in the United States. In: Paye M, Barel AO, Maibach H, editors. Handbook of cosmetic science and technology. Boca Raton, FL: Taylor & Francis Group; 2006.
8. https://www.hsa.gov.sg/content/dam/HSA/HPRG/Cosmetic_Products/Appendix%20III%20 10%20September%202007A.pdf.
9. China Cosmetic Regulations. https://msc.ul.com/en/resources/article/china-compliancecosmetic-products/
10. Federal Food, Drug and Cosmetic Act. 1938.
11. CTPA, ASA. Advertising claims, CTPA guide. 2009.
12. Directive 2006/114/EC of the European parliament and of the council concerning misleading and comparative advertising. 2006 Dec 12.
13. ISO 24444:2010 Cosmetics sun protection test methods in vivo determination of the sun protection factor (SPF)
14. Meilgaard M, Civille GV, Carr CM. Sensory evaluation techniques. Boca Raton, FL: CRC Press; 1999.
15. Dus CA, Rudolf M, Civille GV. Sensory testing methods used for claim support. In: Aust LB, editor. Cosmetic claim substantiation. Boca Raton, FL: CRC Press; 1997.
16. Griffiths CE, Wang TS, Hamilton TA, et al. A photonumeric scale for the assessment of cutaneous photodamage. Arch Dermatol. 1992;128(3):347-51.
17. Humbert P. Classification of facial wrinkling. In: Agache P, Humbert P, editors. Measuring the skin. Heidelberg: Springer; 2006.
18. Lemperle G, holmes RE, Cohen SR, et al. A classification of facial wrinkles. Plast Reconstr Surg. 2001;108:1735-50.
19. Couteau C, Coiffard LJM, Bille-Rivain V. Influence of excipients on moisturizing effect of urea. Drug Dev Ind Pharm. 2006;32(2):239-42.
20. Dobrev H. Use of Cutometer to assess epidermal hydration. Skin Res Technol. 2000;6:239-44.
21. Fujimura T, Haketa K, Hotta M, et al. Loss of skin elasticity precedes to rapid increase of wrinkle levels. J Dermatol Sci. 2007;47:233-9, Corrected Proof.
22. Ambroisine L, Ezzedine K, Elfakir A, et al. Relationships between visual and tactile features and biophysical parameters in human facial skin. Skin Res Technol. 2007;13(2):176-83.
23. Chilcott RP, Farrar R. Biophysical measurements of human forearm skin in vivo: effects of site, gender, chirality and time. Skin Res Technol. 2000;6(2):64-9.
24. Latreille J, Gardinier S, Ambroisine L, et al. Influence of skin colour on the detection of cutaneous erythema and tanning phenomena using reflectance spectrophotometry. Skin Res Technol. 2007;13(3):236-41.
25. Caspers PJ, Lucassen GW, Puppels GJ. Combined in vivo confocal Raman spectroscopy and confocal microscopy of human skin. Biophys J. 2003;85(1):572-80.
26. Pudney PDA, Melot M, Caspers PJ, et al. An in vivo confocal raman study of the delivery of trans-retinol to the skin. Appl Spectrosc. 2007;61(8):804-11.
27. Xiao P, Packham H, Zheng X, et al. Opto-thermal radiometry and condenser-chamber method for stratum corneum water concentration measurements. Appl Phy B. 2007;86(4):715-9.
28. Abella ML. Evaluation of anti-wrinkle efficacy of adenosine-containing products using the FOITS technique. Int J Cosmet Sci.

2006;28(6):447-51.

29. Akazaki S, Imokawa G. Mechanical methods for evaluating skin surface architecture in relation to wrinkling. J Dermatol Sci. 2001;27(Suppl 1):5-10.

30. Baret M, Bensimon N, Coronel S, et al. Characterization and quantification of the skin radiance through new digital image analysis. Skin Res Technol. 2006;12(4):254-60.

31. Hawkins SS, Perrett DI, Burt DM, et al. Prototypes of facial attributes developed through image averaging techniques. Int J Cosmet Sci. 1999;21(3):159-65.

32. Rosen BG, Blunt L, Thomas TR. On in-vivo skin topography metrology and replication techniques. J Phys Conf Ser. 2005;13:325-9.

33. Alencastre JB, Bentley M, Garcia FS, et al. A study of the characteristics and in vitro permeation properties of CMC/chitosan microparticles as a skin delivery system for vitamin E. Rev Bras Cienc Farm. 2006;42:71-6.

34. Diffey BL. In vitro assessment of the broad-spectrum ultraviolet protection of sunscreen products. J Am Acad Dermatol. 2000;43:1024-35.

35. Roguet R, Cohen C, Leclaire J, et al. Use of a standardized reconstructed epidermis kit to assess in vitro the tolerance and the efficacy of cosmetics. Int J Cosmet Sci. 2000;22(6):409-19.

36. Schlotmann K, Kaeten M, al BAE. Cosmetic efficacy claims in vitro using a three-dimensional human skin model. Int J Cosmet Sci. 2001;23:309-18.

37. Eisfeld W. Messmethoden zur Bestimmung der Wirksamkeit kosmetischer Mittel Haar , chapter 6.3 in: Umbach W. editor, Kosmetik und Hygiene von Kopf bis Fu β, 3., completely revised and extended edition, Wiley-VCH GmbH & Co. KgaA, Weinheim, 2004;99-111.

38. Kon R, Nakamura A, Takeuchi K. Artificially damaged hairs: preparation and application for the study of preventive ingredients. Int J Cosmet Sci. 1998;20(6):369-80.

39. Hornby et al. Cyclic testing: demonstrating conditioner benefits on damaged hair. Cosmet. & Toilet. 2011;116(12):35-39.

40. Watson RE, et al. Repair of photoaged dermal matrix by topical application of a cosmetic antiageing product. Br J Dermatol. 2008;158:472 7.

41. Technical document on cosmetic claims (version of 03 July 2017). https://ec.europa.eu/docsroom/documents/24847

第二部分
化妆品检测的常规要求

第 6 章　检测实验室

Oliver Wunderlich　著

> **核心信息**
>
> 　　化妆品临床检测实验室的高效运作、可靠研究结果和整体检测的成功，很大程度上取决于实验室的特点：
>
> - 应提供足够且专用于特殊功能的房间，并以合理方式布置。
> - 隐私是一个重要问题，实验室不同区域的要求不同。
> - 应特别关注检测实验室的设计和仪器，因为大部分临床操作都在此进行。
> - 环境条件必须可通过空调调控（至少在某些关键区域）。
> - 应实施质量管理体系，标准操作规程（SOPs）应正确反映所有流程。
> - 质量管理体系必须是"动态的"，必须检查对标准操作流程的实际遵守情况，并对标准操作流程进行长期监管。
> - 员工培训对于获得高质量的研究结果至关重要。
> - 必须正确维护和检查检测仪器。

　　在人类受试者中开展化妆品临床试验的实验室特征对检测结果的整体质量和检测业务的整体成功有很大的影响。总的来说，一个不合适的检测实验室会对科学的化妆品研究造成困难，甚至可能无法完成。本章介绍了化妆品临床检测实验室的一些基本要求。

6.1　实验室及布置要求

　　实验室的场所应设在受试者易于到达的地方，以便快速招募受试者。特别是在需要特定受试者群体（例如某些特定皮肤状态）时，这一点尤为重要。因此，实验室应位于大城市中心或副中心，拥有良好的公共交通和充足的停车空间。最好附近还有购物场所，这样受试者可以在处理日常生活事务的过程中轻松地到达实验室。

　　通常，实验室的场所空间应足够大，可以舒适地容纳研究人员和受试者。所需的最低房间面积和数量取决于同时进行研究的数量和类型。房间面积和数量不足可能导致拥挤，给

49

工作人员和受试者带来不必要的压力，进而可能影响研究的质量。

如果实验室仅用于临床检测，并与其他用途的房间（如医生诊所）明确分开，则更好。只有在专门用于临床检测的场所，通常才可能对所有必要工作进行最佳安排。然而，如果检测场所总体上给人一种经营良好的印象，并且干净且整洁，这对于日常研究过程以及客户和受试者的信心都有益。

检测实验室的房间应布置紧凑。这样，工作人员和受试者可以快速进入所需的房间，使过程更有效率，节省时间。

然而，包含保密信息的实验室应与受试者进入的实验室分开。前几个房间应采取适当的措施（例如上锁），防止擅自进入。理想情况下，这些房间应集中于一个区域，以便限制出入。

典型的检测实验室应包括以下类型的房间：接待/受试者招募办公室、数据库/研究文件档案室、受试者等待区、举行常规研讨会的房间、研究者办公室/检查室、检测实验室、研究人员办公室、受试者洗手间、受试产品/样品储藏室。

以下是对这些独立房间的一般要求。

6.1.1　接待/受试者招募办公室

接待室应该能方便找到，并且设计得能够吸引潜在受试者。接待人员通常也是受试者招募人员，应该提供一个能够与受试者自由交谈并保护隐私的环境。通常情况下，受试者不应该无意中听到其他受试者的姓名或其他可能涉及保密信息的内容。在这个房间里，受试者应该被安排好预约，并被引导到各自的等待区或者直接前往研究者的办公室或检测实验室。如果受试者的招募也在这里进行，那么可以方便地（但仅限于经过授权的人员！）访问数据库/研究文件档案室。此外，应该提供一个电子系统，用于使用受试者数据库和跟踪受试者的预约。接待处的位置应该位于控制整个实验室的通道上。为此，需要维护和保存考勤日志。

6.1.2　数据库/研究文件档案室

该房间保存着保密信息，包括具体的个人临床资料。因此，必须采取适当的措施，严格限制该房间的出入（例如上锁，只有获得授权的工作人员才能持有钥匙）。由于研究文件中可能包含的信息未保存在其他地方，因此可能无法恢复，因此有必要将研究文件置于防火柜中。此外，应确保该房间和文件不受水和潮湿条件的影响，例如要始终关闭窗户。该房间应位于受试者招募办公室附近（参阅上文）。

6.1.3　受试者等待区

受试者等待区应当尽可能提供舒适的环境。在某些情况下，受试者需要长时间等待，因此等待区的条件会影响他们的整体满意度和参与意愿。此外，在某些测试方法中，让受试者必须尽可能放松，而提供舒适的等待区将有助于实现这一目标。这一区域至少应该提供足够数量的舒适座椅和饮用水，并配备电视、杂志等设施以帮助消磨时间，还可提供孩子们的玩具。提供可用的无线网络也将大有裨益。该区域应保持安静并提供宜人的环境条件。为确保受试者的舒适性，应限制该区域的人流，并在附近提供洗手间以方便使用。通常，等待区还可以用作对受试者进行常规信息宣传和咨询的场所。

6.1.4　举行常规研讨会的房间

这里可能会举行常规的受试者信息会议。这种会议通常包括关于临床研究（非特定研究）中的常规规定、权利和义务的信息会议，以及研究特定受试者信息会议的非保密部分。这些会议可以在多名受试者之间同时进行（第二个面对面的保密部分可能会与个体受试者一起在研究者办公室进行）。为了确保所有受试者都能听懂工作人员的讲解，房间的设计应该考虑使用投影仪来展示研究的简短介绍。

6.1.5　研究者办公室 / 检查室

研究者需要在办公室或检查室中为受试者提供研究信息、进行入选和排除标准的检查、进行身体检查（包括基本检测，如生命体征、身高和体重，以及研究特定的临床评价），以及进行受试者与研究者的其他讨论。为此，办公室应当提供隐私空间，例如用门代替窗帘，使用百叶窗作为窗户，并配备必要的物品和设备，例如书桌、检查床和校准秤等。此外，为当前使用的研究文件设置可上锁的文件柜也是必要的。房间应当有充足的照明，以便对皮肤状态进行评价。

6.1.6　检测实验室

实验室是每个临床化妆品检验的核心组成部分，用于进行大多数临床流程，如检测、评价和治疗。因此，应特别注意让这些房间足以应用于上述目的。实验室的房间应宽敞、安静，以缓解研究过程中的压力，并且应该是多功能的，这样不同的研究可在同一个房间进行。这些房间应专用于检测实验室，不应用作次要用途（例如同时作为储藏室）。等待区应方便到达实验室。由于某些评价可能会受到室温和湿度的影响，因此对环境条件有特殊要求（详见下文）。

桌椅、物品柜和检查床是常见的物品组成。物品柜应足够大，以容纳任何仪器和其他暂时不使用的物品并上锁。为了让受试者适应实验室环境或其他等待时间，以及方便他们坐位检查，应提供舒适且结实的座椅，并且易于清洗。物品的摆放应使检测仪器能够正确使用，并使工作人员和受试者都感到舒适。应提供足够数量的电源插座和其他检测仪器。

每个检测实验室应该有无线电控制的时钟，因为许多评价都有时间限制。如果多个房间同时用于一个单独的研究，必须确保时钟显示的时间一致。照明应充足以保证安全且正确的检测过程以及一致的视觉评价与拍摄，这包括遮光的可能需求。应提供足够的隐私（包括遮阳窗），因为一些研究的受试者可能被要求（部分）脱衣。

　　在实验室提供可能输入受试者数据和（或）填写案例报告的表格（书桌及电脑）。对于特殊类型的评价，应基于需求满足进一步的要求（例如热室，特别是敏感仪器，如拉曼光谱仪或专用摄影室等）。当受试者被要求脱衣时，应提供一个放置个人物品的空间，如架子、椅子或衣架等。

6.1.7　研究人员办公室

　　在研究过程中，研究人员的办公室应该配备与普通办公室相同的设施。由于该区域处理的是保密信息，受试者不应该进入此区域。

6.1.8　受试者洗手间

　　受试者使用的洗手间应该靠近等待区和检测实验室。在紧急情况下，应该保证从外面能够很容易地打开洗手间的房门。

6.1.9　受试产品 / 样品储藏室

　　产品储存室应专门用于存放受试产品和生物样品，不得存放其他物品。受试产品的出入库必须严格限制，钥匙仅由授权员工持有，并应记录在案。为保持适宜的环境条件，必须确保储存室内配备适合的暖气和空调，并记录相关数据（例如通过数据记录仪）。对于某些产品和样品，必须在规定的温度范围内储存于空间足够的冰箱或冰柜中。为确保备份，每个人应至少备有两个储存空间。冰箱和冰柜的温度应记录和存档，温度传感器应连接到报警系统中，以便快速采取行动应对故障情况。部分样品可能需要保存于液氮中，故应提供足够的空间和安全装备，例如护目镜和手套。

6.2　环境条件要求

　　多种化妆品的研究需要在特定的环境条件下进行，以保证实验结果的准确性。典型的环境条件包括室温（21 ± 1）℃ 和相对湿度 50% ± 10%。值得注意的是，某些检测方法特别是经表皮失水（TEWL）检测，会受到环境条件的显著影响，主要是由于受试者对环境因素的生理反应（例如出汗）所致。因此，为了获得有效的检测数据，实验室必须配备设计良好、可调节的空调系统，并记录实际检测区域附近的温度和湿度，以便能够及时发现和记录超出规定范围的偏差。

　　对于某些类型的研究（例如所谓的动力学研究，需要按照严格的时间表每天进行多次检测），受试者等候区也应该设置空调，以避免适应时间过长。理想情况下，环境湿度也应该由空调系统控制。在不能实现这一点的情况下，可以使用单独的加湿器。在任何情况下，必须保证环境卫生条件，例如在加湿水中添加消毒剂，以及定期清洁空调和加湿设备。

6.3　实验室质量管理体系

化妆品临床检测行业的质量至关重要。只有在严格的质量控制下，通过公开可重复的方法正确收集、充分、正确、清晰地记录和分析研究数据，才能为客户创造价值。因此，化妆品检测实验室必须实施适当的质量管理体系，确保所有流程的合规性。

6.3.1　全面质量管理

建议建立一个广泛的标准操作规程（SOPs）系统，以反映化妆品研究检测实验室执行的所有流程，包括计划、执行和记录临床研究，以及工作人员培训等。标准操作规程应由了解"外部"要求（如法规要求和限制）、规程具体内容以及检测实验室的具体情况（如组织方面、应遵守标准操作规程工作人员的资质、可用的仪器和场所）的人员编写。

实践证明，只要将药品临床研究的质量管理规范（GCP）应用于化妆品研究中的 SOPs，即可有效提高质量。欧洲药品管理局（European Medicines Agency，EMA）提供了 GCP 指南的最新版本 [1]，可供参考：https://www.ema.europa.eu/en/ich-e6-r2-good-clinical-practice

通常需要以下主要内容的标准操作规范：SOP 的制定和维护、质量管理规范、研究文档的建立、研究人员的职责、检测仪器、受试者个人资料处理规范、研究人员资质和培训、数据管理和统计规范、医疗应急预案、受试和对照产品的处理。

SOP 体系必须实际遵守，而不仅仅是书面撰写。此外，必须在内部和（或）外部长期监督下坚持，并在需要时遵循现行标准执行实际流程。内部或外部监督可帮助发现问题。

为实施和保证质量，必须定期进行研究人员的理论和实践培训（例如针对具体检测方法的培训），并形成文件。错误操作检测仪器可能会影响研究的整体价值（见下文）。

6.3.2　检测仪器质量管理

大多数化妆品研究中使用的检测仪器需要定期维护或检查（参见第 9.4 部分），其中一些只能由制造商进行。各制造商提供的各种维护和检查建议应该严格遵守，并纳入具体的检测仪器标准操作规程中。如果有必要偏离这些建议，应采取保守措施，并有充分的理由。只有符合技术要求的仪器才能提供有效的数据。

最低限度的要求是在进行研究之前对所使用的仪器进行检查。但是，有必要建立一个系统来跟踪所有仪器的维护 / 检查状态，以避免由于检查过程耗时或没有备用仪器而导致研究延误。

应指派工作人员负责检测设备的状况和可用性。记录检查和维护状态的各自 SOPs 和日志应与各检测设备保持一致，以便快速参考。

在为特定的检测仪器编写标准操作规程时，最好考虑到从制造商和皮肤生理检测领域专家 [如欧洲化妆品和其他外用产品功效检测专家组（EEMCO）[2-10] 或欧洲接触性皮炎学会标准化小组（ESCD）[1-3]] 获得的所有建议以及相关文献 [如皮肤研究与技术、国际皮肤生物物理与成像学会（ISBS）或其他著名的皮肤学重点期刊] [11-13]。

　　这些标准操作规程必须经过培训，所有使用检测仪器的人员必须熟悉检测原理、仪器总体设计、正确的检测方法等基本知识，才能进行有效的检测。此外，必须了解预期的检测范围（适用于不同的皮肤类型或区域），以便能够迅速发现可能出现的不可信的检测结果。只有这样才能得到高质量的检测结果。

参考文献

1.　Guideline for Good Clinical Practice E6 (R2), EMA/CHMP/ICH/135/1995. December 2016. European Medicines Agency.
2.　Monteiro Rodrigues L, Fluhr JW, the EEMCO Group. EEMCO guidance for the in vivo assessment of biomechanical properties of the human skin and its annexes: revisiting instrumentation and test modes. Skin Pharmacol Physiol. 2018;20:1-16.
3.　Piérard GE. EEMCO guidance to the in vivo assessment of tensile functional properties of the skin. Part 1: relevance to the structures and ageing of the skin and subcutaneous tissues. Skin Pharmacol Appl Skin Physiol. 1999;12(6):352-62.
4.　Rodrigues L, EEMCO. EEMCO guidance to the in vivo assessment of tensile functional properties of the skin. Part 2: instrumentation and test modes. Skin Pharmacol Appl Skin Physiol. 2001;14(1):52 67; Review.
5.　Piérard GE, Piérard-Franchimont C, Marks R, Paye M, Rogiers V. EEMCO guidance for the in vivo assessment of skin greasiness. The EEMCO Group. Skin Pharmacol Appl Skin Physiol. 2000;13(6):372 89; Review.
6.　Berardesca E, Loden M, Serup J, Masson P, Rodrigues LM. The revised EEMCO guidance for the in vivo measurement of water in the skin. Skin Res Technol. 2018;24(3):351-8.
7.　Berardesca E, Lévêque JL, Masson P, EEMCO Group. EEMCO guidance for the measurement of skin microcirculation. Skin Pharmacol Appl Skin Physiol. 2002;15(6):442 56; Review.
8.　Parra JL, Paye M, EEMCO Group. EEMCO guidance for the in vivo assessment of skin surface pH. Skin Pharmacol Appl Skin Physiol. 2003;16(3):18-202.
9.　Piérard GE, Elsner P, Marks R, Masson P, Paye M, EEMCO Group. EEMCO guidance for the efficacy assessment of antiperspirants and deodorants. Skin Pharmacol Appl Skin Physiol. 2003;16(5):324-42.
10.　Piérard GE, Piérard-Franchimont C, Marks R, Elsner P, EEMCO Group. EEMCO guidance for the assessment of hair shedding and alopecia. Skin Pharmacol Physiol. 2004;17(2):98-110.
11.　Pinnagoda J, Tupker RA, Agner T, Serup J. Guidelines for transepidermal water loss (TEWL) measurement. A report from the Standardization Group of the European Society of Contact Dermatitis. Contact Dermatitis. 1996;35(1):1-10.
12.　Fullerton A, Fischer T, Lahti A, Wilhelm KP, Takiwaki H, Serup J. Department of Dermatological Research, Leo Pharmaceutical Products, Ballerup, Denmark.: Guidelines for measurement of skin colour and erythema. A report from the Standardization Group of the European Society of Contact Dermatitis. Contact Dermatitis. 2002;46(3):129-40.
13.　Fullerton A, Stücker M, Wilhelm KP, Wådell K, Anderson C, Fischer T, Nilsson GE, Serup J. European Society of Contact Dermatitis Standardization Group.: Guidelines for visualization of cutaneous blood flow by laser Doppler perfusion imaging. A report from the Standardization Group of the European Society of Contact Dermatitis based upon the HIRELADO European community project. Contact Dermatitis. 2002;46(3):129-40.

第 7 章 研究人员

Ragna Williams 著

> **核心信息**
>
> 作为化妆品安全性和有效性检测研究员，必须拥有全面的知识，并需要持续不断地接受培训，包括但不限于以下方面：
> - 常规规定 / 指南
> - 科学问题
> - 检测方法
> - 检测仪器
> - 受试产品成分的潜在风险（如不良反应、相互作用等）

7.1 研究员和研究助理的资质和培训要求

7.1.1 研究员

研究员是化妆品研究中的首席科学家，必须全面了解整个研究的概况。担任研究员需要具备相应的教育、培训和经验资质，以承担适当的计划、实施和完成项目的责任。这些资质必须通过提供最新的个人简历（curriculum vitae，CV）和证明文件来确认。最好拥有化妆品研究的经验。

除了设计和制定研究方案，研究员还需要监督实际的研究进程，以确保在约定的时间框架内成功完成研究工作。

同时，他 / 她必须熟悉所有与研究相关的标准操作规程（SOPs）。由于研究员在申请方、研究团队和受试者之间扮演重要角色，因此必须具备优秀的管理和人际交往能力，以便在协调过程中发挥关键作用。除此之外，还必须确保研究团队遵循所需的程序和质量标准，并且在合理情况下按照《人用药品注册技术要求国际协调会 - 药物临床试验质量管理规范》（ICH-GCP）的主要原则进行研究，即使在化妆品领域，ICH-GCP 被认为不具有强制性（参见 3.1 部分）。因此，研究员必须确保研究人员充分了解研究方案和其他研究文件，如受试者信息、病例报告表（CRFs）、日记和任何修订信息等以及受试产品、检测方法和仪器的正确使用。研究员还应确保所有工作人员都接受与研究相关的职能和职责的充分培训。

研究员必须遵守《赫尔辛基宣言》中规定的伦理要求，将受试者的安全和福祉置于申请方利益之上。此外，还需要根据研究方案监督实际的研究工作，并正确处理所需的研究文件（CRFs、受试者记录等）。研究员还必须熟悉化妆品法规和指南，以确保受试产品符合化妆品法规（例如欧盟最新版的化妆品法规）。对于《国际化妆品成分命名法》声明中列出的成分以及新成分的任何过敏反应或毒理学问题，研究员也必须有基本的了解。

在相关实验中，执行关键程序（例如生物工程仪器的特殊检测和临床评价，如皮肤状态评价和产品安全性评价）通常由研究员或经过研究员培训的研究人员完成。因此，研究员需要熟悉安全性研究中皮肤反应的解读以及功效研究中皮肤状态的分级（例如干性、油性皮肤分级以及头皮屑或非健康皮肤的皮损计数）。如果有多位研究员参与，应对所有参与研究的研究员进行培训以确保分级评价的一致性，这对于减少评价员之间的差异至关重要。

需要强调的是，由于研究员负责所有相关的研究决策，因此需要对不同领域有充分的认知，例如对关键问题如不良反应的评估，这可能需要医学背景或设备技术方面的知识。如果研究员持有执业医师证，他／她还可以在必要时承担医疗责任并担任研究医生。作为对所有医生的强制性要求，他／她有义务确保持续接受医学教育。

开展研究的医生和其他合格专家必须遵守旨在确保产品安全性和有效性以及保障数据完整性的适用法律和法规。他们必须保护参与研究的受试者的权利、隐私、数据（遵循欧盟数据保护指令和其他国家法律）、安全和福祉。

7.1.2 研究助理（研究护士）

◎ 核心信息

研究助理或研究护士在进行化妆品研究期间参与各种工作，主要负责以下工作：

- 受试者的招募与登记
- 组织和协调研究
- 根据研究方案正确执行研究
- 正确操作检测仪器
- 研究期间告知、指导和监督受试者
- 研究相关数据的收集和记录
- 受试产品和样品的处理与运输

研究助理是研究员、申请方和受试者的联络员。由于研究助理在研究团队的沟通和协调中发挥核心作用，所以他／她必须具有良好的人际交往能力。研究助理还参与研究过程中的质量控制工作。为胜任该领域的工作，研究助理必须能够理解和处理研究文件（如研究方案、受试者信息 / 知情同意书、CRF 和受试者日记等），以及皮肤功能检测仪器 [如色度仪 （Konica Minolta）、蒸发丢失检测仪（Servomed）和皮肤水分检测仪（Courage and Khazaka）等]。此外，计算机技能是必备的，良好的英语水平也非常重要，特别是对于国际性研究。

　　要求具备医学和（或）科学背景（如护士、医学或科学学位）和（或）类似的教育、《药物临床试验管理规范》（GCP）培训和（或）作为研究助理的执照 / 证书，才能胜任该领域的工作。此外，研究助理需要接受对正确使用检测仪器的额外培训，以及关于质量标准的定期更新培训。研究助理对现行标准操作规程必须熟悉。

推荐阅读

- 欧洲议会和理事会发布的化妆品条例（EC）第 1223/2009 号。
- 已修订的化妆品指令 76/768/EEC。
- 市场上用于标注化妆品的常用成分名称词汇表（基于 2019 年 4 月 5 日 EU2019/701 号决议制定）。
- 消费者安全科学委员会提供的有关化妆品成分的建议（SCCS 建议清单）。
- 条例（EU）2016/679，涉及在处理个人数据方面对自然人的保护以及有关这类数据的自由流动。

第8章 受试者

Ragna Williams 著

> ## 核心信息
>
> 招募材料应该向潜在受试者提供有关研究目的和标准的信息以及研究人员的联系方式。这些招募材料至少应包括以下信息：
> - 研究目的
> - 主要资格标准，用于确定受试者的资格
> - 所有与研究设计和实施相关的关键信息都应在研究方案中详细说明
> - 研究者和（或）研究机构的地址、电话和电子邮件地址，以及需要联系的人员或办公室，以获取更多信息。
> - 其中可能包括研究过程的更多细节、纳入和排除标准的摘要以及特定承诺，也可以包括参与的福利（如报酬和免费体检等）

适时地找到合适的受试者群体，对于进行化妆品研究工作至关重要。招募过程是关键性工作：必须在规定时间内招募到足够数量的受试者。若招募延期或效率低下，则会对研究的科学性和成本造成不利影响。因此，为有效地提高人们对化妆品研究的兴趣，招募策略显得尤为重要。对于前瞻性研究，信息必须录入相应的受试者数据库。必须从各种招募方式中选择最合适的方式。有效招募的第一步是个体对参与研究的动机。所有的招募材料必须符合伦理要求，尽管在多数国家，进行化妆品研究并非必须经过伦理委员会的审查和批准。但是，对于需要得到伦理委员会批准的研究（如检测致敏性或有创操作的研究），招募广告通常需要获得伦理委员会的批准。

招募资料可能会说明受试者将获得报酬，但不应过分强调金钱报酬的金额。可注明产品功效宣称，但不应误导，也不应承诺不合理的利益。必须指出试验产品属于探索性。

化妆品研究通常使用广告或通过电话或邮寄方式在现有数据库中进行招募。另一种联系潜在受试者的选择是通过第三方招募。

对于区域、国家或国际性研究，可能需要不同的招募方式。依托当地报纸的广告可能

更有利于区域招募，而网络招募可能比第三方招募更适合于国际性研究。

8.1 广告招募

广告是一种招募受试者的间接方式，包括报纸或杂志广告、明信片、新闻稿、小册子、传单、互联网上发布的信息（发布在网络 / 社交网络或通过电子邮件发送的通知）、海报或公共交通工具上的屏幕信息、邮件和（或）媒体（广播和电视）。为确定潜在受试者的资格和兴趣，广告应提供全面的基本信息，并具有良好的可读性和视觉效果。与广告商沟通时，建议提出良好的广告定位（"吸引眼球"、激发兴趣的特殊页面）来吸引更多人群。

招募受试者的网站不应过于技术性或专业性，因此，一个单独专用于研究的网站非常有用。招募材料应该清晰易懂地呈现在网站上。通过电子邮件与研究人员 / 机构联系的邀请函应包含与电子邮件沟通相关的所有保密问题信息。

广播广告应简短地呈现核心信息，重复发布联系地址是一个好建议。等离子显示器或液晶显示器通常被用作信息屏，其优点是大屏幕上的信息可显示给那些正在等待的人员，通常不会占用其他时间。这种广告通常出现在人们频繁光顾的地点（火车站和机场等）或公共交通车辆的新闻节目、娱乐节目和广告中。信息和联系地址应该以观众易于获取、拍照、记录或记住的方式呈现。为吸引观众的注意，现场应该设计得有吸引力。

8.2 电话招募

电话招募是一种更直接的方式，可以提高潜在受试者的兴趣，但是在通话过程中必须尊重个人隐私。在此过程中，潜在受试者应该事先知晓检测机构或电话背后的研究人员，并且已经同意与检测机构取得联系。需要明确的是，这并非电话营销！

为确保有效通话，首次联系应该有一个模板，其中包括：
- 通过评估来确定潜在受试者是否匹配，并且保护其个人隐私和信息的保密性至关重要。
- 介绍来电人员和来电原因。
- 应设置一个问题，允许潜在受试者选择不接受电话采访，或者安排一个更方便的时间（例如："您是否有兴趣了解更多关于本项研究的信息？您现在方便聊聊吗？"）。
- 介绍研究的大致内容和目的。
- 筛选潜在受试者的资格问题（预筛选）；在提问个人或敏感问题时，需要非常谨慎，并且可能需要说明："您可自行决定不予回答任何问题。"
- 为符合资格的有意参加者安排预约。
- 在结束时提供联系人的姓名、电话号码和电子邮件地址。
如果需要给无法接听电话的人员留言，应简洁明了，同时注意保密。

8.3　第三方 / 中介机构招募

第三方或中介是指事先与潜在受试者联系的人员或组织，能够在研究者和受试者之间提供联系。他们的基本作用是通过中立的方式解释研究内容，并获得潜在受试者的许可，以便将其姓名透露给研究者。在研究者与潜在受试者之间的后续接触中，研究者必须确保是在没有不当偏见或压力的情况下进行接触。

为了获取信息，招募受试者或提供互联网广告（在某些情况下包括预筛选）的供应商常常通过中介进行。

8.4　筛选与纳入标准

下一步是选择过程的筛选阶段。在此阶段，研究人员或其代表会与潜在的研究对象进行对话。化妆品研究的一般情况和特定内容的小组信息会议可能是最有效的方法，以解释研究的细节。同时，应向潜在的受试者提供书面信息，包括研究背景、研究目标、研究设计、试验产品、限制条件、洗脱期、试验过程、项目和检测、研究方案、潜在风险、数据保护、联系方式和报酬等所有相关细节。在与研究者面谈期间，必须给受试者足够的时间和机会提问，并检查特定研究的纳入和排除标准。

入选标准可能包括年龄、体重、身高、体重指数、性别、体育活动、职业、爱好、吸烟和饮酒习惯以及皮肤状态等方面。在筛选访视期间，受试者需要在知情同意书上签署书面知情同意。

根据研究设计，研究过程和研究产品的分发可能会在筛选后立即开始，或者受试者可能会被要求在商定的时间返回进行第一次研究检测。

8.5　产品相关信息和依从性

任何警告和注意事项都应当清楚地告知，并最好标注于产品的外包装上。这些警告可能包括"应存放于儿童无法接触的区域"和"请勿用于眼部"等。如果有必要保护衣物以防止染色或其他损坏，也应告知受试者。此外，必须告知受试产品的任何特殊储存条件（例如避光储存、室温储存或 2~8 ℃储存）。

遵守居家检测产品的使用说明、研究要求和限制是化妆品研究结果的重要决定因素。必须给出受试产品用量、使用方式和使用时间的详细说明。例如，如果计划采用生物工程方法，如角质层法或经表皮失水检测法，那么遵守最后一次应用和检测之间的时间窗口就显得至关重要。受试者日记可以作为监测依从性的工具。此外，受试产品容器应在分发前和回收时称重，以便评估依从性。

在进行测试前，可能需要适应时间，特别是在使用某些生物工程方法时。必须向受试者详细说明返回测试的时间，并允许一段适应期。

推荐阅读

https://ec.europa.eu/health/scientific_committees/consumer_safety/opinions/sccnfp_opinions_97_04/sccp_out87_en.htm（在 1999 年 6 月 23 日召开的全体会议上，化妆品和非食品科学委员会通过了有关使用人类受试者进行化妆品成品相容性试验的指导方针的意见。）

第 9 章　检测仪器和方法

Gabriel Khazaka　著

> ◎ 核心信息
> - 客观检测方法的背景。
> - 化妆品配方的功效支持和功效检测。
> - 评价皮肤功能的参数。
> - 解读方法使用的规范、标准和指导。
> - 实验室使用检测仪器时需考虑的事项。

9.1　简介

为了进行化妆品和药品在皮肤表面的功效检测，需要采用无创技术仪器对各种皮肤功能参数进行客观检测。如果没有这样的仪器，就几乎不可能确定特定产品对皮肤功能的影响。

然而，产品功效的主观和客观评价相互依赖。没有检测结果的主观解释图示，就无法进行客观检测。如果没有合适的检测技术，对皮肤的主观评价也无法获得准确的结果。

以检测红斑为例（例如评价炎症、防晒产品或敏感性皮肤的功效宣称），这一点变得更为清晰。人脑主观上无法处理肤色的亚临床变化，尤其是在不同时间点或对有色皮肤观察时。因此，有必要使用仪器记录皮肤发红的微小变化。获得的结果必须在预期结果或预设的条件下进行解读。这种解读基于研究者的个人经验和知识背景。

这不仅适用于肤色评价，也适用于多数检测参数的评价，如角质层含水量、皮脂水平、皮肤表面 pH 值、弹性和皮肤的生物老化、皮肤厚度和皮肤结构等。

自 1982 年以来，使用技术仪器进行功效检测和功效支持已成为化妆品行业不可或缺的公认标准。正是那时，首个商用皮肤检测仪器以可接受的价格上市。这种契机促进了化妆品制造商提升其产品质量的能力，也增加了消费者在选择适合其特定需求产品的信心。

此类检测在工业化国家不仅是强制性的（因为化妆品法规的要求），而且已成为产品制造的常规流程。独立的检测机构提供了有关此类检测和必要文件的服务，这使得中小型制造商能够通过检测实验室文件记录并认证其产品功效。

通过获得这些经济且易于使用的仪器，在其实验室中检测皮肤参数，中小型公司也可以在产品开发和配方设计过程的每个阶段检测产品功效。这确保了当产品被送检进行最终认证时（例如独立的检测机构），该产品确实具有制造商所预期宣称的功效。发展中国家中此类检测相当少见，因为它们没有针对化妆品开发和检测过程的相关法规。

即使是初步研究，也应该获得伦理批准。

9.2 各种皮肤参数的评价技术

在 1982 年首个皮肤检测仪器问世前，一些大学和大型跨国化妆品制造商的研发实验室已经开始尝试使用自主研发的检测技术来测量特定参数。这些检测技术最初仅在开发机构内部使用，并且仅被各自的公司所采用。有文献展示了这种技术发展的多个案例[1-4]。近 40 年来，已经出现了多种检测仪器，可用于评价皮肤（表皮、真皮和皮下组织）、毛发和指甲的各种参数，但汇总这些仪器很困难。客观评价皮肤、毛发和指甲最重要的功能包括：

• 皮肤屏障功能（TEWL）	• 皮脂排泄率
• 角质层含水量	• 表皮和真皮厚度
• 皮肤表面 pH 值	• 温度和温度调节
• 机械性能（弹性）	• 血流和微循环
• 肤色和光防护（黑素和红斑）	• 表面形态（如皱纹、粗糙和鳞屑）
• 分子图谱（某些特定化合物）	• 数码影像

这些技术已经在多本科学书籍中详细描述[5-6]。除此之外，许多新兴技术也在飞速发展。例如，除了传统的体内拉曼光谱、多光子层析成像、光学相干层析成像和 ESR（电子自旋共振）光谱之外，新兴的振荡光谱方法也被用于评价皮肤的渗透性，并且荧光激光扫描显微镜用于表征皮肤的特性。这些新技术的出现扩展了现有的检测系统范围，并且已成为某些科学会议的热门议题。

9.3 检测技术、规范、标准和法规

如上所述，大量技术可供感兴趣的研究者使用，为多种问题提供解决方案。然而，对于个体应用选择何种仪器的决策取决于多种不同因素。在进行更详细的讨论之前，必须说明的是，并无国际强制性法规来指导研究者购买何种仪器。尽管化妆品法规只规定制造商必须提供其化妆品功效的证明，但研究者仍需要自行决定如何遵守该法规。目前，如何使用这些检测技术进行试验仍无统一标准。

虽然需要通过客观检测来评价化妆品或药品的功效已被广泛接受，但缺乏关于适当使用

此类技术的明确指示。此外，不同机构之间的试验结果不一定具有可比性，而仪器本身的技术背景也存在差异。检测原理因参数和仪器制造商的不同而存在明显差异，因此对结果进行比较几乎不可能或非常复杂。

针对这些问题，该领域已受到长期关注，需要一个国际化解决方案或协议来标准化所使用的技术以及研究的架构与流程。自 1990 年中期至今，EEMCO（欧洲化妆品和其他外用产品功效检测）小组已发布了针对不同皮肤检测参数（例如水分、pH 值和微循环等）的各种指南 [7-12]，详见第 4 章。

在防晒产品的功效检测方面，欧洲防晒产品的功效检测由 Colipa（欧洲化妆品、盥洗用品和香水协会）制定，是唯一公认合法的流程（详见第 18 章）。然而，不同国家仍有不同的标准，如美国、澳大利亚和日本等国家遵循其本国的国家标准。

9.4   检测仪器的应用指导

研究人员长周期成功应用皮肤检测技术的经验总结如下。为了更好地应用这些技术仪器，应至少考虑以下因素：

9.4.1   实验室内部因素

- 位置：适当配置的充足空间对于实现有效检测至关重要。如果可用的检测空间过小且缺乏必备设施，则可能导致结果的无法使用。由于皮肤表面的检测是在活体器官上进行，因此受控的相对湿度和环境温度是两个需要考虑的因素。此外，还应给受试者足够的适应时间（通常为 20～30 分钟）。
- 操作人员：尽管现代皮肤检测仪器易于操作，但只有研究者或技术人员经过适当培训，熟悉皮肤的功能、结构以及对皮肤参数的影响，方能有效地使用。此外，他们应该接受仪器操作的强化培训，了解检测对象，明确检测前和检测过程中必要的考虑因素。若没有充分考虑这些因素，则结果要么会被错误地解释，要么无法解释。这类培训必须定期重复，就像购置仪器一样重要。只有熟悉仪器的所有可能性和局限性，才能获得最佳结果，从而节省时间和金钱。如果更换工作人员，则需要重新进行培训。
- 仪器的内部技术服务：与所有其他精密检测仪器一样，皮肤检测仪器必须定期校准。一些制造商在其仪器中提供检查校准功能，使用户可以快速轻松地检查其仪器的准确性并进行相应地记录。

按照制造商建议的时间间隔重新校准也必不可少。一旦结果出现不一致，应联系制造商或服务网点。

9.4.2   影响选择最适合检测仪器的因素

皮肤检测仪器的购置与其他技术购置并无明显区别，应考虑以下几点：

- 科学公认的检测原理。即使目前尚无针对此类仪器的标准和指南，但应考虑到大量常见出版物所建议的认知水平。

- 优质和快速的服务是试验顺利进行的先决条件，试验通常在有限的时间内进行。如果服务不充分，整个试验可能会受到影响。

- 建议尽量使用同一生产厂家，因为不同生产厂家提供不同的软件来收集检测数据并保存用于统计分析。这可为服务（例如重新校准）和必要的培训提供额外的优势。

- 购买此类仪器应保持在预定预算范围内。根据试验和应用的目的，多年来广泛认可的较便宜技术也可以使用。例如，Corneometer® 提供的皮肤水分检测可用来替代昂贵的拉曼光谱系统分析。

参考文献

1. Agache P, Caperan A, Barrand C, Laurent R, Dagras G. Determination of cutaneous surface lipids by the photometric method. Ann Dermatol Syphiligr (Paris). 1974;101:285-7.
2. Peck S, Glick AW. A new method for measuring the hardness of keratin. J Soc Cosmet Chem. 1956;7:530-40.
3. Schaefer H, Kuhn-Bussius H. A method for the quantitative determination of human sebum secretion. Arch Klin Exp Dermatol. 1970;238:429-35.
4. Tronnier H, Schule D. An experimental and clinical investigation concerning the antipruritic effect of pharmaceutical preparations. Arztl Forsch. 1968;22:203-12.
5. Agache P, Humbert P. Measuring the skin. Berlin: Springer; 2004.
6. Fluhr J, Elsner P, Berardesca E, Maibach HI, editors. Bioengineering of the skin: water and the stratum corneum. 2nd ed. CRC: Boca Raton, FL; 2005.
7. Berardesca E. EEMCO guidance for the assessment of stratum corneum hydration: electrical methods. Skin Res Technol. 1997;3:126-32.
8. Berardesca E, Leveque JL, Masson P. EEMCO guidance for the measurement of skin microcirculation. Skin Pharmacol Appl Skin Physiol. 2002;15:442-56.
9. Parra JL, Paye M. EEMCO guidance for the in vivo assessment of skin surface ph. Skin Pharmacol Appl Skin Physiol. 2003;16:188-202.
10. Rogiers V. EEMCO guidance for the assessment of transepidermal water loss in cosmetic sciences. Skin Pharmacol Appl Skin Physiol. 2001;14:117-28.
11. Berardesca E, Loden M, Serup J, Masson P, Rodrigues LM. The revised EEMCO guidance for the in vivo measurement of water in the skin. Skin Res Technol. 2018;24:351-8.
12. Monteiro Rodrigues L, Fluhr JW, the EEMCO Group. EEMCO guidance for the in vivo assessment of biomechanical properties of the human skin and its annexes: revisiting instrumentation and test modes. Skin Pharmacol Physiol. 2020;33:44-60.

第10章 影响检测的因素

Enzo Berardesca, Norma Cameli 著

10.1 简介

在过去 20 年中，越来越多的无创检测方法被开发出来，以客观的方式确定皮肤特征。目前，可以对皮肤状态的主观、视觉或触觉评价进行量化并获得数值。这些技术在化妆品检测中非常有用。此类方法可潜在地检测并量化一些亚临床症状。然而，目前仪器之间的标准化还不完善，使用不同仪器检测相同的皮肤特征可能会获得不同的结果。不同公司的仪器（即使基于相同的原理）使用的标准也不同，实验室之间的数据传输也很困难。因此，在功效检测、皮肤相容性及耐受性评价，特别是在安全性检测中应用上述方法时，标准化（包括仪器校准）成为一个关键性问题。需要在四个不同层面落实标准化：环境因素（如室温、相对湿度、光源和空气循环等）、仪器变量（如调零、校准、探头属性和探头位置等）、受试者相关因素（如年龄、性别、种族、解剖部位、昼夜节律、皮肤类型、清洁方式、皮肤疾病和药物等）和产品相关变量（如盖仑制剂、稀释剂、每单位面积用量、应用频率和方式及空白对照物等）。

10.2 误差相关变量的来源

本部分详细介绍了可能影响检测结果的三大类因素及其变量来源，包括仪器、环境和个体（与人为相关的因素）变量。

10.2.1 仪器变量
10.2.1.1 仪器差异性 、启动和使用

市售仪器必须按照制造商的指南进行校准。然而，由于这些仪器基于相同的物理原理获取数据时可能存在差异，因此输出的数据可能无法直接进行比较。经表皮失水（TEWL）检测是一个典型的例子。TEWL 可以使用开放室蒸发梯度法直接测量，因此大多数关于TEWL 的科学文献都是基于此类仪器[1]，而其他仪器则采用密闭室蒸发梯度法。目前，关于后两种仪器的文献非常有限，它们的性能还需要确认[2-4]。同样，基于单波长检测肤色或基

于 CIELAB（国际色差测算公式）进行肤色检测的仪器也存在类似的问题。此外，仪器的"老化过程"中也可能出现差异。因此，即使是同一台仪器，随着时间推移也可能产生不同的结果。如果可能的话，应该经常检查并校准仪器，以确保其准确性和可靠性。

为了克服仪器间差异对实验室间比较结果的影响，可以采用包含对实际金标准进行校准的附加校准程序[5]。

10.2.1.2 检测值

表面积

建议在进行皮肤水平面检测时注意皮肤曲率的影响。若仪器与皮肤接触，应保持探头在皮肤表面的压力恒定[6-8]，以确保测量结果的准确。如果制造商未提供内置弹簧系统，则可考虑使用该系统来获得恒定的探头压力。部分仪器采用平面和网格化技术，提升了探头的性能和传感器的读数准确性。然而，这将直接影响读数，在比较使用或不使用这些仪器的数据时，应谨慎对待[9]。此外，为了减少标准误差，建议在同一皮肤区域使用小探头的仪器进行连续相邻检测，并明确检测面积。

接触时间

在皮肤上使用探头的时间应该尽可能短，以避免对皮肤表面阻抗效应的可能影响。在进行 TEWL 检测时，通常需要在开始检测后 30 ~ 45 秒内达到 TEWL 值的稳定状态[10-11]。微环境中的干扰因素会立即反映在 TEWL 的波动中，并可能对其他检测值产生影响，例如电容、摩擦和角质层黏附[12]。

10.2.2 环境变量

10.2.2.1 空气对流

这是导致检测值快速波动的主要干扰因素[12]。它通常由室内的干扰产生，如人员走动、开关门、检测区的呼吸及空调等。由于上述干扰难以避免，因此有学者提出使用屏蔽箱来尽可能多地屏蔽不必要的空气对流[7-8]。这尤其适用于 TEWL、电阻和其他水分检测，因为皮肤表面的气流会改变水分含量和皮肤温度。另外，屏蔽箱的顶部应敞开，并用棉布覆盖以免导致封闭性。这种屏蔽也可能增加受试皮肤区域周围空间的相对湿度。因此，应记录箱内的温度和相对湿度。闭室技术可用来减少上述可能的误差。

10.2.2.2 环境空气温度

空气温度的影响最为重要，它直接（通过对流作用）和间接（通过中枢温度调节效应）地影响皮肤温度[13-14]。

为了保证准确性，必须对检测室的温度和受试者所在地的气候温度进行区分。因此，受试者需要有 15 ~ 30 分钟适应环境的时间。

研究表明，检测室温度的波动会影响角质层水合和 TEWL[8]。建议将室温控制在 22 ℃

以下。然而，需要强调的是，一些文献提议的 18 ℃似乎不可行，因为受试者会感到寒冷并通常会拒绝继续参与研究。

由于环境空气温度会影响 TEWL 检测，因此应尽量避免季节性变化。即使受试者在温度受控的房间内进行检测，也会观察到 TEWL 基线的不稳定性。然而，Agner 和 Serup 描述了夏季和冬季基线 TEWL 之间没有显著差异[15]。不过与春季和夏季相比，老年人在冬季身体不同部位的角质层脂质水平下降。老化皮肤对屏障功能紊乱和干燥的易感性增加，尤其是在冬季[16]。夏季出汗和冬季寒冷是明显的现象。因此，地理差异也可能会影响检测结果。

10.2.2.3　环境空气湿度

在 TEWL 检测中，TEWL 与环境空气湿度之间存在非线性关系[6-7]。环境相对湿度是 TEWL 检测中一个复杂而重要的变量。因此，建议在温度受控的房间内进行检测，并控制相对湿度，使其接近但低于 50%。需要注意的是，这些建议同样适用于季节和地理差异。

10.2.2.4　光源

为了不影响环境空气温度、探头温度和受试者皮肤表面温度，建议避免使用靠近检测部位附近的任何光源[17]。

10.2.2.5　皮肤清洁

由于皮肤屏障功能受损[8, 19]，使用表面活性剂和溶剂清洁皮肤可能会改变表面微环境[18]。皮肤含水量和 TEWL 的变化也可能是由于去除皮肤表面的阻隔物质（如乳膏 / 霜[20]），也可能是由于皮脂的去除。同样明显的是，皮肤暴露于含水产品中可能会导致经皮失水和角质层水合的增加，这可能会干扰一些生物物理参数，包括微观结构、细胞黏附、角质层机械性能和摩擦系数[21]。用无水乙醚快速清洁皮肤表面似乎不会增加失水值[20]。同样需谨记的是，清洁剂中的物质可能沉积于皮肤表面并改变其化学成分，从而导致电阻检测或 TEWL 的读数误差。

10.2.3　个体变量

10.2.3.1　年龄、性别和种族

年龄、性别和种族是影响皮肤功能和生物物理检测的重要变量。因此，在规划产品功效研究时，应控制或标准化这些变量。尤其是研究应当在相同的族群和年龄范围内进行，同时在相同的性别范围内设计，除非试验本身的目的是强调这些差异。老化皮肤的特征通常是含水量的改变（分布不均）、角质细胞大小变化（老年人角质细胞较大）导致的皮肤水分流失减少、纹理增加和机械性能丧失。此外，在生命的某些"特殊"时期，也可能出现显著性差异。例如，在小于 30 周妊娠的未成熟婴儿中可证明受损的表皮屏障特征。出生后的最初几天，屏障成熟的速度非常明显[22]。实际上，基于 TEWL、角质层含水量和 pH 值的参数值几乎相同，儿童的皮肤生理在角质层含水量和屏障功能方面与成人的差异非常小[23]。

从成年到衰老，皮肤屏障通透功能的年龄依赖性一直存在争议。Wilhelm 和 Maibach[24]认为，与中年相比，有证据表明老年人的 TEWL 基线值有所降低。此外，随着年龄的增长，所有主要屏障脂质水平都显著降低，这导致衰老皮肤对屏障功能紊乱和干燥的易感性增加[25-26]。据报道，非裔和白种人的皮肤间存在一些差异[27-29]。白种人和西班牙裔受试者也是如此[30]。因此，在化妆品功效研究中，"种族"变量应该注意控制。

10.2.3.2　解剖部位

从生理学的角度，不同的解剖部位差异很大，具有不同的解剖学特征。例如，前臂屈侧皮肤比伸侧或躯干和面部皮肤薄。事实上，必须强调的是，结缔组织因身体部位的不同而有很大的差异，如面部、头皮、背部、前臂、腿部、手掌和足底等结构组织的真皮因部位而异。不同身体部位的结缔组织成分和皮肤附属器的相对比例也存在明显的差异。例如，面部的皮脂腺体积较大。真皮厚度会随年龄的增长而减小，男性的厚度比女性的要大。同时，真皮厚度因身体部位而异，容易受到内分泌的影响。如果检测是在年龄和性别相似的正常个体的同一身体部位进行，那假设几乎没有变化可以接受。然而，在这种情况下仍然可能存在 5%～10% 的正常变异，因为这可能对结果产生明显影响，在解释时必须考虑到这一点。

TEWL 的部位间差异与皮肤结构的差异密切相关，尤其是不同部位间脂质含量的差异[31]、解剖部位间角质层厚度的差异[32] 以及小汗腺的区域性分布（主要集中在手掌和足底、面部和躯干上部）。

在 1977 年至 1988 年的文献中，不同解剖部位皮肤的 TEWL 值排名如下：手掌＞足底＞前额＝耳后＝手指＝手背＞前臂＝上臂＝大腿＝胸部＝腹部＝背部[7]。事实上，身体不同部位的皮肤显示出不同的屏障恢复模式，这可能与结构和生理差异有关[33]。脂质含量较高的皮肤区域（例如前额）最易受到屏障破坏[33]。通常情况下，检测是在前臂屈侧进行。然而，优势前臂的 TEWL 可能显著高于非优势前臂[34-35]，但并非所有研究人员都知晓该信息[8, 36]。最近有学者提出，面部皮肤比前臂屈侧更适合进行化妆品配方的评价[37]。

10.2.3.3　出汗

生理性出汗、高温性出汗和情绪性出汗是必须予以控制的重要变量[38-39]。若环境空气温度低于 20 ℃、皮肤温度低于 30 ℃，不太可能发生高温汗腺活动，前提是皮肤不暴露于强空气对流环境，同时不会产生过多的身体热量（如运动所致）[40-42]。因此，多数研究通常采用在 20～22 ℃温控房内进行 15～30 分钟休息的预适应后进行检测，同时保持身体活动最小化。但是，无意识的出汗是不可能完全控制的，这一点必须强调。

10.2.3.4　皮肤表面温度

皮肤温度是参与试验者预处理的一个重要因素，同时还受许多其他因素的影响。为了保证试验的准确性和可靠性，需要提供温控房间，特别是对于那些测量血流量、皮肤颜色（红斑依赖于血液供应）以及进行热成像的仪器。在压力试验中，通过突然改变皮肤温度（例如在某些测量区域进行局部加热或冷却），来诱导血管反应，以监测微循环的某些维度的功能。这对于试验结果的正确解读至关重要。

10.2.3.5 皮肤损伤和疾病

除非研究设计有特殊要求，否则应避免在患有皮肤疾病的受试者或部位进行化妆品试验。皮肤疾病会显著影响生物物理参数，因此在研究期间必须仔细标准化和监测这些因素。屏障功能发生明显改变的皮肤疾病包括烧伤、银屑病、某些类型鱼鳞病、接触性皮炎和特应性皮炎等，这些疾病会导致 TEWL、红斑和血流量值增加[10, 17, 21, 43-44]。这些变化可能由化学接触[45-46]、表面活性剂损伤[47-48]或疾病状态（例如银屑病[49]和湿疹[44]）引起，从而导致体内水分蒸发速率增加（范围在 20~60 g/m²h）。然而，更严重的屏障损伤（例如烧伤）会导致更高的蒸发速率（超过 100 g/m²h），因此在结果解读时应考虑这一点。

10.2.3.6 昼夜节律

部分皮肤参数的波动（如 TEWL、电容、血流量和 pH 值）已被描述，最近也进行了系统综述[50]。据报道，TEWL 的波动可能主要取决于温度。另外，有研究表明，TEWL 表现出昼夜节律，且晚间高于清晨[51-52]。最近，Le Fur 等发现 TEWL 具有双峰节律，分别是早上 8 点和下午 4 点[51]。

10.2.3.7 月经周期与激素

据报道，经期前可能存在皮肤反应性的差异[53]。这可能是因为角质层含水量增加，从而影响经皮渗透和其他生理反应（如皮肤机械性能和肤质等）。在进行长期的重复对照检测研究时，记录月经周期的天数非常重要。

10.2.3.8 个体内和个体间差异

大多数皮肤部位存在显著的个体差异，这通常取决于所使用的检测仪器[6-8, 34-54]。因此，需要谨慎考虑使用一些特定的皮肤部位，例如前额、手掌和手腕的某些部位，因为它们的个体间差异非常大。相比之下，每个测量位点的个体内差异通常较小[8, 54]。在个体接受特定治疗时，个体间的差异特别明显，如十二烷基硫酸钠损伤皮肤后的 TEWL 检测。

10.3 结语

表 10.1 列出了影响皮肤检测和生物物理皮肤试验的几个因素。在评价化妆品功效时，必须考虑以下条件：

- 如果可能的话，应在温度和相对湿度受控的室内进行检测。通常建议保持温度在（20~22）℃ ± 1 ℃，相对湿度小于 60%。然而，具体条件可能因研究目的和设计而异。

- 应在检测部位测量受试者的皮肤温度，然后将检测探头加热至该特定温度。这可以在非检测皮肤表面部分进行。当需要使用试验产品或必须引起皮肤损伤时，必须包括相关限制，如左、右前臂的相应位点（区域）。预计只有来自相同解剖部位的 TEWL 值才具有可比性。
- 检测应在空气流通受限的室内进行。如果怀疑存在非预期的空气流动，尤其在检测 TEWL 时，可使用顶部开口的屏蔽箱。
- 单次试验的含水量和 TEWL 检测应尽可能在同一季节内完成。应避免在炎热的夏季和寒冷的冬季进行检测；当然，当研究目的要求这种环境条件时除外。
- 应避免直接和近距离的光源。
- 检测表面应放置于水平面上，探头应垂直施加于该表面，并施加恒定但轻微的压力。同一试验的检测最好由同一操作员进行。
- 接触检测时间应尽可能短，以避免遮挡。
- 如果在检测前进行皮肤清洁，其效果应进行评估。
- 长期或重复检测最好在可比较的时间段（例如每天相同的时间、皮肤清洁后相同小时节点）进行。
- 其他因素如激素、替代治疗及其他系统治疗等，最终应予以监测和考虑。

表 10.1　化妆品试验中影响检测的因素

变量影响检测	建议措施
环境及气候	
室内温度、湿度	温度保持在 20～21 ℃且湿度 40%～60%
季节性变化	优先选择短期研究
室外温度和相对湿度	确保受试者休息和适应至少 20 分钟
仪器	
校准	规律校准
不同的模型	参考金标准
新仪器 *vs.* 旧仪器	参考金标准
检测值	
面积、位置、表面	尽可能标准化
探头	在同一区域进行多次检测
	减少与皮肤的接触时间
受试者	
年龄、性别、种族、解剖部位	精心控制且标准化
皮肤清洁	清洁开始 2 小时后进行标准化检测

参考文献

1. Schultz A, Elsner P, Burg G. Quantification of irritant contact dermatitis in vivo: comparison of the Dermatest system with the Evaporimeter. Contact Dermatitis. 1991;24:235-7.

2. Grove G, Grove MJ, Zerweck C, Pierce E. Comparative metrology of the Evaporimeter and the DermaLab TEWL Probe. Skin Res Technol. 1999;5:1-8.

3. Grove G, Grove MJ, Zerweck C, Pierce E. Computerised evaporimetry using the DermaLab TEWL Probe. Skin Res Technol. 1999;5:9-13.

4. Pinnagoda J, Tupker RA, Coenraads PJ, Nater JP. Comparability and reproducibility of results of water loss measurements: a study of four evaporimeters. Contact Dermatitis. 1989;20:241-6.

5. Rogiers V. EEMCO guidance for the assessment of transepidermal water loss in cosmetic sciences. Skin Pharmacol Appl Skin Physiol. 2001;14:117-28.

6. Nilsson GE. Measurement of water exchange through skin. Med Biol Eng Comput. 1977;15:209-13.

7. Pinnagoda J, Tupker RA, Agner T, Serup J. Guidelines for transepidermal water loss (TEWL) measurement. Contact Dermatitis. 1990;22:164-8.

8. Potts RO. Stratum corneum hydration: experimental techniques and interpretations of results. J Soc Cosmet Chem. 1986;37:9-33.

9. Wheldon AE, Monteith JL. Performance of a skin Evaporimeter. Med Biol Eng Comput. 1980;18(201):204.

10. Batt MD, Fairhurst E. Hydration of the stratum corneum. Int J Cosmet Sci. 1986;8:253-64.

11. Blichmann CW, Serup J. Reproducibility and variability of transepidermal water loss measurements. Acta Derm Venereol. 1987;67:206-109.

12. A Guide to Water Evaporation Rate Measurement, ServoMed, Vallingby, Stockholm, Sweden, 1981.

13. Agner T, Serup J. Seasonal variation in skin resistance to irritants. Brit J Dermatol. 1989;121:323-8.

14. Rothman S. The role of the skin in thermoregulation: factors influencing skin surface temperature. In: Rothman S, editor. Physiology and Biochemistry of the skin. Chicago: The University of Chicago Press; 1954. p. 258.

15. Rogers J, Harding C, Mayo A, Banks J, Rawlings A. Stratum corneum lipids: the effect of ageing and the seasons. Arch Dermatol Res. 1996;288:765-70.

16. Rodrigues L, Jaco I, Melo M, Silva R, Pereira LM, Catorze N, Barata E, Ribeiro H, Morais J. About claims substantiation for topical formulations: an objective approach to skin care products biological efficacy. J Appl Cosmetol. 1996;14:93-8.

17. Lévêque JL. Measurement of transepidermal water loss. In: Lévêque JL, editor. Contaneous investigation in health and disease. Noninvasive methods and instrumentation. Marcel Dekker Inc: New York; 1989. p. 135-53.

18. Fartasch M. Human barrier formation and reaction to irritation. Curr Prob Dermatol. 1995;23:95-103.

19. Loden M. The increase in skin hydration after application of emollients with different amounts of lipids. Acta Derm Venereol (Stockholm). 1992;72:327-30.

20. Giusti F, Martella A, Bertoni L, Seidenari S. Skin barrier, hydration, and pH of the skin of infants under 2 years of age. Pediatr Dermatol. 2001;18:93-6.

21. Proksch E, Brasch J, Sterry W. Integrity of the permeability barrier regulates epidermal Langerhans cell density. Br J Dermatol. 1996;134:630-8.

22. Fluhr JW, Pfisterer S, Gloor M. Direct comparison of skin physiology in children and adults with bioengineering methods. Pediatr Dermatol. 2000;17:436-9.

23. Wilhelm KP, Maibach HI. Transepidermal water loss and barrier function of aging human skin. In: Elsner P, Berardesca E, Maibach HI, editors. Bioengineering of the skin, water and the stratum corneum. Boca Raton, FL: CRC Press; 1994. p. 133-45.

24. De Paepe K, Vandamme P, Derde MP, Roseeuw D, Rogiers V. Ceramide/cholesterol//FFA-containing body lotions: effects on the TEWL of aged and SDS-damaged skin; in Ziolkowsky H GmbH (ed): Conference proceedings, Verlag für Chemische Industrie, Active Ingredients Conference, Paris, pp. 97 111, 1996.

25. De Paepe K, Vandamme P, Roseeuw D, Rogiers V. Ceramides/cholesterol/FFA-containing cosmetics: the effect on barrier function. SOFW J. 1996;122:199-204.

26. Wilson D, Berardesca E, Maibach HI. In vivo transepidermal water loss and skin surface hydration in assessment of moisturization and soap effects. Int J Cosmet Sci. 1988;10:201-11.

27. Berardesca E, Maibach HI. Racial differences in sodium-lauryl induced cutaneous irritation. Comparison of black and white subjects. Contact Dermatitis. 1988;18:65-70.

28. Berardesca E, Maibach HI. sodium-lauryl-sulphate-induced cutaneous irritation. Comparison of black and white subjects. Contact Dermatitis. 1988;19:136-40.

29. Berardesca E, Pirot F, Singh M, Maibach H. Differences in stratum corneum pH gradient when comparing white Caucasian and black African-American skin. Br J Dermatol. 1988;139:855-7.

30. Yoshikawa N, Imokawa G, Akimoto K, et al. Regional analysis of ceramides within the stratum corneum in relation to seasonal required for normal barrier homeostasis. J Invest Dermatol. 2000;115:459-66.

31. Plewig G, Marples RR. Regional differences of cell sizes in the human stratum corneum. J Invest Dermatol. 1970;54:13-8.

32. Fluhr JW, Dickel H, Kuss O, Weyher I, Diepgen TL, Berardesca E. Impact of anatomical location on barrier recovery, surface pH and stratum corneum hydration after acute barrier disruption. Br J Dermatol. 2002;146:770-6.

33. Treffel P, Panisset F, Faivre B, Agache P. Hydration, transepidermal water loss, pH and skin surface parameters: correlations and

variations between dominant and non-dominant forearms. Brit J Dermatol. 1994;130:325-8.

34. Oestmann E, Lavrijsen APM, Hermans J, Ponec M. Skin barrier function in healthy volunteers as assessed by transepidermal water loss and vascular response to hexyl nicotinate: intra- and inter-individual variability. Brit J Dermatol. 1993;128:130-6.
35. Rodrigues L, Pereira LM. Basal transepidermal water loss: right/left forearm difference and motoric dominance. Skin Res Technol. 1998;4:135-7.
36. Schnetz E, Kuss O, Schmitt J, Diepgen TL, Kuhn M, Fartasch M. Intra- and inter-individual variations in transepidermal water loss on the face; facial locations for bioengineering studies. Contact Dermatitis. 1999;40:243-7.
37. Pinnagoda J, Tupker RA, Smit JA, Coenraads PJ, Nater JP. The intra- and inter-individual variability and reliability of transepidermal water loss measurements. Contact Dermatitis. 1989;21:255-9.
38. Holbrook KA, Odland GF. Regional differences in the thickness (cell layers) of the human stratum corneum: an ultrastructural analysis. J Invest Dermatol. 1974;62:415-22.
39. Shahidullah M, Raffle EJ, Rimmer AR, Frain-Bell W. Transepidermal water loss in patients with dermatitis. Br J Dermatol. 1969;81:722-5.
40. Baker H, Kligman AM. Measurement of ttransepidermal water loss by electrical hygrometry. Instrumentation and responses of physical and chemical insults. Arch Dermatol. 1967;96:441-4.
41. Piérard GE, Goffin V, Hermanns-Lê T, Arrese JE, Piérard-Franchimont C. Surfactant induced dermatitis. A comparison of corneosurfametry with predictive testing on human and reconstructed skin. J Acad Dermatol. 1995;33:462-9.
42. Pinnagoda J, Tupker RA, Coenraads PJ, Nater JP. Transepidermal water loss: with and without sweat gland inactivation. Contact Dermatitis. 1989;21:16-22.
43. Chao KN, Eisley JG, Jei YW. Heat and water losses from burnt skin. Med Biol Eng Comput. 1977;15:598-603.
44. Tagami H, Kobayashi H, Zhen XS, Kikuchi K. Environmental effects on the functions of the stratum corneum. J Investig Dermatol Symp Proc. 2001;6:87-94.
45. Chilcott RP, Brown RF, Rice P. Non-invasive quantification of skin injury resulting from exposure to sulphur mustard and Lewisite vapours. Burns. 2000;26:245-50.
46. Tupker RA, Pinnagoda J, Coenraads PJ, Nater JP. The influence of repeated exposure to surfactants on the human skin as determined by transepidermal water loss and visual scoring. Contact Dermatitis. 1989;20:108-11.
47. Fartasch M. Ultrastructure of the epidermal barrier after irritation. Microsc Res Tech. 1997;37:193-9.
48. Grice KA. Transepidermal water loss in pathologic skin. In: Jarret, editor. The physiology and pathophysiology of the skin, vol. 6. London: Academic Press; 1980. p. 2147.
49. Chilcott RP, Farrar R. Biophysical measurements of human forearm skin in vivo: effects of site, gender, chirality and time. Skin Res Technol. 2000;6:64-9.
50. Mehling A, Fluhr J. Chronobiology: biological clocks and rhythms of the skin. Skin Pharmacol Physiol. 2006;19:182-9.
51. Le Fuhr I, Reinberg A, Lopez S, et al. Analysis of circadian and ultradian rhythms of skin surface properties of face and forearm of healthy women. J Invest Dermatol. 2001;l117:718-24.
52. Reinberg A, Le Fur I, Tschachler E. Problem related to circadian rhytms in human skin and their validation. J Invest Dermatol. 1998;111:708-9.
53. Agner T, Damm P, Skouby SO. Menstrual cycle and skin reactivity. J Am Acad Dermatol. 1991;24(4):566-70.
54. Goffin V, Piérard-Franchimont C, Piérard GE. Passive sustainable hydration of the stratum corneum following surfactant challenge. Clin Exp Dermatol. 1999;24:308-11.

第 11 章　研究设计

Betsy Hughes-Formella, Nicole Braun, Ulrike Heinrich, Carmen Theek　著

只有精心设计的临床研究才能提供科学合理的结果。一个好的研究设计会尽可能多地消除偏倚或系统性误差的来源，从而提高研究结果的信度和效度。以下内容将简要描述影响化妆品研究设计的因素及其处理。

11.1　研究方案制订

随机对照研究是临床研究设计的金标准。该设计方案会将干预或条件以随机且不可预测的顺序分配至检测区域或受试者，以保证研究结果的客观性和可靠性。尽管未经干预的检测区域或市售产品等通常是这些设计中的主要对照物，但其他因素（如年龄或性别）也可能是这些设计的组成部分，需要加以平衡。

为了减少个体差异所导致的变异性，如果可行的话，在化妆品检测中通常会选择对试验产品进行个体自身对照的设计。该设计方案会比较具有相似解剖位置的多个检测区域，例如为了评价保湿效果，可以选择双侧前臂的多个区域，或者为了评价抗皱效果，可以分别检测左眼和右眼的眶周区域。空白对照或其他干预对照可以很容易地内置于这些设计方案中。重点是将试验产品平行应用于同一受试者，可减少个体因素（如压力）或外部因素（如天气或阳光暴露）的影响。在这些设计中应使用随机分配的试验产品或空白对照。盲法也是核心设计问题。理想状态的检测以双盲方式进行：研究者／研究人员和受试者都不知晓试验产品的分配。但如果不可行，那么观察者盲法或单盲设计可能会满足要求。在这种情况下，评估者或受试者均不知道试验产品的分配情况。

11.2　研究目标

每项研究都应该确立一个完整、明确的研究目标。这个目标的定义应当允许对研究结果进行定量评价。如果研究目标不充分或者不清晰，可能会引起人们对研究结果的怀疑，因为人们会担心研究结论基于对研究数据的事后定义而得出[1]。

如果有多个研究目标，那么应当将其定义为主要目标和次要目标。主要目标应当是研究的重点，并且应当优先在试验设计中进行考量。为了帮助确定主要目标，研究者可以问自己："如果只能回答一个问题，那这个问题会是什么？"次要目标则允许对研究中的其他问题进行评估。虽然这些问题可能很有趣，并且受到学术界的关注，但它们并不具有同等的优先级，也非必需。

11.3　检测变量与研究终点

探究研究目标、检测变量与研究终点之间的相互关系是解释统计学设计与研究结果的核心。研究终点是评价研究所得的结果。检测变量则是实际仪器读数或评价分数等用于计算研究终点的基础数据，例如：

研究目标	评价皮肤保湿效果
检测变量	任何特定时间点的角质层检测值
研究终点	治疗间隔结束时，角质层检测值的基线变化

原则上，所有检测变量都应与研究目标直接相关。如果检测变量与研究目标的相关性很差，则这些检测变量在研究范围内将失去任何意义。

因此，在制订研究计划时，应当明确定义主要和次要目标，以及检测变量和研究终点的关系。值得注意的是，如果研究包含多个终点，则可能会产生相互矛盾的结果，这将影响对研究意义的解释。因此，将研究目标和检测方法的数量限制在当前科学问题的核心范围内很重要。

11.4　统计学

11.4.1　样本量计算

样本量计算应基于验证性试验的变量，通常只有一个主变量。根据研究变量的类型（例如平均值或比率），将应用不同的基础检验方法。因此，需要对关键输入参数进行差异化估计。例如，在用于比较平均值的双样本 t 检验时，样本量计算需要对预期标准差和均值效应的估值。由于预期效果通常在一个相似的范围内，可从类似检验方法获得的历史数据中获取这些估值。如果无可利用的现成数据，则应进行试点研究或为此目的使用保守假设。此外，显著性水平 α（ 如双侧 0.05，显著性水平 0.05 表示当没有实际差异时得出存在差异，会有 5% 的风险）和统计检验力 1-β（ 常称作效力，power，一般取 0.8）必须固定以进行样本量计算。

如果验证性检验的分析更复杂，如考虑多个主要终点，则需要采用更全面的样本量计算方法。

11.4.2　统计学方法

在选择统计学方法时，应以研究目标为主要考虑因素，同时还需考虑数据类型（如连续、有序或基数）或比较类型（如配对或组间比较）。在应用推论统计学时，需要在试验方案中确定显著性水平 α。设计比较方法时，应以假设的形式表述并明确说明。应该避免进行非必要的比较，必须明确验证性检验研究的主要目标和探索性评价的次要目标的优先顺序。在化妆品检测中，需要注意保持总体显著性水平的统计学过程（例如根据 Bonferroni 进行校正），以避免对解释效力产生负面影响。

如果数据不符合参数方法所要求的基本正态分布（例如出现偏态或异常值），则非参数检验方法可能是首选方法。在化妆品检测中，有多种统计软件非常适合使用，例如 R、SPSS、Statistica 和 SAS。考虑到互联网也提供了大量方法，必须确保统计软件经过验证，并真正为正确实施统计分析而设计。

11.5　伦理审查和科学有效性

在临床研究中，科学价值需要在伦理审查过程中进行评估。虽然针对健康受试者的无创性、非治疗性化妆品研究通常不需要进行正式的独立审查，但化妆品研究必须遵守国际指南。世界卫生组织或英国皇家医生学会描述了不同定义的"健康受试者"，Breithaupt-Groegler 等则描述了确定"健康"状态的指标 [2]。对于针对患者（如糖尿病患者）的研究（即使只是整体研究的一部分），或者如果使用有创性检测，必须经过伦理委员会同意。一般而言，非医用药物的无创检测获得伦理委员会的全票通过也非常有意义。无论哪种情况都有理由进行审查，研究设计的评估始终是审查过程中的核心步骤。正如 Fernando 等 [3] 所述，对人类受试者进行无科学可靠性的研究是不道德的，因为它可能会将参与者暴露于不可预知的风险或不便。因此，研究必须满足以下要求：

- 研究对受试者安全。
- 研究具有明确的科学目的。
- 研究设计采用公认的原则、方法并可靠地执行。
- 研究具有足够的能力以最少的研究受试者完成试验目的。
- 提供合理的数据分析规划。
- 研究人员拥有进行拟议研究所需的资质、经验和仪器。

11.6　待测产品配备

设计研究时应考虑有关试验产品分配、储存或标签的任何实际要求。例如，居家使用产品的研究必须包括对产品分发和容器回收的定期随访。

11.7　待测人员配备

根据研究目标的适当性，应定义纳入/排除标准来确定研究人群。在制订标准时，需考虑到可访问性、潜在依从性和代表性等因素。即使科学设计再好，若无法招募到适合且自愿的受试者，其价值也将大打折扣。因此，纳入/排除标准必须在合理的时间范围内招募到受试者，同时需考虑假期时间、季节等因素的影响。此外，为确保受试者接受随访和返回检测机构，每次随访所需的时间范围或返回检测机构的次数可能需要进行修改。

11.8　研究文件

11.8.1　研究方案

必须提供一份详细的研究方案，其中应描述从确定研究目标到应用结果的每一个步骤。在研究设计方面，该方案应包括背景信息（如研究的必要性）、如何使用研究结果、研究目标和研究问题、研究设计和随机化程序、纳入/排除标准和招募方法、样本量计算、检测项目和评价方法、包含检测要点的时间进度表（流程图）、收益风险评估、费用和补助标准、受试者的保险范围、数据处理以及数据分析方法等内容。

研究方案的制订过程应该解决以下有关研究目标和设计的问题：

* 研究目标是否能够回答研究问题？
* 研究设计是否能够实现目标？
* 是否清楚地阐明研究方法，以免出现解释错误的情况？
* 样本量是否足够？
* 是否会收集到所有关键信息？
* 如何使用研究结果？

11.8.2　数据保护

2018 年 5 月，欧盟通过了新的《通用数据保护条例 2016/679 》(General Data Protection Regulation，GDPR 2016/679)，该条例关注个人数据处理及其自由流动。

根据 GDPR 第 4 (15) 条，"关于健康数据"是指与自然人身体或精神健康相关的个人数据，这些健康数据属于特殊类别的个人数据，因此需要特别加以保护。这导致从根本上禁止处理这些数据。只有在某些情况下才能进行处理 [GDPR 第 9 条 (2a-j)]，例如当事人同意处理他/她的数据。

根据 GDPR 第 37 条第 1 款，每种情况下必须指定一名数据保护代表，并按下列三个顺序排列：

* 其是权威机构或公共机构的组成。
* 主要工作是执行数据处理，基于其性质、范围和（或）目的，需要对受试者进行广泛、定期和系统的监测。

- 核心工作包括广泛处理 GDPR 第 9 条所定义的特殊类别的数据（特别是健康数据）。

受试者的主要权利是受试者有权访问自己的个人数据、删除个人数据的权利、更正错误个人数据的权利、申诉和获得有效补救的权利，以及获得补偿 / 赔偿 / 报酬的权利。根据 GDPR 第 7 条第（1）款，管理者应能证明受试者已同意处理其个人数据。

如果发生个人数据泄露，管理者（收集和处理个人数据的自然人或实体）应在知晓后不迟于 72 小时通知监管机构[4]。

关于任何受试者数据库中数据的保护，例如招募时，所有受试者必须匿名。此外，受试者可随时要求从数据库中删除其信息。

11.8.3 受试者信息表

在附有知情同意书的受试者信息表中，受试者应被详细告知研究设计的相关细节，包括研究目的、随机化和盲法设计、入选标准以及生活方式限制（例如限制使用其他化妆品或日光浴）、研究过程流程、回访次数和日程安排（通常用流程图进行说明），以及应用清晰易懂的语言说明结果的使用。此外，受试者还应知晓自愿参与、预期收益、数据保护和保密性、组织和资助研究的人员、伦理审查以及联系人姓名等细节。这些细节都必须在信息表格中得到详细体现。

另外，受试者还应该知道如何在任何时候撤回他们的同意［GDPR 第 7 条第（3）款］。若参与研究的是 16 岁以下的儿童，则必须获得其父母的同意，方可合法地收集和分析数据［GDPR 第 8 条（1）款］。

11.8.4 病例报告表和受试者日记

根据方案中概述的设计细节，为确保数据收集的准确性，每项研究制订一份数据收集表格，即病例报告表（CRF）。在参与研究期间，所有来自受试者的数据都将以 CRF 的形式收集，以避免收集不必要的数据。为确保数据的匿名性，每位受试者分配一个唯一的研究 / 随机化编号作为识别。完成 CRF 是研究的主要逻辑目标。

除了预定的访问之外，还可能需要收集受试者的其他信息，例如试验产品的使用时间或瘙痒等主观评价。为此目的，可根据研究方案编制受试者日记。

11.9 数据处理

数据录入和处理的具体步骤应当纳入标准操作规程（SOP）或研究方案中，包括所使用的软件 / 硬件等相关信息。与药物研究相比，化妆品研究一般无须使用带有审计追踪功能的数据管理系统。研究数据库的录入条目应当精确反映 CRF 中收集的信息，并涵盖研究期间涉及的所有检测项目。如果某些信息已经收集但未记录在研究数据库中，应则当将其记录在适当的研究文件中，例如研究方案。应当明确使用电子数据录入还是单次 / 双次录入数据库，并制订数据查询程序以澄清 CRF 中的可疑条目。

参考文献

1. Bebski V, Marschner I, Keech AC. Specifying objectives and outcomes for clinical trials. MJA. 2002;176:491-2.
2. Breithaupt-Groegler K, Coch C, Coenen M, et al. Who is a healthy subject ?-consensus results on pivotal eligibility criteria for clinical trials. Eur J Clin Pharmacol. 2017;73(4):409-16.
3. Fernando M, Dissanayake VHW, Corea E, editors. Ethics Review Committee guidelines: a guide for developing standard operating procedures for committees that review biomedical research proposals. Forum of Ethics Review Committees, Sri Lanka, 2007.
4. Regulation (EU) 2016/679 of the European Parliament and of the Council 27 April 2016 on the protection of natural persons with regard to the processing of personal data and on the free movement of such data, and repealing Directive 95/46/EC (General Data Protection Regulation). https://eur-lex.europa.eu/eli/reg/2016/679/oj

第 12 章 化妆品检测报告

Hristo Dobrev 著

12.1 简介

人体化妆品检测类似于涉及人类受试者参与的临床研究，并符合国际准则即《药物临床试验管理规范》（GCP）[1-2]。GCP 是一套伦理和科学原则，用于设计、实施、记录和报告涉及人类临床试验的研究。这些原则适用于所有类型的人体研究，包括生理或病理过程的研究，以及对新的诊断或治疗方法、药品和护肤品的安全性及有效性进行评价。遵守这些原则可以确保研究符合伦理、科学合理并准确进行。

根据 GCP，每项涉及治疗或诊断性研究制剂或仪器的临床研究结果都应在综合完整的临床研究报告中进行总结和描述[1-2]。由于化妆品活性成分或成品的人体受试者研究与临床研究相同，因此获得的结果应在相应的化妆品检测报告中呈现。该报告应包括研究背景、基本原理、目的、设计、方案、伦理和统计分析、结果、分析和结论等所有信息。这些报告都遵循相同的原则和国际指南。遵守这些原则和指南可以确保化妆品检测报告的编制能够被监管当局接受。

此外，我们还可以使用 CONSORT 声明指南［即 "临床试验报告统一标准"（consolidated standards of reporting trials，CONSORT）］来调整和使用化妆品检测报告及出版物[3-5]。CONSORT 声明是一套基于证据的报告随机试验的最低建议标准，包括一个 25 项检查表和一个流程图。检查表项目着重于报告试验是如何设计、分析和解释的，而流程图显示了所有参与者在试验中的进展。CONSORT 声明应与 CONSORT "解释和详细说明" 的文件结合使用，该文档解释并说明所有的基本原则。CONSORT 2010 是该指南的最新版本，取代了 2001 年和 1996 年版本。

本章的目的在于概述准备最终检测报告和发布化妆品研究结果的一般要求。

12.2 报告结构和内容

完成生物医学研究（临床试验）后，主要研究者应准备并签署最终报告[1-2]。报告的基本原则、结构和内容应遵循 1995 年人用药品注册技术要求国际协调会（ICH）通过的《临床研究报告结构和内容指南》[6]。通常情况下，编写化妆品研究报告时，应涵盖指南中提到的所有主题。对于评价治疗药物有效性和安全性的临床及人体药理学研究，必须准备完整的研究报告。然而，在特定情况下，主题和附录的数量、顺序、分组和数据内容可能会根据特定研究的具体性质而改变和调整，允许编写一份简短的临床研究报告（clinical study report，CSR）[7-8]。这种情况适用于化妆品检测报告。该报告可能不太详细，但对监管机构来说信息充足。如果对报告有任何疑问，应与审查委员会讨论。

以下信息应在化妆品检测报告中详细说明[2, 6-7, 9-12]：

12.2.1　标题页

应包含以下信息：

- 研究标题
- 研究识别编号（如适用）
- 活性成分检测或成品检测的名称和类型
- 研究适应证
- 本研究申请方 / 资助者的姓名和完整地址
- 涉及研究机构 / 中心 / 部门 / 化妆品检测实验室的名称和完整地址
- 主要研究者或负责检测人员的姓名、职务、单位隶属关系和完整地址
- 研究开始日期和完成日期
- 包含符合 GCP 的声明以及重要文件的存档情况说明
- 报告日期（如适用的初始版本和修订日期）

12.2.2　研究摘要（研究总结）

摘要是对整个研究的简要描述，应包括研究名称、申请方、设计、持续时间、机构、目的、受试者（主要纳入标准）、试验产品（活性成分）、方法、仪器 / 设备、检测、方案、统计数据、数值数据结果和结论的信息。

12.2.3　目录

目录应当列出每个章节的页码，包括附录部分（如有）。

12.2.4　缩略语列表（如适用）

应提供一份检测报告中使用的专门或特殊术语或检测单位缩写和定义列表。正文中首次出现时，应拼出缩写词并在括号中注明缩写词。

12.2.5　伦理

检测报告应描述与研究相关的伦理考虑。需要说明该研究是基于《赫尔辛基宣言》的伦理原则进行，并描述研究者如何获得受试者的知情同意。应说明该研究是否经独立伦理委员

会（IEC）/ 机构审查委员会（IRB）审查。

12.2.6　研究者与研究管理组织架构

在报告及相应附录中，需要提供有关研究管理组织架构的信息。其中应包括参与研究的每位研究人员或其他人员（如医生、护士和实验室助理）的姓名、资历（简历）、机构隶属关系和职能（所属关系和职责）、合同研究组织（contract research organization，CRO）、实验室设施、报告作者、生物统计学家以及监测和评价委员会。

12.2.7　引言

引言部分应该提供研究的性质和基本原理的背景信息。它应该详细回顾与研究基础问题相关的记录，并描述所有可用的先前数据。此外，引言部分应该根据现有的知识详细说明进行研究的原因。

12.2.8　研究目标

建议提供一份陈述检测目的的声明，以确保目的简洁、清晰、具体。除了主要目标外，次要目标也可以在声明中提及。化妆品研究的主要目标通常包含试验产品主要宣称的内容（例如可能是安全性或有效性宣称）。

12.2.9　研究方案（材料和方法）

12.2.9.1　产品检测

本部分应简要介绍试验产品（化妆品或药品）和对照产品（安慰剂或活性对照 / 对照产品）的描述，包括试验产品的准备、包装、盲法、接收、储存、分配和回收方式，以及受试者分配至治疗组的方法，产品使用（数量、频率、时间和区域）的详细说明，受试者依从性监测以及预处理和允许伴随使用的护肤品 / 药品。

12.2.9.2　研究参与者（受试者）

研究人群应当被准确描述，包括健康受试者和可能的患者。应该清晰地阐述参与者被纳入研究的筛选标准。这些信息应涵盖受试者人数和人口统计学数据，如年龄、性别和种族，以及受试者的招募方式、纳入标准、排除标准和提前退出标准。此外，必须明确与所申请研究相关的具体标准以及受试者的培训情况。

12.2.9.3　研究设计与方案

研究设计和计划应当清晰、明确，以确保其科学合理并能证明研究目标的适用性。相关资料应当详尽包括以下内容：

- 总体设计：包括研究类型（如盲法 / 掩盖法、对照组 / 比较组、治疗组分配方法）。
- 主要和次要研究终点（包括有效性和安全性终点）。

- 试验进度表：详细说明研究各个阶段的顺序和持续时间（即研究时间表）。

12.2.9.4　评估参数（检测变量）

本部分应当描述所评价的具体变量，包括有效性或采用的安全性标准、分类和定性变量，以及不良反应和副作用等方面。

12.2.9.5　评价方法和仪器

本部分应详细描述评价参数的具体评价方法，包括以下内容：

- 消费者使用检测方法和格式。
- 用户自主评价，包括问卷和视觉模拟量表。
- 经过培训的小组成员使用的主观评价检测，包括符号方法和量表类型。
- 由合格的健康专家或专业专家进行评分，包括视觉、触觉或其他主观评分和量表。
- 体内 / 体外试验，包括底物 / 试剂和方法。
- 仪器无创方法和设备，包括仪器、使用条件、操作和检测的皮肤结构及功能变量。
- 应描述意外事件和不良反应的记录、评级和报告方法，包括检查表或询问。

12.2.9.6　研究方案

应当描述每次回访完成后研究所取得的进展情况。

12.2.9.7　统计

在应用统计学分析时，需对样本量计算、受试者分配（和随机化）、比较分组、分析的变量、统计学检验以及使用数据的处理进行详细描述。

12.2.9.8　数据质量保证

应描述一个处理系统，它能够确保试验的各个方面都得到了有效的控制和质量保证。

12.2.9.9　研究或计划分析过程的变更

在研究开始后，若出现了任何变化，应对所进行的研究或计划分析进行描述。

12.2.10　结果

本部分应介绍研究结果和统计学意义并解释。重要的人口统计学、有效性、安全性及其他结果应以汇总表、图表和图形的形式在报告文本中呈现。对于个别数据和数量非常大的原始数据表，应该将其作为附件提供。

12.2.11　讨论与结论

该部分需要对研究的主要结果进行简要总结，并结合现有数据来讨论其实际价值和重要性。此外，还应考虑讨论和结论是否支持研究目标（原始假设）以及与其他研究者的报告是否一致。如果出现非预期结果，需要提供可能的解释，并进一步探讨研究中可能存在的潜在局限性。

12.2.12 参考文献列表

这是指报告中实际引用的参考文献列表。参考文献格式应遵循 1979 年《温哥华宣言》所制定的国际公认标准，要求生物医学期刊的投稿必须满足该标准[13]。

12.2.13 署名

检测报告应当由申请方、研究者和检测报告作者共同签署，并注明日期。

12.2.14 附件（附录）

所有与本研究管理和详细说明相关的文件都应作为附件提供。该部分应以完整的附件清单开头，列出所有可与研究报告一起提交的附件，其余附件根据要求提供。

12.3 报告公布 / 发布

化妆品检测能提供有关护肤产品接受度、安全性和功效性的重要信息。化妆品研究完成后，研究人员通常希望通过在科学会议上口头或海报展示，以及在主流且同行评议的期刊发表，向其他科学家和行业展示其研究结果。如今，互联网为科学信息的革命性传播提供了便利[14-15]。

有关向受试者、行业和科学媒体传播化妆品研究结果的出版政策应在研究方案中具体说明。应当明确谁对出版负有主要责任，谁将牵头出版。在使用或传递信息给第三方之前，必须先获得主要责任方的批准[11-12]。

作者和出版商在发表研究结果时都有伦理职责。作者必须准确报告并正确解释结果。基于不符合《赫尔辛基宣言》原则而进行研究的文章不应被接受发表[2]。

检测报告和科学论文遵循良好的写作和研究基本规则。然而，检测报告通常需要提供精炼的背景信息和详细讨论部分。专业研究报告日益趋于科学论文。

关于准备和提交生物医学期刊论文，有许多指南可供参考[13, 16-18]。其中，最常用的指南是国际医学期刊编辑委员会（International Committee of Medical Journal Editors，ICMJE）于 1979 年制定并于 2008 年最后更新的《生物医学期刊投稿统一要求：生物医学出版物的写作和编辑》[13]。ICMJE 的要求有助于作者和编辑创建及发布准确、清晰、易于访问的生物医学研究报告。

生物医学期刊论文和基于化妆品检测的科学论文遵循基本的标准格式，通常包括以下内容：摘要、介绍、目的、材料和方法、结果、讨论和结论。投稿发表的稿件应包括以上所有部分[13-15, 18]。

12.3.1 标题页

标题页应包括以下内容：

- 文章标题：文章标题应简洁明了，同时充分描述论文的内容，以方便电子搜索。
- 作者信息：包括作者姓名、最高学历和所属机构。应注明每位作者所属的部门和机构名称。
- 联系信息：包括负责通信和转载请求的作者姓名和详细地址。
- 资助来源：如有资助、仪器、药品或其他形式的支持，应注明来源。
- 页眉标题：短小精悍的页眉标题能够简明扼要地概括文章主题。
- 正文字数：应注明正文的字数，不包括摘要、致谢、图例和参考文献。
- 图表数量：应注明文章中所包含的图表数量。

12.3.2 利益冲突声明

作者应该始终声明任何可能存在的利益冲突。这些信息应该放在单独的页面上。

12.3.3 摘要（概述）

摘要必须准确地反映文章的内容。它应该包含背景、目的、研究设计和方法（包括研究对象的选择、观察和分析方法）。同时，摘要应该概述主要结果及其统计学意义和结论。摘要的长度和格式要求可能因期刊而异。

12.3.4 关键词

摘要下应提供 3～5 个关键词或短语。

12.3.5 前言

该部分旨在为论文主题提供背景信息，包括问题的性质和意义、对目前已知内容的简要回顾以及研究的基本原理。此外，本部分还会阐述主要和次要研究目标（或检验假设）。

12.3.6 材料与方法

本部分应提供充分的信息，以便其他研究者能够重复本研究。它包括以下几个方面：

（a）受试者：详细描述研究人群（健康受试者或患者，包括对照组）、其人口统计学特征（如年龄、性别、种族或民族）以及选择标准（纳入和排除标准）。如果报告的是动物实验，则应描述其选择和特征。

（b）受试产品：详细描述受试产品（包括制造商名称和地址，以及活性成分）。

（c）方法：详细描述用于评价的方法和仪器（包括制造商名称和地址）。

（d）流程：准确描述流程（包括试验对象预处理、环境条件、试验产品应用、试验场地属地化、评价和检测执行）。

（e）伦理：表明涉及人类受试者的流程符合人体实验负责委员会（机构或区域）的伦理标准和《赫尔辛基宣言》。如果报告的是动物实验，则应说明是否遵循有关实验室动物保护和使用的机构或国家指南或法律。

（f）统计学：详细说明用于统计分析、随机化和观察设盲的方法，并指定所使用的计算机软件。

12.3.7　结果

本部分是文章的核心，详细描述研究人员收集的数据及其统计学意义。文本、表格和插图中所呈现的数据必须清晰且符合逻辑顺序。

12.3.8　讨论与结论

通常，该部分会首先简要总结主要研究发现。接着，作者会对研究结果进行解读，讨论它们的新颖性、独特性、与既往相关研究的相似性或差异性，并强调其中新的和重要的维度。此外，作者还会指出该研究的潜在局限性，并提出未来进一步研究的结论和建议。

12.3.9　致谢

该部分为可选内容。在获得其书面许可后，应列出所有为完成研究和文稿准备做出贡献的个人或机构（包括行政、技术、知识性支持、写作协助、财务和物质支持）。

12.3.10　参考文献

参考文献应当清晰地标明文章所引用的原始研究来源。根据参考文献的统一要求样式[19]以及所选期刊的具体要求，这些文献应当以规定的顺序呈现并排序。

12.3.11　表格和图片

使用表格和图片有助于更有效地呈现研究结果，同时可以减少文本的篇幅。这些表格和图片应符合特定期刊的规定。

12.3.12　图表图例

插图的图例应该单独呈现在一页上。

12.3.13　期刊投稿

大多数期刊现在都接受通过直接上传至期刊网站的电子投稿。作者应查阅期刊的作者须知，了解有关电子投稿的具体说明。如果提交纸质版稿件，则必须将所需数量的稿件和图片邮寄至编辑部[13]。

所有稿件必须附有通讯作者签名的封面信，其中包括以下信息：通讯作者的姓名和完整地址、所有作者已阅读并同意投稿的声明、关于任何利益冲突的声明，以及期刊要求的其他具体信息。一旦论文被接受发表，可能需要进行版权转让。许多期刊现已提供投稿前核对表，以帮助作者投稿[13-14]。

12.4　结语

化妆品检测报告和研究成果的科学出版物应确保信息完整、组织逻辑清晰且便于审阅。这些出版物应提供明确的解释和充足的信息，以涵盖研究的基本原理、目的、计划、方法和实施，以确保实施方式的明确无误。应遵守共同的指南准则，以编写监管机构和出版社可以接受的任何研究报告和科学文章。

准备化妆品检测报告和科学论文的关键信息：

化妆品检测报告	科学论文
标题页 • 研究标题 • 研究识别编号 • 申请方 • 研究机构 / 中心 / 部门 / 实验室 • 研究者 • 试验产品 • 研究日期 • 报告日期	封面 • 文章标题 • 作者姓名及其所属关系 • 部门和机构名称 • 通讯作者姓名 • 支持来源 • 页眉标题 • 文本字数 • 表格和图例
-	利益冲突声明页
简介（研究概要） • 研究标题 • 研究申请方 • 研究设计 • 研究持续时间 • 研究机构 • 目的 • 受试者（主要纳入 / 排除标准） • 试验产品（活性成分） • 方法和仪器 • 检测 • 方案 • 统计方法 • 数值数据的结果 • 结论	摘要（概述） • 背景和目的 • 材料和方法 • 结果 • 讨论和结论
-	关键词
目录内容	-
缩略词列表	-
伦理职责	-
研究人员和研究行政结构	-

（续表）

化妆品检测报告	科学论文
研究介绍和目的	研究介绍和目的
研究计划（材料和方法） • 参与者（受试者） • 试验产品 • 研究设计和计划 • 评价参数（检测变量） • 评价方法和仪器 • 研究方案 • 统计数据 • 数据质控 • 研究实施或计划分析过程的变化	材料和方法 • 受试者（参与者），包括伦理考虑 • 试验产品 • 方法 • 方案 • 伦理 • 统计方法
结果	结果
讨论和结论	讨论和结论
-	致谢
参考文献	参考文献
申请方、研究者和检测报告作者的签名	-
附件（附录）	表格和图片
-	图表图例
-	检测单位 缩写和符号
-	封面信 • 关于任何可能利益冲突的声明 • 通讯作者的姓名、地址和签名

参考文献

1. International Conference on Harmonisation of Technical Requirements for Registration of Pharmaceuticals for Human Use. ICH Harmonised Tripartite Guideline: Guideline for Good Clinical Practice E6(R1), 2002. http://www.jpgmonline.com/article.asp?issn=0022-3859;year =2001;volume=47;issue=1;spage=45;epage=50;aulast=. Assessed 21 Dec 2019.
2. World Health Organisation. Handbook for good clinical research practice (GCP), 2002. http://www.who.int/medicines/areas/quality_safety/safety_efficacy/gcp1.pdf. Assessed 22 Dec 2019.
3. Campbell M, Piaggio G, Elbourne D, Altman D. Consort 2010 statement: extension to cluster randomised trials. BMJ. 2012;345:e5661.
4. CONSORT transparent reporting of trials. CONSORT 2010 guidelines, 2010. http://www. consort-statement.org. Assessed 18 Nov 2019.
5. Moher D, Hopewell S, Schulz K, Montori V, G□zsche P, Devereaux P, Elbourne D, Egger M, Altman D. CONonSORT 2010 explanation and elaboration: updated guidelines for reporting parallel group randomised trials. BMJ. 2010;340:c869.
6. International Conference on Harmonisation of Technical Requirements for Registration of Pharmaceuticals for Human Use. ICH Harmonised Tripartite Guideline: Structure and content of clinical study reports (E3), 1995. https://www.ema.europa.eu/en/ich-e3-structure-contentclinical-study-reports. Assessed 21 Dec 2019.
7. Alfaro V, Cullell-Young M, Tanovic A. Abbreviated clinical study reports with investigational medicinal products for human use: current guidelines and recommendations. Croat Med J. 2007;48:871-7.
8. U.S. Department of Health and Human Services, Food and Drug Administration, Center for Drug Evaluation and Research (CDER), Center for Biologics Evaluation and Research (CBER). Guidance for Industry: submission of abbreviated reports and synopses in support of marketing applications. Rockville, MD: Department of Health and Human Services, Food and Drug Administration, Center for Drug Evaluation and Research; 1999. https://www.fda.gov/media/71125/download. Assessed 22 Dec 2019.

9.　Bagatin E, Mior H. How to design and write a clinical research protocol in cosmetic dermatology. An Bras Dermatol. 2013;88(1):69-75.

10.　Colipa. Colipa Guidelines. Guidelines for the evaluation of the efficacy of cosmetic products, 2008. http://www.canipec.org.mx/woo/xtras/bibliotecavirtual/Colipa.pdf. Assessed 21 Dec 2019.

11.　University of Pennsylvania. Clinical research protocol, 2009. http://www.med.upenn.edu/ohrobjects/PM/2_ProtocolTemp_guidelines.doc. Assessed 22 Dec 2019.

12.　World Health Organization. Recommended format for a research protocol, 2009. https://www. who.int/ethics/review-committee/format-research-protocol/en/. Assessed 22 Dec 2019.

13.　International Committee of Medical Journal Editors. Uniform requirements for manuscripts submitted to biomedical journals: writing and editing for biomedical publication, 2008. http://www.icmje.org/recommendations/archives/2008_urm.pdf. Assessed 21 Dec 2019.

14.　Fathalla MF, Fathalla MMF. A practical guide for health researchers. WHO Regional Publications Eastern Mediterranean Series 30, Cairo, 2004. https://apps.who.int/iris/bitstream/handle/10665/119703/dsa237.pdf?sequence=1&isAllowed=y. Assessed 22 Dec 2019.

15.　Highleyman L. A guide to clinical trials. Part II: interpreting medical research. BETA. 2006;18(2):41-7.

16.　Altman DG, Schulz KF, Moher D, et al. The revised CONSORT statement for reporting randomized trials: explanation and elaboration. Ann Intern Med. 2001;134:663-94.

17.　Bossuyt P, Reitsma J, Bruns D, et al. Towards complete and accurate reporting of studies of diagnostic accuracy: the STARD initiative. Clin Chem. 2003;49(1):1-6.

18.　Word-Medex Pty Ltd. Word-Medex Guide. How to write good manuscripts, 2009. http://www. word-medex.com.au/formatting/manuscript.htm. Assessed 14 June 2009.

19.　Patrias K. Citing medicine: the NLM style guide for authors, editors, and publishers. 2nd ed. Bethesda: National Library of Medicine. Wendling DL (technical editor), [updated 2015]. http://werken.ubiobio.cl/html/downloads/Vancouver/Bookshelf_NBK7256.pdf. Assessed 22 Dec 2019.

第三部分
化妆品检测的典型应用

第13章 保湿剂和润肤剂

Razvigor Darlenski, Joachim W. Fluhr 著

> ⊚ **核心信息**
>
> - 皮肤水合作用的形成是一个复杂的多因素过程，其中包括来自天然来源的皮肤保湿成分以及外源性物质对皮肤的影响。
> - 要求提供保湿剂 / 润肤剂功效宣称的客观证据。
> - 有多种无创方法可用于评价皮肤含水量；然而，没有一种方法能够完全揭示保湿剂和皮肤之间的相互作用。
> - 多参数方法可用于评价保湿剂的功效。
> - 评价皮肤电生理特性（包括电容、电阻和阻抗）是证明保湿剂功效的最常用方法。
> - 在选择评价皮肤含水量的仪器时，应基于其技术基础、评价参数和研究目标进行合理选择。
> - 研究设计、人群、检测的解剖部位以及研究过程应与研究目的一致。
> - 控制受试者、仪器和环境相关变量是进行皮肤生理学研究的一个关键性问题。

13.1 简介

13.1.1 什么是保湿剂和润肤剂

保湿剂和润肤剂是最为常见的化妆品之一[1]。然而，"保湿剂"一词并没有一个明确的定义。广义而言，保湿剂是一种可增加皮肤含水量的产品，但其使用通常与营销行为有关，而非基于科学原理。润肤剂则是一种外用产品，具有软化和舒缓皮肤的作用。润肤剂与保湿剂（增加含水量并吸引水分至表皮层）以及封闭剂（减少皮肤表面水分的蒸发）被认为是保湿系列的三个重要组成部分。人们已经提出了理想保湿剂的主要特点[2]，包括：①有效性，提高角质层（SC）含水量并减少经皮水丢失（TEWL）；②润滑和软化皮肤（具备润肤剂的特性）；③促进脂质屏障的修复，增强皮肤的天然保湿机制；④产品外观可接受度高；⑤快速吸收，提供即时补水，确保持久效果；⑥针对敏感 / 易激 / 过敏性皮肤的特点：低过敏性、非致敏性、无芳香剂、非致粉刺性；⑦价格可接受。

13.1.2　皮肤水分的天然来源

皮肤表皮层是保护机体免受外部刺激影响的主要屏障，其中角质层扮演着 90% 的角色。它能够抵御物理（如机械、热、辐射）、化学（如表面活性剂、溶剂和外用抗生素）和环境因素的损伤。此外，表皮屏障还可以防止离子、水和血清蛋白等必要成分的流失。角质层及其结构和功能成分（如图 13.1 所示）负责维持皮肤的水分和水合平衡。多种机制维持表皮屏障的功能，从而有助于皮肤的水合状态：①角质层独特的"砖墙"结构，包括角化细胞和角化包膜（砖），以及相邻细胞间的双层脂质（灰浆）；②天然保湿因子 (natural moisturizing factors，NMF) 是一种由游离氨基酸（主要来源于丝聚蛋白的酶解）、盐类、尿素和其他分子组成的高吸湿性复合物；③内源性甘油，通过水通道蛋白 -3 途径衍生，或在毛囊皮脂腺单位合成；④表皮钙离子梯度；⑤由负责角质层完整性 / 黏附性和程序性更新的蛋白水解酶（激肽释放酶 -5 和 7) 活性调节的脱屑过程 [3]。图 13.2 展示了参与皮肤水合作用形成的内源性和外源性机制的示意图。

哺乳动物的皮肤暴露于相对干燥的周围环境中。这得益于表皮角质层的保水功能，使得皮肤保持柔韧性和弹性。然而，表皮中的水分分布并不均匀 [1]。在体共聚焦拉曼显微光谱（Raman microspectroscopy，RCM）研究显示，角质层中的含水量从皮肤表面的 15% ~ 25% 持续上升至角质层 / 颗粒层交界约 40%[4-5]，然后在活性表皮中急剧上升至约 70% 的稳定水平。图 13.3 展示了典型健康皮肤的在体共聚焦拉曼光谱检测表皮层水分分布的曲线。

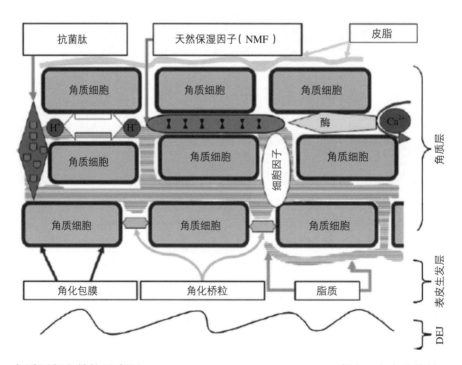

图 13.1　角质层复杂结构示意图。DEJ：dermo-epidermal junction，真皮 - 表皮连接处，Ca^{2+}：钙离子，H^+：氢离子

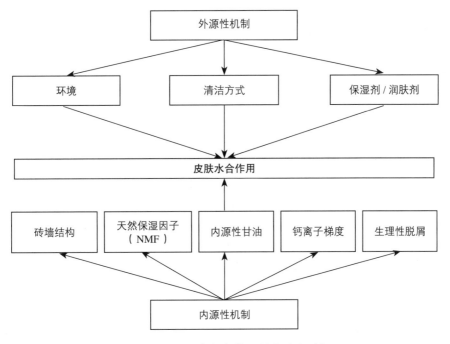

图 13.2 皮肤水合作用的复杂机制

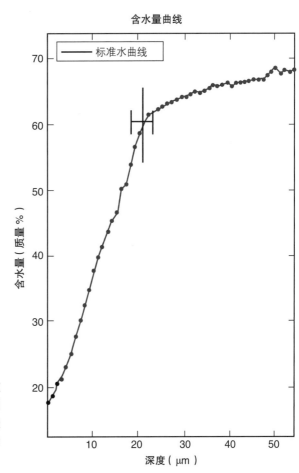

图 13.3 本研究采用在体共聚焦拉曼显微光谱技术，获取了代表表皮层水分布的典型曲线。在曲线的约 20 μm 处，有一条线段表示角质层和颗粒层的交界处，其误差范围为 ± 。该曲线是在前臂屈侧健康皮肤上获得

13.1.3 保湿化妆品的立法和市场

保湿剂在消费品市场中的份额巨大且竞争激烈[2]。这是一个不断发展的动态领域，对于化妆品成分以及商标和品牌都具有重要意义。

与美国某些产品一样，保湿剂通常被注册为化妆品和（或）非处方（OTC）药物，产品类别涵盖大众市场价值品牌、精品和高端奢华产品，甚至是宣称具有额外治疗效果的产品。至于"药妆"一词，在立法和监管程序维度迄今为止没有单独和明确的定义。

在最常推荐的 OTC 皮肤外用产品排名中，保湿剂位居第三，仅次于氢化可的松和抗菌药物[6]。在这种情况下，更严格的立法是有益的。因此，根据欧洲化妆品指令第六修正案，化妆品生产商或进口商需要提供功效宣称的证据[7]。

13.2 保湿剂和润肤剂无创生物物理检测方法

外用产品的功效验证方法有多种不同类型，包括临床评价和主观评价（由经过培训的观察者/研究者或受试者本人进行）、无创性生物物理检测（例如对皮肤电生理特性的评价和光谱方法），以及微创性操作（例如皮肤活检和微透析）。虽然后者对于评估组成员来说属于微创性，但临床评价却存在主观性，缺乏仪器评价的准确性。相反，皮肤生理检测具有无创、无痛、不适感小、不影响皮肤功能等优点。此外，它们还提供了客观检测确定参数的可能性，这些参数通常不能通过视觉评价计分以区分。

保湿剂的功效检测涉及多种技术的应用，包括以下方面：

- 电湿度测定：评价与皮肤表层含水量相关的皮肤电生理特性，如电容、电阻和阻抗等。
- TEWL 检测：检测经表皮的蒸发量。
- 皮肤形态的仪器评价：包括表面/纹理和脱屑的数字图像分析、硅胶复制品、轮廓检测法和鳞屑检测法等方法。
- 光谱和光学特性分析：分析皮肤的一些光谱和光学特性，如近红外和拉曼光谱、核磁共振、光学相干层析成像和共聚焦显微镜等技术。
- 机械/黏弹性特征评价：使用测力法、剪切波传导法等方法，检测皮肤对摩擦、扭转和吸力的反应，评价皮肤的机械/黏弹性特征。

13.2.1 最外层皮肤的电生理特性评价

皮肤电导和电容随着皮肤水合/保湿的增加而增加，但它们与皮肤含水量之间的关系不是线性的，因为其他因素的影响更加复杂，例如离子、蛋白质的偶联结构以及水分子与角蛋白结合的不同强度。此外，皮肤表面的毛发和化妆品残留物会影响检测结果。需要注意的是，皮肤作为一种生物介质的反应不像电导体那样可预测。最后，由于不同皮肤部位和仪器特性的差异，所有测电探头提供的信息都是关于皮肤深度含水量的综合结果。因此，不建议直接比较来自不同仪器和解剖检测部位的检测值。

目前最常用的测量仪器是基于检测电导、电容、电阻或阻抗作为角质层含水量的间接指标[8]。低频皮肤阻抗检测可反映活体表皮层的含水量，而高频电导则更加选择性地检测角质层含水量[9]。

有文献报道了采用五种仪器（基于电容的 Corneometer CM 820 和 CM 825、基于电导的 Skicon 200 和 DermaLab，以及基于阻抗的 Nova DPM）进行角质层含水量比较研究的结果[10]。研究发现，在干燥条件下，CM 820 及其后续产品比 Nova DPM、Skicon 200 和 Derma Lab 更为准确，而在皮肤水分充足的情况下，Skicon 200 更加敏感。Nova DPM、Skicon 200 和 CM 825 适用于动态检测角质层含水量，例如吸附 - 解吸测试和水分积累测试。这些仪器之间显示出高度显著的相关性。然而，在研究过程中不建议使用一种仪器替代另一种仪器，也不建议对不同仪器的数据进行简单比较。

一项利用微传感器和多细胞技术开发的创新工具——皮肤芯片（Skin Chip®），能够评价皮肤表面的电容反应，并提供角质层含水量的扩展图像[11]。该工具能够处理从传感器中获取的每个单元的皮肤电容数据，以获得所研究皮肤部位详细的"电容"图像。此外，还开发了基于皮肤电生理特性评价的创新仪器，如多频生物电阻抗检测仪。

13.2.2　经皮失水评价

参数 TEWL 反映了角质层防止活性表皮层中非受控的水分蒸发能力（即渗透屏障）。因此，低 TEWL 是完整的健康皮肤状态的特征。一般而言，TEWL 和角质层含水量（未受损健康皮肤）之间成比例关系。然而在许多情况下，这种比例关系并不成立，比如在应用表面活性剂后即刻出现过度水合状态，例如月桂基硫酸钠（SLS）（通常具有干燥作用）在特定解剖部位（手掌和足底皮肤）的检测，以及在表皮屏障受到严重损伤的皮肤区域进行的检测[12]。

皮肤表面应用封闭性物质（油类、凡士林）后，观察到 TEWL 的降低与角质层含水量的平行增加。皮肤表面涂抹保湿剂后，直接记录 TEWL 的升高（10 ~ 15 分钟）。该效果并非由于角质层含水量增加，而是反映化妆品本身所含水分的蒸发。此外，滋润皮肤导致角质层在分子水平上的容量增加，因而导致水分的蒸发受阻。因此，使用 TEWL 作为单一的直接参数来表征皮肤的水分时应谨慎。如果将 TEWL 检测与另一种无创方法相结合来评价角质层含水量，则被认为是更可靠和准确的方法[13-14]。

13.2.3　皮肤形态的仪器评价

皮肤表面粗糙度和鳞屑可通过几种无创技术检测。高质量数码摄影技术已被应用于皮肤表面特征的研究。使用滤光片可以只允许一个选定的波长光谱到达检测区域，有助于获取表面图像的光学特性。

在标准化条件（光线、曝光时间、相机角度和与皮肤表面的距离）下，可以通过扫描显微光密度测定法评价皮肤表面照相底片的阴影和亮点。这种技术在病变皮肤（如鱼鳞病和银屑病）中具有较高的准确度，但在健康受试者中，其辨别能力有限。

分析皮肤表面硅胶复制品是评价皮肤形态的另一种选择。可以使用触摸笔（机械轮廓检测法）进一步分析皮肤复制品，以跟踪表面微突起的变化；也可以使用自动聚焦激光束（激光轮廓检测）、复制品的横向照明以及半透明复制品的厚度检测等方法。轮廓检测的局限性包括复制品本身剥离皮肤表面的鳞屑、复制品材料的刺激性和敏感性以及读取结果的主观性。

通常，干燥皮肤状态下的皮肤表面鳞屑可通过角质层取样及其连续光谱、细胞学和定性/定量方法进行评价。胶带剥离对皮肤屏障的破坏受到不同变量的影响，例如压力、时间和解剖部位。为了获得可重复且可靠的数据，需要对剥离胶带法进行标准化。此方法仅限于对皮肤表面取样（即鳞屑）的分析，不能直接反映皮肤的水合状态。

13.2.4　皮肤的光谱和光学特性

多种光谱方法可用于研究皮肤含水量，包括红外光谱、光声光谱、太赫兹光谱、毫米波反射率和在体共聚焦拉曼光谱。然而，这些技术存在一定的局限性。例如，水分对红外辐射的强烈吸收（在傅里叶变换红外光谱中）会限制光的穿透深度，从而只能反映皮肤表层的含水量。此外，外源性应用的物质（如保湿成分）可能会干扰电磁辐射，影响预处理皮肤的光学特性。

在体共聚焦拉曼显微光谱是一种高分辨率（轴向分辨率达 2 μm）的光谱方法，可提供皮肤层含水量的精准信息。该技术的物理基础是分子的非弹性光散射，通过检测分子的化学结构获得不同的拉曼光谱，并根据拉曼条带强度计算水分与蛋白质的比率。此外，在体共聚焦拉曼显微光谱的高分辨率和特异性可用于半定量检测皮肤表层成分（如脂类、乳酸、尿素和尿酸等）和外源性物质（如二甲基亚砜、反式视黄醇和类胡萝卜素）[4]。

除了光谱方法，核磁共振、光学相干层析成像和超声 20 MHz B 扫描等实验方法也可用于评价皮肤含水量。然而，这些技术需要标准化，并与经典方法（如电生理学）进行比较，以便于实际应用。

13.2.5　皮肤机械/黏弹性性能评价

皮肤对内源性或外源性机械应力的反应取决于不同皮肤层和皮下组织的拉伸、流变学和生化特性。在体研究证实，表皮含水量与皮肤黏弹性之间存在相关性[15]。因此，皮肤黏弹性评价可作为皮肤含水量的间接指标。然而，尚未发现皮肤电容与力学参数具有显著相关性，因此应谨慎解读该技术的结果。

可以使用多种方法研究皮肤的体内机械特性，包括基于扭转应力、压痕、皮肤弹性检测技术、单轴拉伸和吸力等不同技术。然而，在使用皮肤机械特性的检测方法时，应谨记所获得的是间接参数。除含水量外，这些参数还反映相当复杂的皮肤特征，例如真皮胶原蛋白和弹性纤维的组织以及脱屑过程。因此，只有在已获得水和基础检测结果的基础上，才可以使用皮肤机械特性评价。

13.3 保湿剂检测的应用实践

13.3.1 研究方法的选择

选用合适的研究方法和技术是研究计划中的关键步骤。这取决于多种因素，包括研究目的、实验室所选仪器的可用性、仪器价格以及每次检测所需的时间。例如，在体共聚焦拉曼显微光谱可提供有关皮肤含水量（轴向分辨率为 2 μm）和局部保湿剂在皮肤中分布的最详细和复杂信息。但与此同时，每次检测的时间显然会超过使用经典方法（如电容检测）所需的时间。本章的前一部分对不同仪器进行了概述，以帮助研究人员根据其优缺点选择合适的仪器。

不同的技术可能会使选择过程变得繁琐和效率低下。此外，没有一种方法能够完全揭示保湿剂和皮肤之间的相互作用。因此，多参数方法可用于评价皮肤生理学[3]。通过这种方法，可以揭示保湿剂对皮肤不同维度的影响及其功能结果。

一个必须解决的重要问题是仪器在整个研究过程中的不可替代性。即使使用相同的检测原理，用不同仪器获得的数据也不能直接比较和（或）替代[10]。有些仪器需要内部校准，仅对指定的仪器有效，这会影响到同一品牌仪器之间的数据传输。

在开始新的研究之前，必须进行校准程序。如果研究涉及较长的时间跨度，则必须在研究期间按照仪器制造商提供的说明进行校准[16]。

13.3.2 研究设计

保湿化妆品的检测方法有多种。建议使用相同的载体（或基于相同乳液类型）的保湿剂作为对照品，独立于研究设计。由于凡士林和石蜡等成分会造成闭塞性，因此不适用于此目的。检测对照区域应不作处理，并在每个时间节点进行检测。这样，每个小组成员都可以作为他 / 她的对照组。

13.3.2.1 单次产品应用试验

短期研究将在 4 ~ 6 小时内对涂抹于皮肤表面的保湿剂进行生物物理检测，检测时间间隔不同。在基线（t=0）和特定时间节点（如每 30 分钟）进行仪器检测。方案的一个关键问题是在产品应用后至少 30 分钟进行第一次检测[17]。较早进行的检测可以检测保湿剂本身水分的蒸发。此外，封闭剂（如凡士林）的应用会导致皮肤表面应用后立即阻断经表皮蒸发。

单次应用检测具有更快、更廉价的优势，但与"现实生活"中使用保湿剂的情况相差甚远，因为它们受到化妆品残留物的物理性质的显著影响。

13.3.2.2 多次产品应用试验

相较于短期研究，具有多次产品应用的设计更加贴近日常场景，因为这些产品的使用时间更长（2 ~ 4 周），且每天使用次数通常为两次。基线检测（t=0）后，检测通常在设定的时间节点进行，例如每周。皮肤部位的评价应至少在最后一次使用产品后 8 ~ 12 小时进行。

尽管长期设计更具实际意义，但很难控制环境相关变量（如气候）对参与者的影响。因此，应纳入更多的受试者以减少影响因素的统计效应，但这会直接提高整个研究的成本。此外，采用多次产品应用试验会使不同保湿产品之间的功效区分变得困难。

13.3.2.3　回归试验

自推出以来，"经典"Kligman回归试验已经根据持续时间、受试者数量、受试产品数量以及检测部位进行了调整[18]。该模型中产品的连续（多次）应用之后是回归阶段，其目的是评价干燥皮肤状况的复发率。回归试验的前提条件是在患有皮肤干燥症的小组成员上进行。回归阶段的持续时间范围为6～21天，与应用（治疗）期持续时间直接相关。在此期间，需定期进行检测，并计算回归到皮肤含水量基线值（治疗前）的时间。采用较短的时间方案可降低研究成本。回归试验方案旨在检测保湿剂在维持干性皮肤（改善后）含水量维度的性能问题。

13.3.2.4　皮肤预刺激试验

常见的皮肤干燥症源于长期接触洗涤剂、水以及其他潜在的刺激性物质。因此，可以通过模拟上述条件来评价保湿剂的效果。预刺激皮肤的方法有多种，包括机械刺激（如胶带剥离）、洗涤剂诱发刺激（如十二烷基硫酸钠）的开放和封闭应用、角质层去脂质化（如丙酮）以及更实际的洗涤模型。读者可以参考本书中的特定章节或皮肤生理学研究中使用的标准化洗涤模型的最新综述[19]。

需要注意的是，在首次刺激后需要间隔一定时间（30分钟至12小时）使皮肤干燥，以避免闭塞效应误导记录检测结果（腔室效应）以及一些刺激物的初始"超水合"效应（例如十二烷基硫酸钠引起的角质细胞肿胀）。

当皮肤屏障破坏（导致皮肤刺激）时，可通过多种方式应用保湿剂（详见第13.3.2.3部分），并记录皮肤含水量的动态变化。使用此模型可以比较不同产品对干燥皮肤的修复能力，以及随时间推移其可维持该效果的时间。

备注

许多洗涤和清洁产品宣称能够保湿皮肤。然而，实际情况是，这些产品的单独使用或与水结合使用时，表面活性剂几乎无一例外地导致皮肤表面变得干燥。因此，这类产品不能作为广义上的保湿剂和润肤剂；相反，有些产品通常会对皮肤表面产生轻微的干燥效果。

13.3.3　研究人群
13.3.3.1　通用事项

有效的受试者招募是成功开展研究的主要条件。通常情况下，每个研究方案都会设定纳入和排除标准，以定义研究人群。因此，在试验设计阶段应考虑不同变量的影响。

为了检测保湿剂，需要招募背景一致的人群，例如皮肤干燥的受试者。然而，如果应用了预刺激皮肤试验等设计，则无须这种先决条件。

在研究开始之前，每位受试者都应收到有关研究性质和目的的书面详细信息，并应根据当地监管委员会批准的研究方案签署书面知情同意书。因此，必须将书面知情同意作为纳入标准之一。

必须排除某些特定人群，例如妊娠期和哺乳期妇女、儿童（＜18 岁）、被监禁和患有精神 / 神经系统疾病的受试者。此外，合并全身性疾病（糖尿病、肾功能不全、自身免疫、急性感染、结核和肿瘤）、临床相关皮肤病（皮肤干燥除外）以及使用某些系统性和局部用药（例如免疫调节剂、抗生素、糖皮质激素、维 A 酸类制剂、壬二酸、痤疮和脂溢性皮炎治疗药物）会改变皮肤的生物物理特性。先前报告的对产品成分任何类型的超敏反应都是相关的排除标准。一个受试者不能同时参与多项研究，这也应在纳入标准中说明。

13.3.3.2　受试者数量

确定受试者数量时，需要考虑统计学计算方法。在应用长周期设计时，需要更大的研究人群以减少外部变量的影响。更多的小组成员则有助于揭示群体或产品之间的非显著性差异。另外，受试者数量过多可能会影响研究进程，并增加研究成本。通常，需要至少 12 名受试者完成研究才能进行统计数据评价。

根据纳入 / 排除标准，超额招募（最初通过电话进行）可能有助于替代未到场、退出和不符合条件的受试者（5% ~ 10%）。

13.3.3.3　影响生物物理检测的个体相关变量

受试者相关变量（表 13.1）会对皮肤生理检测结果产生影响。例如，随着年龄的增长，老年人的皮肤含水量逐渐降低[17, 20]。虽然在种族 / 民族方面尚未明确发现已知、单向的差异，但是已有研究报道该因素会对结果产生影响。与此相比，性别对皮肤含水量则没有影响。为了设计出最佳的营销方案，应事先选择最能代表产品目标人群特征的受试者属性（例如种族、皮肤类型、性别和年龄范围）。如果无法使用这些属性，则筛选过程应基于上述描述的标准进行。

13.3.4　检测部位

皮肤含水量在个体不同部位是有差异的，这一点已得到充分证实[17, 21]。高含水量区域主要分布于汗腺密度较高的部位，如手掌和前额；而低含水量区域则包括腹部、小腿和四肢伸侧部位。

小腿和前臂屈侧是最常用的检测部位。这两个位置提供了双侧对比（即左右侧比较）和应用多种产品的可能性。在进行基线测量时，需要确保双侧皮肤含水量一致。在测试多种产品时，应遵循标准的随机化程序。同时，需要避免解剖学上的封闭区域（如肘窝）和腕关节，并确保检测部位边缘至少与这些部位保持 5 cm 的距离。选择难以触及或具有凹凸不平的解剖部位可能会影响检测过程。选择特殊的检测部位会为研究数据的外部验证和比较带来困难。

表 13.1 影响皮肤含水量检测的受试者和环境相关变量，皮肤含水量检测通过皮肤的电生理特性评价和经表皮失水（TEWL）检测进行

变量	参数	
	角质层含水量	TEWL
年龄	+	+
性别	—	—
种族 / 民族	±	±
色素沉着	+	+
解剖部位	+	+
皮肤温度	+	+
出汗	+	+
空气对流	+	+
环境温度	+	+
湿度	+	+
直射光	+	n.d
季节	+	+
昼夜节律	+	±

+：有影响，—：无影响，n.d：无数据，±：有争议数据。

在开始研究和首次检测前的至少 30 分钟内，必须轻柔修剪毛发（使用电动理发器或剪刀）。如果使用剃刀，必须在进入研究前 48 小时内完成修剪，因为毛发会阻碍检测探头与皮肤表面的接触。如果检测区域存在瘢痕，将无法得到正常的皮肤生理状态。

检测区域的大小取决于所选择的试验设计，检测多个产品需要更多的检测部位。为了确定检测区域的精确位置，可以使用皮肤标记和模板。通常情况下，检测区域的大小为 $6 \sim 12 \ cm^2$，不同的检测位点之间不允许重叠。

13.3.5 研究过程

13.3.5.1 专门小组成员

在进行研究前，每个小组成员都应该收到书面说明，详细介绍研究过程。这份资料应该用清晰的语言书写，避免使用专业的医学术语。其主要目的是为了提高受试者的依从性，因此说明书中的语言应该覆盖全面。此外，研究过程随时间变化的示意图概述有助于更好地可视化和理解每个产品应用和回访的时间节点。每次回访中也可以包含大致的计划时间。

13.3.5.2 洗脱期

受试者应该了解在研究执行期间的限制条件。通常情况下，在研究开始前应该遵循洗脱期。在此阶段，所有受试者的洗浴次数（最常见的限制是每天一次）和使用预先选定的清洁剂（由研究团队提供的温和香皂或对上市可用产品进行推荐）都应该标准化。整个研究的

洗脱期也应禁止使用可能改变皮肤水分的补水乳、乳液、面霜和其他化妆品。同样，任何外用药物的使用也应受到限制。如果全身无法避免使用外用产品，则应限制在检测区域以外使用。

酒精、咖啡因和一些血管活性药物会改变皮肤微循环，从而间接影响皮肤含水量的检测。因此，在检测当天禁止摄入这类物质。

另外，对于预刺激皮肤的检测要求，皮肤干燥是一个先决条件，这可以通过限制每日保湿剂的使用或采用激进的方式——通过模拟化学刺激物（丙酮、十二烷基硫酸钠）或机械刺激（胶带剥离）来实现。洗脱期的持续时间因具体研究设计而异，可以从 48 小时到 1 周不等。

13.3.5.3　影响检测和小组成员适应的环境相关变量

影响皮肤含水量的环境相关变量已在表 13.1 中进行了量化。因此，严格控制检测室的微环境对于皮肤生理学检测至关重要。为确保不干扰汗腺活动的检测结果，环境空气温度应低于 22℃。建议将室温控制在 18 ~ 22℃（20 ± 2℃）的范围内。

通过电容评价所得的皮肤含水量与环境空气相对湿度之间存在线性关系[17]。因此，在进行检测时必须控制空气湿度，将其控制在 50% ± 10% 的范围内。检测室内应该配备空气加湿器。

直接气流可能会干扰某些检测，例如 TEWL 评价[22]。因此，空调系统产生的气流应尽量远离检测区域。为了避免干扰，必须避免打开门窗以及在检测探头的方向上呼吸。一些学者建议使用屏蔽罩 / 屏蔽室来隔离检测区域的气流，特别是对于较陈旧的仪器型号。

应该尽量减少对检测部位的直接光照，无论是自然光源还是人工光源，因为这会改变皮肤表面温度并导致发热和引起出汗。此外，与研究人员手部的密切接触也可能导致小组成员的皮肤温度升高。因此，检测者最好使用隔离手套进行操作。但是，目前大多数可用的探头并不需要使用这种防护手套。

组员需要至少 20 分钟适应检测室的标准化条件。我们建议最佳适应期为 30 分钟，并推荐使用与检测室相连的全空调房间作为适应空间。在适应过程中，受试者应完全放松身体和精神情绪，检测的解剖部位应保持非覆盖状态（如衣服和首饰等），因为这可能导致局部封闭和机械刺激。研究仪器应该根据检测室条件进行平衡，并按照制造商的建议进行校准。

文献已证实，生物节律如季节性、日常性甚至昼夜性变化会影响皮肤生理[17]。因此，检测应该在同一天的同一时间进行。这一点应该在小组成员的说明中提及，并在研究设计阶段考虑。如果不是为了证明季节间的变化，研究应该在同一季节内完成。总体而言，皮肤含水量的检测应该避免在夏季（北半球的 7、8 月）进行，因为夏季的温度变化大，并且紫外线会对皮肤的免疫和生理产生影响。

13.3.5.4　产品应用

使用量的计算是基于检测区域表面积，范围为 1 ~ 3 mg/cm^2（或 μl/cm^2）。涂抹受试产品和保湿剂对照品的检测区域时，应使用佩戴手套的手指轻轻涂抹，以避免研究人员的皮脂、汗液分泌物或来自其他产品残留物的干扰。每次使用后，应更换新的手套以避免产品混合。另外，受试产品也可通过实验室玻璃或塑料棒涂抹，代替乳胶手套覆盖的手指。然而，后者成本更高，而且在处理操作棒时可能会给受试者带来不便。

在设计多个产品的使用方案时，研究人员应在办公室演示使用过程，以便向小组成员展示产品正确的使用方式。小组成员应在研究者面前重复该过程，以确保他们已准确理解产品的使用过程。

测试多个产品时，装有不同产品的容器应编码和标记，尽量减少标注的产品信息。标签应该包含研究编号、产品代码和小组成员编号或姓名首字母。一个指尖单位可能是一个适宜的剂量策略。同时，研究开始之前和在测试的任何时间节点都需要对容器进行称重。在标准的双盲方案下（对于研究者和受试者），不同的产品应随机分配至不同的检测区域，以避免由解剖部位或皮肤干燥程度引起的偏倚。

在多种产品应用试验中，最后一次使用产品应在检测前一晚进行（至少 12 小时），否则可能会检测到皮肤表面的化妆品残留物。如果研究方案允许 12 小时使用产品，则建议在检测前至少 2~3 小时使用温和、非酒精、非侵蚀性的清洁剂清洁皮肤。在每个检测位点和每个时间点，包括基线检测（$t=0$），都应进行此操作。即使皮肤含水量可能会发生变化，清洁操作本身也应该被考虑进去。

13.3.5.5　检测

每个检测区域的平均值应进行多次检测（至少 3 次），以消除离群值的影响。在进行多次检测时，每次检测之间必须至少延迟 5 秒，以避免探头的封闭效应。另一种方法是在相邻但不重叠的区域连续进行检测。建议在两次检测之间清洗探头。虽然大多数仪器都有内置的弹簧结构来控制皮肤表面的压力，但探头仍应保持恒定的压力，并且必须垂直于皮肤表面。

如果使用多个仪器进行检测，则应按照检测程序的顺序进行，以减少对下一个检测程序的影响。目前，对于检测顺序并没有统一的共识。但实际可行的方法是先进行探头与皮肤表面接触时间最短的检测。此外，根据创伤性进行排序也是有用的，一般从创伤性较小的开始。例如，在进行微创技术（如胶带剥离）之前，必须先进行电生理学方法的检测（无创）。

13.3.5.6　数据管理与分析

数据的处理和分析与数据的采集同等重要。为了保证数据的可靠性，所有数据必须按照研究方案进行管理。数据管理应包括将检测结果记录于临床研究表格中的电子数据库或硬盘拷贝（或两者兼有）。建议记录微环境状态，如温度和湿度。为确保数据安全，研究团队成员和第三方不得随意访问数据；因此，数据应保存在内部服务器中，禁止通过互联网访问数据库。

对数据进行统计分析需要使用 SAS、SPSS 和 Prism 等软件。选择正确的统计方法对解释数据至关重要。在数据评估和研究设计阶段，应咨询有经验的统计学专家。需要注意的是，大多数方法都是基于皮肤含水量的间接参数进行记录。因此，直接根据角质层含水量变化来解释检测结果可能不准确。更好的方法是通过比较分析受试产品或将产品效果与保湿剂对照品进行比较。

13.4　结语

　　人体皮肤是一个复杂、动态的生物系统。目前还没有一种单一的无创方法能够全面描述皮肤的水合特性及外用物质对其的影响。因此，采用多参数方法更有利于解释皮肤保湿。此外，将生物物理方法与临床（经过专业培训的观察者）评价相结合，可能是评价保湿剂最复杂和现实的方法。详细的研究设计和对不同受试者、仪器和环境相关变量的控制是进行成功皮肤生理学研究的必要条件。表 13.2 总结了皮肤含水量检测的建议。

表 13.2　皮肤含水量检测建议

相关变量	变量	建议
专门小组成员（受试者）	年龄	18～60 岁
	性别	不要求性别匹配
	受试者人数	12～30 人
检测区域	解剖部位	小腿和（或）前臂屈侧（避免弯曲区域）
	检测区域面积	6～12 cm^2（不覆盖检测区域）
	剪发/剃毛	30 分钟/48 小时
环境	室温	18～22 ℃
	环境空气相对湿度	40%～60%
	适应时间	20～30 分钟
	昼夜节律	相同的日间和季节进行检测；避免在夏季检测
	其他	避免空气直接对流和阳光直射
产品	产品用量	1～3 mg/cm^2（或 μl/cm^2）
	施用技术	戴手套的手指或玻璃/塑料棒涂抹
	对照组	保湿剂对照品；未经处理的检测部位（空白对照）
	随机化	将产品双盲分配至检测区域
	编码和标签	研究编号、受试者编号（姓名首字母）、产品编号
研究设计	常规	始终执行基线（$t=0$）检测
	单次产品应用设计研究的持续时间	4～6 小时
	单次产品应用设计中检测间的时间间隔	30 分钟至 1 小时
	多次产品应用设计中治疗阶段的持续时间	2～4 周
	回归试验中回归的持续时间	6～21 天
	预刺激皮肤检测	从刺激过程开始 30 分钟至 12 小时

（续表）

相关变量	变量	建议
检测	连续检测的次数	3～10 次
	探头应用于皮肤表面	垂直
	避免检测探头的封闭效应	检测间隔为 5 秒；或检测相邻但不重叠的区域
	探头清洗	每次检测后
	多种仪器进行检测	从创伤性小、耗时少的开始
	最后一个产品应用的间隔	至少 12 小时
	皮肤清洁间隔时间	2～4 小时

参考文献

1. Rawlings AV. Molecular basis for stratum corneum maturation and moisturization. Br J Dermatol. 2014;171(Suppl 3):19-28.
2. Lynde CW. Moisturizers: what they are and how they work. Skin Therapy Lett. 2001;6:3-5.
3. Darlenski R, Sassning S, Tsankov N, et al. Non-invasive in vivo methods for investigation of the skin barrier physical properties. Eur J Pharm Biopharm. 2009;72:295-303.
4. Darlenski R, Fluhr JW. In vivo Raman confocal spectroscopy in the investigation of the skin barrier. Curr Probl Dermatol. 2016;49:71-9.
5. Warner RR, Myers MC, Taylor DA. Electron probe analysis of human skin: determination of the water concentration profile. J Invest Dermatol. 1988;90:218-24.
6. Vogel CA, Balkrishnan R, Fleischer AB, et al. Over-the-counter topical skin products a common component of skin disease management. Cutis. 2004;74:55-67.
7. Council Directive, 1993. In: Nr 93/35/CEE. EU.
8. Tagami H. Electrical measurement of the hydration state of the skin surface in vivo. Br J Dermatol. 2014;171(Suppl 3):29-33.
9. Obata M, Tagami H. Electrical determination of water content and concentration profile in a simulation model of in vivo stratum corneum. J Invest Dermatol. 1989;92:854-9.
10. Fluhr J, Gloor M, Lazzerini S, et al. Comparative study of five instruments measuring stratum corneumhydration (Corneometer CM 820 and CM 825, Skicon 200, Nova DPM 9003, DermaLab). Part II. In vivo. Skin Res Technol. 1999;5:171-8.
11. Uhoda E, Leveque JL, Pierard GE. Silicon image sensor technology for in vivo detection of surfactant-induced corneocyte swelling and drying. Dermatology. 2005;210:184-8.
12. Fluhr JW, Darlenski R, Angelova-Fischer I, et al. Skin irritation and sensitization: mechanisms and new approaches for risk assessment. 1. Skin irritation. Skin Pharmacol Physiol. 2008;21:124-35.
13. Snatchfold J, Targett D. Exploratory study to evaluate two clinical methods for assessing moisturizing effect on skin barrier repair. Skin Res Technol. 2019;25:251-7.
14. Voegeli R, Rawlings AV, Seroul P, et al. A novel continuous colour mapping approach for visualization of facial skin hydration and transepidermal water loss for four ethnic groups. Int J Cosmet Sci. 2015;37:595-605.
15. Dobrev H. Use of Cutometer to assess epidermal hydration. Skin Res Technol. 2000;6:239-44.
16. Heinrich U, Koop U, Leneveu-Duchemin MC, et al. Multicentre comparison of skin hydration in terms of physical-, physiological- and product-dependent parameters by the capacitive method (Corneometer CM 825). Int J Cosmet Sci. 2003;25:45-53.
17. Berardesca E, Loden M, Serup J, et al. The revised EEMCO guidance for the in vivo measurement of water in the skin. Skin Res Technol. 2018;24:351-8.
18. Kligman A. Regression method for assessing the efficacy of moisturizers. Cosmet Toilet. 1978;93:27-35.
19. Fluhr JW, Ennen J. Standardized washing models: facts and requirements. Skin Res Technol. 2004;10:141-3.
20. Darlenski R, Fluhr JW. Influence of skin type, race, sex, and anatomic location on epidermal barrier function. Clin Dermatol. 2012;30:269-73.
21. Kleesz P, Darlenski R, Fluhr JW. Full-body skin mapping for six biophysical parameters: baseline values at 16 anatomical sites in 125 human subjects. Skin Pharmacol Physiol. 2012;25:25-33.
22. Pinnagoda J, Tupker RA, Agner T, et al. Guidelines for transepidermal water loss (TEWL) measurement. A report from the Standardization Group of the European Society of Contact Dermatitis. Contact Dermatitis. 1990;22:164-78.

第 14 章　抗衰老和抗皱产品

Razvigor Darlenski, Theresa Callaghan, Joachim W. Fluhr　著

> ◎ 核心信息
> - 内源性（时序性）和外源性老化表现出典型的宏观、组织学和功能特征。
> - 表征老化皮肤不同参数的相应改善可用于证明抗衰老和抗皱化妆品的功效。
> - 有不同的方法可研究抗衰老产品的功效，例如临床评价和客观评价的无创方法和有创操作。
> - 多参数方法可用于评价抗衰老产品的功效。
> - 针对抗衰老化妆品功效验证的研究方案和设计缺乏统一的共识。

14.1　简介

老年人口正在不断增长，这不仅限于发达国家，在 21 世纪上半叶，发展中国家也将面临同样的挑战[1]。全球人口老龄化的趋势由多种复杂因素造成，其中包括医疗保健和生活条件的改善、生育率和婴儿死亡率的下降以及传染病得到有效治疗等。

皮肤衰老是指皮肤在形态、生化和生物物理上的不可逆变化，与整个机体的衰老同步进行。相对于其他器官和系统，皮肤衰老不仅取决于个体的遗传因素（内源性老化 / 时序性老化），还受到外部因素的影响，如紫外线辐射、吸烟和生活方式等（外源性老化、光老化）。表 14.1 总结了衰老皮肤的主要临床、微观（显微镜）和功能特征。

验证抗衰老产品的功效、探究衰老和年龄相关疾病的紧密关联机制以及衰老的社会经济因素和后果，一直是该领域的主要研究方向。当前已有大量的抗衰老药物和治疗手段推向市场。其中，化妆品的功效宣称验证是非常重要的组成部分。因此，验证这类产品（特别是抗衰老和抗皱产品）的功效是受到多重限制的过程，不仅出于营销目的，还涉及法律法规要求。

表 14.1 内源性老化和外源性老化皮肤的临床、组织学和功能特征

	内源性老化	外源性老化
临床表现	细皱纹 皮肤薄而透明 基础脂肪减少,紧实度明显下降 皮肤松弛和下垂 干燥症 良性肿瘤,如脂溢性角化病和樱桃状血管瘤	深皱纹 不规则和不均匀的色素沉着(雀斑、雀斑样痣、特发性点状色素减少症) 弹性下降和明显的松弛 干燥症 血管病变(毛细血管扩张、老年性紫癜、静脉湖) 肿瘤性病变,如日光性角化病、粉刺样病变(Favre-Racouchot 综合征)、非黑素瘤皮肤癌、恶性雀斑样痣
组织学特征	表皮层 角质层没有变化 表皮厚度和角质形成细胞形状的离散 / 缺失化 黑素细胞和朗格汉斯细胞减少 真皮 - 表皮连接处扁平的网状嵴	表皮层 角质层致密性增加 颗粒层厚度增加 表皮厚度减少 表皮黏性蛋白含量减少 基底角质形成细胞中的黑素小体数量增加 细胞和细胞核的形状及大小不规则 真皮 - 表皮连接处扁平的网状嵴
	真皮层 伴结缔组织改变的萎缩 成纤维细胞和肥大细胞减少 真皮血管数量减少,毛细血管袢缩短 皮肤的神经末梢和神经感受器减少	真皮层 乳头层有明显的边界带(grenz zone) 结缔组织均质化 胶原蛋白减少和降解(胶原蛋白 Ⅰ 、Ⅲ 和Ⅶ 型) 异常弹性物质沉积 基质金属蛋白酶增加 糖胺聚糖含量减少 血管扩张,毛细血管弯曲度增加
功能变化特征	正常的基底表皮屏障功能 急性屏障紊乱后恢复延迟 角质层含水量减少 皮肤表面 pH 值升高(不适用于所有解剖部位) 皮肤微血管的血管舒张反应降低 弹性和延展性降低,但不耐受性增加	正常的基底表皮屏障功能 与内源性衰老皮肤相比,屏障功能没有差异 光暴露下角质层含水量减少与受保护皮肤的角质层水合能力受损(与内源性衰老皮肤相比) 皮肤表面 pH 值升高(不适用于所有解剖部位) 皮肤光泽度降低(与光保护区域相比) LDV 值升高,与乳头下血管丛增加相对应 皮肤弹性下降,以光损伤部位为主

14.2 抗衰老产品评价方法

不同方法已被应用于抗衰老产品的功效检测，包括临床评价、视觉评价以及生物物理参数的功能评价，如皮肤表面参数、经表皮失水（TEWL）、角质层含水量和皮肤机械性能。

14.2.1 临床评价

大量的临床评分量表与皮肤衰老的视觉参数相关。其中，对于光老化皮肤使用最广泛的评分系统之一是 Glogau 评分（表 14.2）[2]。该评分根据皱纹程度进行判定。皮肤老化程度的视觉评分降低是评价抗皱产品功效的一项参数。为了确保评价的客观性，应由接受相同培训的观察者在治疗前和研究的每个时间节点进行评价。但需要注意的是，临床主观评价缺乏客观方法的准确性。

表 14.2 光老化皮肤 Glogau 评分 [2]

分级	皮肤特征	年龄段（岁）
轻度	皱纹少，无日光性角化症	28 ~ 35
中度	早期皱纹，肤色暗沉，伴有早期日光性角化症	35 ~ 50
重度	皮肤持续性皱纹、肤色暗沉，伴有毛细血管扩张和日光性角化症	50 ~ 65
极重度	严重的皱纹、光老化、皮肤松弛和下垂、日光性角化症伴或不伴皮肤癌	60 ~ 70

14.2.2 无创生物物理方法

14.2.2.1 皮肤表面形貌的仪器评价

皮肤表面的粗糙度和鳞屑可以通过几种无创技术来检测。其中，高质量的数码摄影技术已被广泛应用于研究皮肤表面特征。使用偏振光或交叉偏振光可以减少皮肤表面的反射，从而有助于更好地观察细纹、皱纹以及血管和色素沉着成分。此外，视频显微镜也是一种非接触方法，可用于量化显示皮肤微形貌的变化 [3]。

Visioscan（德国科隆 Courage & Khazaka electronic）是一款高分辨率 UVA 光摄像机，可直接研究皮肤表面。该摄像机专门针对活体皮肤的表面评价（SELS® 参数）进行开发。这些图像非常直观且清晰，能够显示皮肤的结构和干燥程度。此外，该摄像机还可用于评价色斑、局部皮损和毛发。

条纹投影法是一种用于获得皮肤表面三维轮廓的方法。PRIMOS 和 DermaTOP[3-6] 是市场上常见的仪器，可用于评价皱纹深度和宽度。皮肤表面轮廓检测是一种评价皮肤形态的方法。然而，直接检测皱纹深度与通过检测复制品获得的深度存在差异 [7]。角质层表面检测（corneosurfometry）和角质层粘贴技术（D-squames）的使用在评价皮肤表面三维轮廓和粗糙度时非常有用且标准化。在体共聚焦显微镜可无创显示衰老皮肤的深层特征。然而，需要进行验证研究才能将该方法作为评价皮肤老化的常规方法。

Visioline® VL 650（德国科隆 Courage & Khazaka electronic）是一种评价皮肤复制品的仪器，可视化更深的线条和宏观皱纹，如"鱼尾纹"。该仪器使用 Silflo®（一种白色、无光泽的有机硅材料）制成的皮肤复制品，并通过 35° 角的倾斜照明（置于朝向光源的主褶皱方向为 90° 的单元中）来显示代表皮肤皱纹的复制品中的"起伏"阴影。

另一种评价皮肤表面形貌（表面三维轮廓）的方法是 Skin-Visiometer® SV 700 USB（德国科隆 Courage & Khazaka electronic）。该技术应用原理是使用一种非常薄的特殊蓝色染色硅胶复制品的光透射。

14.2.2.2　TEWL 评价表皮屏障功能

TEWL 值是评价皮肤渗透性屏障功能的常用指标，被广泛认为是可靠的参数。尽管老年受试者中皮肤渗透性屏障的急性损伤恢复速度较慢，但他们的 TEWL 值与年轻受试者相似，甚至更低[8]。在一组老年受试者和年轻受试者中，口周区域、颈部和前臂的基线 TEWL 值较低；相反，老年组的鼻唇沟、上眼睑、前额、下颌和鼻部的 TEWL 值较高。此外，与内源性衰老皮肤相比，光老化皮肤的 TEWL 值并无显著差异[9]。

14.2.2.3　电生理学方法评价角质层含水量

老化皮肤由于天然保湿因子数量的减少，其角质层含水量和水合能力均降低。此外，经过阳光暴晒的皮肤区域通常比未暴晒的皮肤更加干燥。因此，角质层含水量的测量可用于评价抗衰老化妆品的效果。有多种方法可用于测量角质层含水量，包括微波、热、光谱（如核磁共振光谱、红外和拉曼光谱）。然而，最常用的方法是通过检测电导、电容或阻抗来间接测量角质层含水量。欧莱雅公司生产的 Skin Chip® 微型传感器和多细胞技术能够提供在体皮肤的详细表面电容映射，以扩展图像形式提供角质层含水量的数据。使用传感器单元采集的皮肤电容数据，可以生成受试皮肤部位详细的"电容"图[4]。MoistureMap MM 100 是一款使用电容传感器的仪器，可提供关于皮肤表面含水量分布和皮肤微观形貌的图形信息。MoistureMap 所显示的并非绝对水分数据，而是皮肤表面含水量分布的指示。

新开发的技术如在体共聚焦显微拉曼光谱（RCM）可以 2 μm 的高轴向分辨率提供关于皮肤层含水量的精确信息。RCM 的高轴向分辨率和特异性可进一步用于半定量检测皮肤成分，例如脂质、乳酸、尿素、尿酸和尿刊酸，以及作为表皮深度参数的外源性物质（如二甲基亚砜、视黄醇和类胡萝卜素）[10]。

14.2.2.4　皮肤色素沉着与肤色

可视化技术包括高分辨率数码摄影和视频显微镜分析，这些技术被广泛用于研究衰老皮肤中色素沉着的变化。紫外线反射摄影和在体共聚焦显微镜可用于观察皮肤表面以下的色素沉着区域。

针对衰老皮肤色素沉着的定量分析，已成功应用多种皮肤结构反射光的三刺激反射比色分析技术，例如日本大阪的 ChromaMeter-Minolta，以及丹麦的 Dermaspectrometer-Cortex

Technology 和德国的 Mexameter MX 18-Courage & Khazaka electronic。同时，发色团映射检测技术如英国的 SIAscopy™-Astron Clinica 和美国新泽西州费尔菲尔德的 Canfield Imaging Systems 的 RBX™，也被成功应用于衰老皮肤色素沉着的定量分析。

最终，需要一种系统来检测特定紫外线暴露区域色素沉着的均匀性或斑点状色素沉着的程度。

14.2.2.5　皮肤表面酸碱度（pH）

老年人的皮肤缓冲能力下降与皮肤表面 pH 值增加相关[11]。在基础条件下，老年组 8 个不同面部皮肤部位和前臂皮肤的 pH 值均高于年轻组。其中，额部、上眼睑、颈部、前臂和足踝观察到显著的统计学差异。

目前有多种方法可以评价皮肤表面 pH 值。平板玻璃电极检测仍是最常用的方法，因为其简单、快速且可重复。任何搭配平板玻璃电极的商品化 pH 计量仪器都可用于检测皮肤表面的 pH 值。然而，表皮层是一种半疏水组织，而非液体组织。因此，进行 pH 测定的条件不能满足 pH 评价的规定要求（即标准温度、液体介质）。

14.2.2.6　皮肤微循环评价

据报道，老年人的毛细血管壁密度明显下降[12]，而血管长度增加。这些变化与激光多普勒测速仪测量到的数值升高相一致，并且与真皮乳头下的血管丛增加相对应。对皮肤微循环动态特征的研究表明，年龄较大的受试者皮肤微血管血管舒张反应性下降[13]。

14.2.2.7　光度法评价皮肤表面脂质

随着年龄的增长，皮肤表面的脂质含量会逐渐下降。要对皮肤表面的皮脂量进行无创评价，可采用基于溶剂萃取、烟纸垫、光度评价、膨润土和脂质敏感性胶带等几种方法之一。通过这些技术，可以评价不同的定量参数，包括皮脂动态水平、皮脂排泄率、皮脂更新时间、瞬时皮脂排出量、毛囊排泄率、皮脂储存库密度以及皮脂持续排泄率。其中，最广泛使用的一种技术是光度测定法（例如 Sebumeter SM 815 Courage & Khazaka electronic，德国科隆），因为它具有重现性高、简单易操作等优点。需要注意的是，在标准化去除表面脂质（如使用酒精）后，皮脂排泄率必须至少在两个不同的时间节点进行评价[14]。

14.2.2.8　皮肤机械性能评价

随着年龄的增长，皮肤的机械性能发生变化，这种变化与皮肤结缔组织的变化密切相关。为了研究皮肤的在体机械性能，可以采用扭转应力法、压痕法、弹性测定法、单轴拉伸法和负压吸引法等不同的方法。在皮肤学和化妆品研究中，常用的仪器包括基于吸力室的 Dermaflex、Dermalab（Cortex Technology，丹麦海松）和 Cutometer（Courage & Khazaka electronic，德国科隆），以及基于扭矩的扭矩计（Dia-Stron Ltd.，英国安多弗）和基于剪切波传递法的 Reviscometer RVM 600（Courage & Khazaka electronic，德国科隆）[8, 14]。

14.2.3　有创性操作

许多有创性的皮肤操作已被应用于研究衰老以及验证外用药物、化妆品和其他产品的功效。皮肤活检可通过组织学和免疫组化方法来评价衰老的特征，例如胶原蛋白和弹性蛋白的退行性变、糖胺聚糖的减少以及抑癌基因（如 $p53$）的表达[5]。此外，还可通过电子显微镜检查皮肤活检样本，例如利用压力检测记录屏障内稳态改变的形态学基础。尽管有创性操作非常精确，但其耗时长且成本高、收益低，并且还会涉及伦理问题，给研究对象带来不便。

14.3　抗衰老产品方案设计

目前尚无被广泛接受的关于抗衰老产品功效检测的指南。一项研究提出了化妆品研究方案的一个示例内容和格式[15]。图 14.1 所示为研究计划概要示意图。

14.3.1　研究人群

需要对研究人群进行预选并明确定义，如制订纳入和排除标准、禁忌和限制条件、研究退出和剔除等问题（详见本书第 8 章）。由于抗衰老产品的检测目标是改善衰老皮肤的不同参数，因此研究人群应包括具有典型皮肤衰老特征的受试者。研究组应同质化，即衰老阶段/分级相近。开展一项充分的研究并未要求特定的受试者人数，更大的研究人群有助于验证研究结果。受试者人数不能少于 12 人，否则可能影响统计数据的分析。基于纳入/排除标准，由于至少 5%～10% 的受试者未能到场、脱落或不符合纳入标准，应考虑超额招募（最初通过电话进行）。

14.3.2　研究时长

研究中受试者数量相同，但持续时间却不一。考虑到衰老皮肤的机制和组织学特征，需要延长产品的使用时间。大多数研究涵盖 30～60 天的产品应用期。然而，持续时间范围从 15 天至 1 年不等（例如外用维 A 酸制剂）。如果要揭示衰老症状真正的逆转，应选择较长的研究周期。

进入研究前，受试者需要有一个洗脱期。在此期间必须避免在检测部位使用任何护肤品、紫外线防护产品和外用药物。此外，个人卫生流程也应标准化，包括每天沐浴次数（最常见的限制是每天一次）和使用预选的清洁剂（例如研究团队提供的温和肥皂）。洗脱期的持续时间不同，但通常认为 1 周洗脱期足以排除对研究准备的干扰和对方案的影响。

14.3.3　检测部位

解剖部位的选择取决于具体的研究目的。若针对内源性衰老的皮肤进行产品检测，则应选择常见的光保护皮肤区域，如屈侧上臂、屈侧前臂、臀部和大腿。若检测针对光老化皮

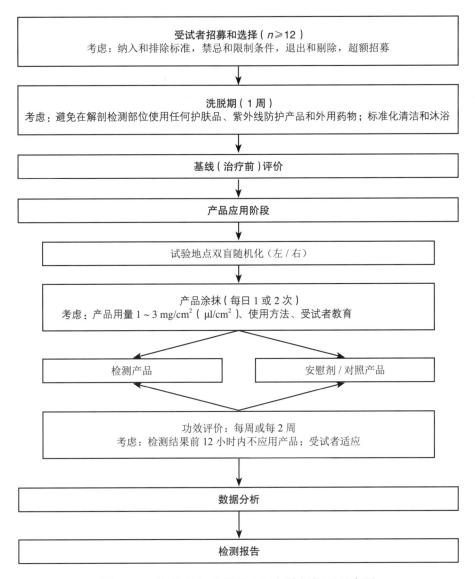

图 14.1 抗衰老产品的典型研究计划概要示意图

肤的产品，则面部或手臂伸侧是合适的检测部位。在面部抗皱产品的检测中，鱼尾纹是最常选择的解剖部位之一。

14.3.4 产品应用

同一包装容器中装有检测产品和对照品时，应尽可能少地标注产品信息编码。标签应包含研究编号、产品代码以及受试者编号或姓氏缩写。应用剂量应根据检测区域表面计算，范围为 $1 \sim 3$ mg/cm^2（或 $1 \sim 3$ μl/cm^2）。为避免研究人员的皮脂和汗液对结果产生干扰，应用佩戴手套的手指将受试品和阳性对照品（或溶媒对照品）轻轻涂抹至检测区域。产品的使用频率建议根据研究设计确定（例如每天 1 次或 2 次）。

　　按照标准化的方式，在一侧面部（或一处鱼尾纹）使用受试产品，而对侧（对照）部位则不做处理或同时应用安慰剂（溶媒）/阳性对照产品。在使用该产品前，应对检测部位进行随机化处理（左/右）。

　　最后一次应用产品应在检测前至少 12 小时，以避免皮肤表面残留化妆品的风险。如果研究方案允许 12 小时内使用产品，则在检测前至少 2~3 小时使用温和、非酒精、非侵入性的清洁剂清洁皮肤可能会有所帮助。该步骤应在每个检测部位和每个时间节点执行，包括基线检测（$t=0$）。

14.3.5　功效评价

　　根据选定的终点，可以通过临床评价、视觉方法和生物物理检测来评价功效。在进行基线检测（$t=0$）后，需要在预定的时间节点进行检测，例如每周、每隔 1 周或每月 1 次。对于每个检测部位，应该进行多次检测（至少 3 次），并计算平均值以消除离群值。在使用多个仪器时，应该按照其对后续检测影响最小化的方式来选择检测顺序。例如，如果我们的研究方案需要同时测定角质层含水量和皮肤表面 pH 值，则应该在最后进行 pH 值测定，因为用于 pH 值测定的液体介质（如水）可能会改变角质层含水量。此外，按照操作的创伤性进行分级也很有用，应从创伤性较小的开始。不同的受试者、环境和仪器相关变量会影响检测结果。由于该部分的详细描述已经在本书的其他章节中介绍，故此处不展开描述。

14.3.6　数据管理与分析

　　用于统计分析的变量为检测区域的皮肤衰老表征（或研究的客观参数变化），相对于对照区（溶媒、对照品或未处理）的相对减少。计算描述性统计数据，包括平均值、中位数、标准差、最小值、最大值和 95% 可信区间。在研究的计划阶段和数据分析过程中，建议咨询经验丰富的统计学专家。

14.4　结语

　　所有在欧盟境内生产和销售的化妆品都必须经过功效宣称的验证。强制性的功效测试不仅是基于立法原因，还为了证明某种产品相对于其他产品的优势。获得功效证据的途径有临床评价、非侵入性方法和侵入性操作流程。在选择适当的检测方法时，应考虑研究目标，特别是研究的目的和终点。

参考文献

1. Krämer U, Schikowski T. Recent demographic changes and consequences for dermatology. In: Gilchrest BA, Krutmann J, editors. Skin aging. Berlin: Springer; 2006.
2. Glogau RG. Aesthetic and anatomic analysis of the aging skin. Semin Cutan Med Surg. 1996;15:134-8.
3. Callaghan TM, Wilhelm KP. A review of ageing and an examination of clinical methods in the assessment of ageing skin. Part 2:

clinical perspectives and clinical methods in the evaluation of ageing skin. Int J Cosmet Sci. 2008;30:323-32.

4. Berardesca E, Loden M, Serup J, et al. The revised EEMCO guidance for the in vivo measurement of water in the skin. Skin Res Technol. 2018;24:351-8.

5. Bonte F, Girard D, Archambault JC, et al. Skin changes during ageing. Subcell Biochem. 2019;91:249-80.

6. Darlenski R, Sassning S, Tsankov N, et al. Non-invasive in vivo methods for investigation of the skin barrier physical properties. Eur J Pharm Biopharm. 2009;72:295-303.

7. Akazaki S, Nakagawa H, Kazama H, et al. Age-related changes in skin wrinkles assessed by a novel three-dimensional morphometric analysis. Br J Dermatol. 2002;147:689-95.

8. Bielfeldt S, Springmann G, Seise M, et al. An updated review of clinical methods in the assessment of ageing skin—New perspectives and evaluation for claims support. Int J Cosmet Sci. 2018;40:348-55.

9. Kikuchi-Numagami K, Suetake T, Yanai M, et al. Functional and morphological studies of photodamaged skin on the hands of middle-aged Japanese golfers. Eur J Dermatol. 2000;10:277-81.

10. Darlenski R, Fluhr JW. In vivo Raman confocal spectroscopy in the investigation of the skin barrier. Curr Probl Dermatol. 2016;49:71-9.

11. Zouboulis CC, Elewa R, Ottaviani M, et al. Age influences the skin reaction pattern to mechanical stress and its repair level through skin care products. Mech Ageing Dev. 2018;170:98-105.

12. Li L, Mac-Mary S, Marsaut D, et al. Age-related changes in skin topography and microcirculation. Arch Dermatol Res. 2006;297:412-6.

13. Andersson SE, Edvinsson ML, Edvinsson L. Cutaneous vascular reactivity is reduced in aging and in heart failure: association with inflammation. Clin Sci (Lond). 2003;105:699-707.

14. Hameed A, Akhtar N, Khan HMS, et al. Skin sebum and skin elasticity: major influencing factors for facial pores. J Cosmet Dermatol. 2019;18:1968-74.

15. Salter D. Non-invasive cosmetic efficacy testing in human volunteers: some general principles. Skin Res Technol. 1996;2:59-63.

第 15 章 痤疮样皮肤治疗产品

Hristo Dobrev 著

> **⊙ 核心信息**
>
> - 油性皮肤的化妆品功效检测应遵循药物临床试验质量管理规范。
> - 在任何情况下，对人体进行随机对照试验都是金标准。
> - 研究目标（研究终点）包括受试产品的功效宣称是否可靠。
> - 受试者必须是预期用户群体的代表。
> - 受试产品必须与最终上市产品相同。
> - 自我和专家主观评价以及仪器皮肤生物工程技术是证明产品功效宣称的首选方法。
> - 有效的治疗与生活质量的显著改善相关联。

15.1 简介

油性、痤疮样（易长痤疮）皮肤在青春期和成年期都非常普遍。这是由于在雄激素影响下，皮脂分泌增加，毛囊角化异常，皮肤微生物（如痤疮丙酸杆菌）增殖以及炎症反应所致。这种皮肤看起来油腻而有光泽、粗糙、毛孔粗大，更容易出现粉刺、丘疹和脓疱[1-2]。大多数人对这种皮肤感到不适，而且是一个严重的美容问题。因此，控制油腻、痤疮样皮肤变得非常重要。

目前，许多化妆品宣称可以使皮脂合成正常化、去除多余油脂、缩小毛孔并改善皮损。用于清洁和护理皮肤的外用配方也层出不穷。根据《欧盟化妆品统一指令》第 7a.1 条，制造商或其代理人应持有关于"根据效果或产品性质，验证化妆品宣称功效"的信息[3]。根据《药物临床试验质量管理规范》（GCP）的规定，人类受试者进行功效检测试验是获得功效验证的首选方式[4]。

因此，本章旨在概述不洁净、油性和痤疮样皮肤化妆品功效检测的原则。

15.2　检测设计

15.2.1　研究背景

在进行化妆品研究前，应当对作为研究基础的问题进行详细审查。研究人员必须仔细回顾所有可用的既往数据，并明确研究的性质和原理。参考文献也对讨论检测结果有帮助[5]。

15.2.2　研究目标

通常情况下，研究目标与受试产品的功效宣称相同[5]。对于油性皮肤，化妆品的目标是清洁和保养皮肤。因此，化妆品的功效宣称通常包括清洁、调节光泽、恢复油性皮肤平衡、清洁毛孔、去除多余油脂和有害微生物，以及净化、减少瑕疵并改善粉刺倾向皮肤的整体健康状况。抗痤疮、抗粉刺和抗菌（抗炎）作用则被认为是药理作用。

化妆品检测通常具有一个主要的研究目标，一般包括产品的主要功效宣称和一些次要的研究目标。这些研究目标可以定量或定性，也可以直接或间接（为假设的功效宣称提供间接证据）。

为了综合评价研究终点，可以使用有序的总体评价量表、痤疮型皮损计数和相关的皮肤参数测量仪器评价，从而综合评价油性、痤疮样皮肤的严重程度[6]。

15.2.3　材料与方法

15.2.3.1　试验产品

根据研究性质，试验产品包括受试产品（活性产品，用于改善油性皮肤）、非阳性对照产品（安慰剂）和（或）阳性对照产品（对照品）。受试产品必须与待上市的最终产品相同。非阳性对照产品（安慰剂）是比较的首选方法。如果无法采用该方法，可以使用已上市的中性产品。此外，也可以将受试产品与具有相同功效宣称的其他阳性对照产品进行比较。所有受试产品必须具有相似的物理特性（黏度、颜色和香味）[5]。

受试产品必须根据《化妆品良好生产规范》（GCPC）进行生产、处理和储存，并按照批准的方案使用[5, 7]。研究人员应简要说明受试产品的名称、制造商、成分、配方、数量和使用方式，并描述产品管理方法，例如包装、批号、有效期、接收、储存条件、配送和退货，以及产品盲法（标签、代码）和将受试者分配至治疗组（随机代码、患者标识符）（如适用）。

试验完成后，研究人员和（或）申请方应在适当条件下将受试产品和对照产品的样品保存至少 6 个月[8]。

15.2.3.2　研究对象

重要性声明：研究对象的真实性对于准确评价受试产品的效果至关重要，因此其应能代表产品预期用户的性别、年龄和皮肤状态。研究人群通常包括健康的不洁净皮肤、痤疮样

（易发痤疮）和油性皮肤受试者，偶尔也包括轻、中度痤疮患者。需要考虑以下信息 [5,9]：

- 受试者的数量和人口统计数据，如年龄、性别和种族。
- 受试者的招募方式。所有招募方式和材料（包括新闻和网络广告、致受试者的信件和电子邮件、皮肤科门诊访客）都应该经过独立审查委员会（IRB）的审查和批准。
- 纳入标准。对受试者的年龄、皮肤类型、痤疮型皮损及其严重程度，以及确定预先洗脱期的持续时间等有具体要求。通常，受试者可通过特定问卷、临床检查和无创仪器检测进行皮肤类型的初步判定。
- 排除标准。可能包括重度痤疮、玫瑰痤疮、妊娠期、哺乳期、已知对受试产品成分过敏和系统性疾病。
- 早期退出标准。如果存在任何预先确定的将受试者从研究中剔除的原因，则应予以确认。
- 检测前的限制。通常与允许和禁止在检测部位使用特定局部产品的皮肤护理方案有关。
- 受试者培训。如果已经对研究对象进行了任何初步培训，则应注明。

15.2.3.3　研究设计

化妆品检测的研究设计必须具备科学合理性，以确保达成研究目标。在此过程中，需特别考虑以下几点 [1,5-6,8]：

- 使用对照或比较组（包括非对照或对照研究、单一或比较研究）。比较可在个体内进行（例如半侧检测），也可在个体间进行。此外，阳性治疗区可与未治疗或非阳性（溶媒或安慰剂）/阳性（对照产品）治疗区进行比较。
- 采用盲法（包括开放标签或单/双盲研究）。
- 检测组别的分配方法（包括非随机或随机研究）。

尽管无安慰剂对照和治疗前后比较的开放性研究最容易执行，但其设计不够严谨。因此，随机对照试验被视为化妆品检测的金标准设计，并应在适用时使用。化妆品检测设计的另一个维度是研究持续时间 [9]。可通过短期或长期研究来评价化妆品功效。产品单次应用的短期检测对环境变化不太敏感，而多次使用产品的长期检测更现实，反映日常生活状态，并允许受试者进行主观评价。研究表明，单次应用检测通常可预测长期应用的数据结果。在选择短期或长期化妆品检测之间，需考虑要研究的产品功效宣称。例如，油腻皮肤清洁效果的功效宣称可在单次应用检测产品后进行评价，而油腻皮肤护理的功效宣称需要在使用研究产品更长时间（通常为 8~12 周）后进行评价。对于痤疮治疗研究，建议至少持续 12 周以及治疗后随访，以验证功效并评价停药后复发情况 [6]。

化妆品检测可在单个（单中心研究）或多个（多中心研究）检测实验室进行。

15.2.3.4　研究方法

化妆品检测方案的设计需要明确评价参数（检测变量）、评价方法和使用的仪器。评价参数应与油性、痤疮样皮肤的特征及所研究产品的预期效果相关。除了产品功效标准外，还可评价产品的耐受性和不良反应。一般而言，评价方法可分为两类[5,8]：

- **主观检测**：基于受试者自我感觉或经过培训的评价小组通过视觉、触觉和嗅觉等主观感受，对皮肤外观和产品性能进行评价。主观评价提供的信息主要关于观察到或感知到的参数，其结果较为主观。
- **仪器检测**：在将产品应用于受试者后，按照规定的方案、使用方法和仪器进行检测，可精确检测特定的皮肤结构和功能参数。检测由受过教育和培训的操作人员在受控实验室条件下进行。检测和检测参数应与产品及功效宣称相关，这一点非常重要。无创生物物理方法的引入为皮肤化妆品的客观定量评价提供了切实的进展。这些技术还可作为独立检测来验证最终产品。

近年来，生活质量问卷（quality-of-life questionnaire，QoL）被用于评价产品对受试者生活质量的影响。

油性皮肤的评价

皮脂腺功能和油性面部皮肤的评价可采用多种方法，包括主观与客观、定量与定性、静态与动态、形态与功能、直接与间接、简便与繁琐的方法[10-13]。

主观评价

在额部、鼻部、下颌和面颊部位，皮肤通常会出现油性问题。对于这些区域的油性评价，通常是基于视觉和触觉上对皮肤光泽度、毛孔和毛囊角栓的判断。这些评价可通过临床检查和自我评价的方式来完成，同时也需要专家的评价[8,13]。

用户自我评价提供了关于皮肤油性程度的初步信息，以及治疗后皮肤油性严重程度的改善情况，还包括对化妆品的特性、耐受性和功效的评价。受试者可以使用 4 分量表（无、轻度、中度或重度）或 0~10 分的视觉模拟量表（0 分：正常皮肤；10 分：非常严重油性皮肤）来评价其皮肤油性程度。

通过受试者的主观评价，可以了解其对化妆品特性和功效的感知。具体的问卷和评分系统通常采用数字或评分量表进行自我评价。评价可通过盲法测试的方式，即不向消费者提供任何产品信息，也可以是结合消费者和研究人员之间沟通要素的概念测试[8]。

研究者评价提供了关于皮肤油性的初始程度和产品功效的信息。评价应在研究完成前后至少进行两次。一般而言，使用 5 分量表（正常皮肤、轻度、易看到、明显、广泛油性）并确定平均评分的变化。受试者和研究者还可用 4 分量表对产品功效进行评定（0~3 分：无变化、效果很好或有显著改善）[6,14]。

仪器评价

本书介绍的无创生物物理方法和仪器能够精确检测与皮脂腺功能相关的参数。由于额部是最常用的检测部位，因此我们对面部皮肤进行检测。通常会测定如下变量 [10-13, 15-16]：

- **皮脂临时水平测定**（sebum casual level，SCL）。该变量代表皮肤表面自发形成的脂质层。SCL 被认为是每个正常成年人的恒定值，是皮肤油脂的估计值。据报道，皮脂分泌正常的受试者去除皮肤表面皮脂后，该临时水平恢复所需时间约为 4 小时。因此，皮脂膜在非受控地从皮肤表面去除后至少 4 小时后检测 SCL。在此期间，皮肤应保持不动。SCL 值表示为每单位皮肤表面积的皮脂（脂类）量。

- **皮脂分泌率**（sebum excretion rate，SER）。该变量指在规定的时间段内，特定皮肤面积内分泌的皮脂量，单位为 $\mu g/(cm^2 \cdot h)$。SER 通常在额部初步皮肤脱脂后 1 小时内测定。SER 被认为与皮脂腺导管外部已分泌和储存皮脂池的输送相关，即 SER 是皮脂分泌率而非皮脂分泌的一种检测方法。SER 被用作腺体腺活动的指标和量化。

- **与皮脂腺活动相关的变量**包括数量、孔径、面积、密度、分布和活动水平。

- **皮肤光泽度**。该变量是皮肤油腻的间接指标。

  最常用的方法和仪器是 [10-13]：

- **光度测定技术**。这些技术的基本原理是利用不透明玻璃（例如脂量仪，法国欧莱雅；尚未商业化）或塑料薄膜（例如皮脂仪，皮肤水分含量检测仪，德国科隆；www.courage-khazaka.com），其表面被皮脂覆盖时变得透明。利用这些技术（SCL 和 SER）可根据皮肤检测区域是否初步脱脂来确定。收集时间为 30 秒，皮脂量以 $\mu g/cm^2$ 表示。据称，这些技术可收集角质层上的所有皮脂，包括毛囊储层和毛囊间皮肤表面。

- **吸脂胶布**。这种胶布是一种特殊的白色微孔胶布，可吸收毛囊开口处的皮脂，并在黑色背景下形成透明斑点，斑点的数量和大小代表活跃的皮脂腺（用于识别皮脂缺乏和皮脂丰富的毛囊），其覆盖的面积与收集的体积成比例。该技术被认为具有指示意义，即胶布只吸收漏斗上部的皮脂。胶布可通过视觉评分或图像分析进行评价，可分析多个参数（例如斑点覆盖的百分比面积、以 cm^2 为单位的皮脂面积、斑点的数量）。根据使用的吸收胶布，皮肤可能会脱脂（例如皮脂贴片胶布，CuDerm，美国达拉斯；www.cuderm.com）或非脱脂（例如皮脂贴片 F16，Courage+Khazaka，德国科隆；www.courage-khazaka.com），收集时间可能在 30 秒（皮脂贴片 F16）到 1 小时（皮脂贴片胶布）。

- **图像分析技术**。使用常规的视频显微镜和（或）在紫外线照明下工作的摄像机（Visioscan VC98，Courage+Khazaka，德国科隆；www.courage-khazaka.com），可直接检查、记录和分析油性皮肤表面和毛囊开口。Visioscan 还可用于皮脂贴片的图像分析。

- **皮肤光泽度测定**。通过使用无创、简便的生物工程仪器，检测皮肤光泽度已成为可能。首个仪器方法（皮肤光泽度测定仪 GL200，Courage+Khazaka，德国科隆；www.courage-khazaka.com）检测皮肤表面的直接反射部分（与光泽度有关）和散射 LED 白光的部分。皮肤光泽度由两个参数表示，即皮肤光泽度值和皮肤光泽漫散射校正值。第二个仪器方法（皮肤光泽度计，Delfin technologies Ltd.，芬兰库奥皮奥；www.delfintech.com）检测皮肤表面的镜面反射红光（由内置 635 nm 红色半导体二极管激光器产生）。用光电探测器检测光泽度值，然后计算反射光束的总强度。

- **紫外线红色荧光**。可用来间接评价皮肤的油性。研究证实，正常皮肤和油性、痤疮皮肤患者的皮脂临时水平与红色荧光呈正相关[17-19]。

生活质量评价

过度油性皮肤是一种常见的美容问题，患者通常对此十分关注。近年来，开发了两种专门用于评价油性皮肤不良心理和社会影响的工具。其中，油性皮肤自我形象问卷（Oily Skin Self-Image Questionnaire，OSSIQ）包含 18 个简明条目，旨在评价油性皮肤状态的感知、行为和情绪反应，并评价护肤治疗对油性皮肤的影响[20]。另一个工具是油性皮肤影响量表（Oily Skin Impact Scale，OSIS），由 Arbuckle 等开发，用于评价油性皮肤对心理健康的影响[21]。其中一位作者还开发了油性皮肤自我评价量表（Oily Skin Self-Assessment Scale，OSSAS）。该量表包含 26 个条目，可用于评价油性皮肤的严重程度。OSSIQ 和 OSIS 工具均可用于监测美容护肤治疗的效果。

痤疮皮损的评价

痤疮是一种常见的皮肤病，其皮损类型可分为以下几种[6, 22]：

- 非炎症性皮损：包括开放和闭合性粉刺，以及非炎症性结节（有时称为囊肿）。
- 炎症性皮损：包括丘疹、脓疱、炎症性结节和囊肿（直径 > 5 mm）。
- 继发性皮损：包括表皮剥脱（鳞屑）、红斑和色素沉着以及瘢痕。

针对不同类型的痤疮皮损，化妆品应用的效果也有所不同，因此建议分别进行评价[23]。

面部是痤疮发生的主要部位，也是最常用的评价部位。为了提高计数的可靠性，建议将面部分成几个区域进行评价，例如整个额部（或额部右侧和左侧）、右面颊和左面颊、下颌、鼻部和附近区域（或鼻部和下颌）以及颈上部，每个区域都要分开检测。此外，痤疮皮损还可能发生于非面部区域，例如胸部、背部和肩部，这些区域也应该检测。在功效研究中，如果特定区域在基线时没有计数（或评分为 0 分），则在后续的评价中不应将该区域计入统计[24]。

主观评价

痤疮皮损的主观评价基于视觉和触觉评价，可以通过临床检查进行自我评价和研究者（医生）评价[8]。受试者的自我评价提供了关于痤疮皮损的初始程度、治疗后严重程度改善以及产品美容性能、耐受性和功效的信息。受试者可以使用不同的量表来评价痤疮的程度，包括 4 分量表（无、轻度、中度和重度）、5 分量表（无、极轻微、轻度、中度和重度）或 0 ~ 10 分的视觉模拟量表（0 表示无痤疮，10 表示非常严重的痤疮）[24]。

产品功效的主观评价是指根据受试者所能观察或感受到的参数，应用检测评价受试者对产品美容性能和功效的感知。通过特定的问卷和评价体系，使用数字或评分量表进行自我评价。受试者可基于 Likert 六分量表对痤疮的整体改善进行评分，包括以下类别：更差、没有改善、略有改善、中度改善、明显改善和完全清除 [8]。

研究者（医生）评价也可提供关于痤疮皮损的初始程度（基线痤疮严重程度）和应用产品功效（痤疮严重程度从基线变化）的信息。评价应在研究完成前后进行至少两次，但通常评价频率更高（通常间隔 2 周）。研究的持续时间通常为 8 或 12 周。

研究痤疮严重程度的评价通常基于对痤疮整体的定性评价（例如目测或照片），临床实践常选用皮损计数 [6, 14, 22, 25-37]。表 15.1 总结了目前可用于痤疮分级的方法。尽管存在多种痤疮分级系统，但尚未有公认的标准化分级系统。

最简单的痤疮分级方法是基于皮肤主要的皮损类型，而不考虑其数量。因此，可将痤

表 15.1　用于评价痤疮的疾病特异性工具

定性方法（整体评价）	
视觉评分	面部痤疮量表（Allen 和 Smith，1982 年）
	美国皮肤病学会（AAD）的痤疮整体严重程度评分（Pochi 等，1991 年）
	痤疮分级体系（Harrison-Atlas 等，1996 年）
	整体痤疮区域定量评价（Lucky 和 Beth，1996 年）
	ECLA（痤疮皮损分级或痤疮皮损评分量表）（Dreno 等，1997 年）
	痤疮综合分级量表（global acne grading scale，GAGS）（Doshi 等，1997 年）
	整合痤疮严重程度分级（Lehmann 等，2002 年）
	研究者整体评估（investigator global assessment，IGA）（皮肤科和眼科药物咨询委员会简报，FDA，2002 年 11 月）
	痤疮简单分级（改善痤疮预后全球联盟共识文件，2005 年）
	痤疮综合严重程度量表（comprehensive acne severity scale，CASS）（Tan 等，2007 年）
	ECCA（痤疮瘢痕临床评分量表）分级量表（Dreno 等，2007 年），用于痤疮瘢痕
	痤疮瘢痕严重程度量表（Scale forAcneScarSeverity，SCAR-S）（Tan 等，2010 年），用于痤疮瘢痕
	痤疮后色素沉着指数（postacne hyperpigmentation index，PAHPI）（Savory 等，2014 年），用于炎症后色素沉着
	人工智能用于痤疮研究者整体评估的客观评价（Melina 等，2018 年）
照片评分	基于照片的痤疮分级方法（Cook，1979 年）
	Leeds 痤疮分级量表（Burke 和 Cunliffe，1984 年）
	Leeds 痤疮分级量表（修订版）（O'Brien 等，1998 年）
	痤疮临床评价的新摄影技术（Rizova 和 Kligman，2001 年）
	痤疮综合严重程度量表（Global Acne Severity Scale，GEA 量表）（Dreno 和 GEA 组，2011 年）
定量方法（皮损计数）	
	半脸分级（Plewig 和 Kligman，1974 年）
	Michaelson 痤疮严重程度评分（Michaelsson 等，1977 年）

疮分级如下 [38]：1 级：仅存在粉刺；2 级：除粉刺外，还有炎症性丘疹；3 级：除上述任何一种外，还有脓疱；4 级：除上述任何一种外，还有结节、囊肿、聚集性皮损或溃疡。

目前，最常用于痤疮分级的方法是 Leeds 痤疮分级量表和整合痤疮严重程度分级。Leeds 痤疮分级量表是一种定性数字分级体系，已被广泛采用 [28, 31-32]。该量表基于对 435 例不同严重程度痤疮患者的大规模研究，包括 16 个面部、8 个胸部和 8 个背部严重程度类别。痤疮在不同部位进行分级，包括面部（包括颈部）、胸部和背部，因为这些部位的痤疮严重程度和治疗反应通常不同。研究者通过目测和触诊炎症皮损来发现结节或囊肿，然后将其与一组具有不同严重程度痤疮患者的标准照片进行比较以确定分级。原始版本的分级从 0 至 10（重度结节性痤疮），而修订版本的分级变化至 12（极重度痤疮）。此外，0 ~ 2 级以 0.25 个增量进行细分，而 2 ~ 10 级以 0.50 个增量进行细分。

另一种常用的痤疮分级方法是整合痤疮严重程度分级 [35, 39]。该方法采用皮损计数整合特定严重程度的整体评价，包括三类：轻度痤疮、中度痤疮和重度痤疮。轻度痤疮指少量粉刺、少于 15 个炎症皮损或皮损总数少于 30 个；中度痤疮指 20 ~ 100 个粉刺、15 ~ 50 个炎症皮损或皮损总数 30 ~ 125 个；重度痤疮指囊肿超过 5 个、粉刺超过 100 个、炎症皮损超过 50 个或皮损总数超过 125 个。研究者根据整体严重程度评价的变化和痤疮皮损计数（分别为炎症和非炎症皮损计数以及皮损总数）相对于基线的减少来评价产品功效。受试者对治疗的反应可以按照 4 分量表（0 分 = 无效至 3 分 = 非常有效）或 5 分量表（0 分 = 无效至 4 分 = 显著改善）进行评价 [23]。

身体整体改善评分也可在末次随访时确定。例如，受试者可被判断为完全改善（90% ~ 99% 清除）、显著改善（75% ~ 89% 清除）、中度改善（50% ~ 74% 清除）、轻度改善（25% ~ 49% 清除）或无变化（0 ~ 24% 清除）[40]。

近期，FDA 推荐在功效研究中使用研究者整体评估（Investigator Global Assessment，IGA）分级量表。该量表包括 5 个严重程度分级（0 ~ 4 级），每个分级都通过独特的、有临床意义的形态学描述来定义，以最大限度地减少观察者间的差异（表 15.2）。对于功效评价，可使用以下两个标准之一来定义成功：①作为"清除"（0 级）或"几乎清除"（1 级），或者②与预设的主要时间节点的基线评分相比，评分改善了两个等级。此外，必须分别获得非炎症性和炎症性痤疮皮损计数。FDA 建议使用基线和评价时间节点的照片记录来验证每个受试者的改善 [6]。

表 15.2　寻常痤疮研究者整体评估量表

分级	描述
0	皮肤干净，无炎症或非炎症性皮损
1	几乎干净；罕见的非炎症性皮损，不超过 1 个小的炎症性皮损
2	轻度；≥1 级，部分非炎症性皮损伴少量炎症性皮损（仅有丘疹 / 脓疱，无结节性皮损）
3	中度；≥2 级，可见大量非炎症性病皮损，可有一些炎症性皮损，但不超过 1 个小结节性皮损
4	重度；≥3 级，主要为非炎症性和炎症性皮损，但只有数个结节性皮损

　　在评价痤疮后遗症时，可采用特定工具进行评价。例如，可以使用痤疮后色素沉着指数（PAHPI）、ECCA 分级量表、痤疮瘢痕严重程度量表（SCAR-S）和临床痤疮相关瘢痕自我评价量表（SCARS）[41-45]。

　　尽管采用分级量表对痤疮进行评价被认为反映了临床对严重程度的感知，但是在评价者之间存在较低的重现性。因此，最新的评价痤疮严重程度的进展是应用人工智能（AI）技术在图像上进行评价。通过在研究者整体评估（IGA）0 ~ 4 数值范围内自动评价痤疮严重程度，AI 能够直接对痤疮患者进行分级，准确度高，无须人工干预，也不需要计算皮损数量[46]。

仪器评价

　　除了检测皮脂排泄量以外，还有其他方法可以评价易患痤疮的皮肤，例如偏振光摄影[14, 47]、数字荧光摄影[48-50]、视频显微镜[25, 51]和紫外线照明[52]。此外，多光谱成像、多模态数字成像、三维成像和计算机自动分类算法也被用于分析原发性和继发性痤疮皮损[14, 26]。

　　偏振光摄影可以增强炎症性痤疮皮损的可视化效果，有助于将其与非炎症性皮损区分，并可以准确评价疾病的程度和治疗效果。

　　对于痤疮患者，面部紫外线照片中的橙红色荧光是由痤疮丙酸杆菌在毛囊皮脂腺单位中产生的卟啉所致。商业化仪器 Visiopor PP34（Courage+Khazaka，德国科隆；www.courage-khazaka.com）可用来显示皮肤中的微粉刺和粉刺。该仪器使用特定的紫外线来展示荧光橙红色斑点。研究表明，卟啉荧光的图像分析与灌洗培养物中痤疮丙酸杆菌的密度降低密切相关[48]。橙红色荧光与非炎症性痤疮（粉刺）和高皮脂含量的相关性高于炎症性痤疮（脓疱）和低皮脂含量的相关性。

　　最近，Youn 等[50]使用 UVA 诱导的面部数字荧光成像系统和图像分析方法发现，粉刺红色荧光区域与皮脂分泌的相关性比与痤疮丙酸杆菌的相关性更强。这一发现表明，红色荧光受到皮脂的影响，而非仅是痤疮丙酸杆菌的影响。

　　Uhoda 等[52]使用内置紫外线光源的 Visioscan 摄像机（C+K Electronic，德国科隆）和图像分析软件来检测毛囊角栓和产品的粉刺溶解作用。最近，一种新的相机（VISIA-CR，Canfield Scientific，Parsippany，美国新泽西州）已经问世，可用于检测荧光和痤疮炎症。该相机使用特定的光谱滤光片，可分离原卟啉 IX（PpIX）和原卟啉 III（Cp III）荧光信号。据认为，痤疮丙酸杆菌产生 Cp III 的橙绿色荧光（570 ~ 630 nm）。此外，使用 RBX 转换可从交叉偏振图像中分离出血红蛋白（红色）和黑素（棕色）的吸收信号，从而可以检测到炎症性痤疮皮损。结果表明，Cp III 荧光斑点与研究者的粉刺性皮损计数显著相关，而检测到的痤疮皮损特异性炎症与研究者的丘疹脓疱性皮损计数显著相关[53]。

生活质量评价

　　油性皮肤因痤疮而对受试者的生活质量有显著影响，可以通过受试者在治疗前后填写的具体问卷来评价[35, 54]。

第一组包括专用的皮肤科生活质量量表，如皮肤病生活质量指数（Dermatology Life Quality Index，DLQI）、儿童皮肤病生活质量指数（Children's Dermatology Life Quality Index，CDLQI）和 Skindex-29。

第二组包括痤疮特异性生活质量量表，如痤疮伤残指数（Acne Disability Index，ADI）、卡的夫痤疮伤残指数（Cardiff Acne Disability Index，CADI）、痤疮特异性生活质量问卷（Acne-Specific QoL Questionnaire，Acne-QoL）、4 项精简版痤疮生活质量量表（4-item condensed version of the Acne-QoL，Acne-Q4）[55]、9 项痤疮生活质量量表（9-item Acne QoL scale，AQLS）[56]、痤疮心理和社会影响评估（Assessment of the Psychological and Social Effects of Acne，APSEA）[35]和面部痤疮瘢痕生活质量量表（facial acne scar quality of life，FASQoL）[43]。

近年来，新的工具被开发用于评价痤疮对患者生活质量的影响。这些工具包括患者报告的面部痤疮结果检测：痤疮症状和影响量表（Acne Symptom and Impact Scale，ASIS）及面部和躯干痤疮的综合生活质量指标（Comprehensive Quality-of-Life Measure for Facial and Torso Acne，CompAQ）[57-58]。

评价痤疮对生活质量的影响可以让我们从患者的视角来理解疾病。除了传统的仅评价治疗安全性和有效性的方法，越来越多的新药根据其对生活质量的影响进行评价。尽管痤疮严重程度与生活质量之间缺乏强相关性，但一些研究表明，有效的痤疮治疗可以改善生活质量[54]。

产品接受度评价

产品的接受度与其物理性质（如稳定性、颜色和香味）以及化妆品属性（如覆盖性、渗透性和黏附性）密切相关。在化妆品研究结束后，我们使用专门的问卷对受试者进行主观评价，以衡量其对产品的满意度。这些问卷可以采用 4 分制（0 分表示无，3 分表示非常好）或 5 分制（0 分表示无，4 分表示优秀）进行评分。

另外，我们也可以采用李克特量表或视觉模拟量表来评价受试者对产品属性的满意度。这些量表采用 5 分制（非常满意、满意、既非满意也非不满意、不满意、非常不满意）或 6 分制（极度满意、非常满意、基本满意、不满意、非常不满意、极度不满意），或者使用 0 ~ 10 的视觉模拟量表（0 表示不满意，10 表示非常满意）。

最后，受试者对产品的整体认可程度会直接影响其是否购买该产品。近年来，一些新的技术被引入，以提高消费品主观评价的可靠性。其中，客观情绪评价（objective emotional assessment，OEA）技术是一种基于心理生理反应和参数评价的技术，已被证明非常适用于确定消费者的情绪反应[59]。我们使用 Courage+Khazaka 公司的 SR100 传感器（Courage+Khazaka，德国科隆；www.courage-khazaka.com）来确定产品的感官特性，并结合使用产品后皮肤的客观检测。

不良反应评价

通常情况下，只有在已经有充分证据表明受试产品不会引起局部或全身不良反应时，才能进行功效检测。然而，由于人群对于药物的敏感性存在广泛差异，有时候也可能会观察到不良反应和副作用。如果发生这种情况，应当记录并作为产品安全性评价的补充信息[9]。

针对局部刺激（如红斑、鳞屑、瘙痒和灼热）的特征，可以通过视觉和临床检查进行评价。受试者可使用 10 mm 视觉模拟量表（从 0= 无到 10= 非常明显）进行自我评分，而研究者则可使用 4 分量表（无、轻度、中度和重度）进行评分。

15.2.3.5　研究方案

研究方案应描述以下几点[8-9]：

- 检测流程表（时间表），即研究期间所有检测程序的顺序和持续时间。
- 每次访视时需要完成的检测程序，包括检查和检测。
- 产品应用：①使用量（通常为 1 mg/cm²）；②使用频率（通常每天 1 ~ 2 次）；③产品使用时间，通常是早晨和（或）夜晚；④应用区域（检测部位），最好使用标准模板来识别和标记应用位点；⑤产品应用方式。
- 环境条件（通常为 22 ~ 24 ℃和 50% ~ 60% 相对湿度）。必须始终关注室内温度和相对湿度。
- 预处理。应该尊重与受试者相关的生理条件，包括至少 15 分钟适应室温、休息、放松、室温舒适度、不出汗等。
- 允许使用预定和附带的护肤品 / 药物（使用限制）。通常要求受试者在研究期间仅使用常规皮肤清洁产品。此外，应告知受试者在研究当天不要使用任何化妆品，并且在检测后 3 小时内不要清洗。
- 预处理（如有必要，明确并列出时间顺序）。
- 受试者依从性监测。

15.2.3.6　研究伦理

本研究必须遵循《赫尔辛基宣言》中的伦理原则，包括获得受试者书面知情同意书并进行签署，同时需获得独立伦理委员会（IEC）或机构审查委员会（IRB）的批准。通过遵守道德标准和 ICH 药物临床试验质量规范指南，可以为公众提供保障，确保受试者的权利、安全和福祉得到保护，同时确保临床试验数据的可信性[5]。

15.2.3.7　统计分析

化妆品检测数据的管理需遵循统计分析的通用规则。研究者应该认真考虑以下几个要点：样本量（建议不少于 20 个组）、变量分析、随机化和盲法观察、对照组、结果表述、数据处理、统计检验以及使用计算机软件[5-6, 8-9]。

15.3　结语

　　油脂过度分泌、痤疮样皮肤等问题的患者并不总是会咨询皮肤科医生，而是选择化妆品作为解决方案。因此，这些产品必须经过功效验证。任何宣称具备可验证和检测的产品功效，都应在人体进行随机对照试验，确保试验受试者代表预期的用户群体。新的仪器技术为化妆品行业提供了展示其产品实际功效的可能性。对于消费者而言，他们有机会基于证据而非承诺来选择适合其皮肤的相关产品。

参考文献

1.　Fluhr J, Reinhardt H, Rippke F. Guideline of the Society for Dermopharmacy. Dermocosmetics for the cleansing and care of skin prone to acne. Dermotopics issue 1. 2005. http://www.dermotopics. de/english/issue_1_05_e/leitliniedermokosmetika_1_05_e.htm. Accessed 21 Dec 2019.

2.　Mehling A, Buchwald-Werner S. Natural actives for impure skin. SOFW J. 2004;130:2-6.

3.　Council Directive 76/768/EEC on the approximation of the laws of the member states relating to cosmetic products (consolidated version 2008). http://eur-lex.europa.eu/LexUriServ/LexUriServ.do?uri=CONSLEG:1976L0768:20080424:EN:PDF. Accessed 21 Dec 2019.

4.　International Conference on Harmonisation of Technical Requirements for Registration of Pharmaceuticals for Human Use. ICH Harmonised Tripartite Guideline: Guideline for Good Clinical Practice (E6R1). 2002. https://www.imim.cat/media/upload/arxius/emea.pdf. Accessed 21 Dec 2019.

5.　Serup J. Efficacy testing of cosmetic products. A proposal to the European Community by the Danish Environmental Protection Agency, Ministry of Environment and Energy. Skin Res Technol. 2001;7(3):141-51.

6.　FDA Guidance for Industry acne vulgaris: developing drugs for treatment. 2005. https://www.federalregister.gov/documents/2005/09/19/05-18512/draft-guidance-for-industryon-acne-vulgaris-developing-drugs-for-treatment-availability. Accessed 21 Dec 2019.

7.　Council of Europe. Guidelines for Good Manufacturing Practice of Cosmetic Products (GMPC). 1995. https://book.coe.int/en/health-protection-of-the-consumer/32-pdf-guidelinesfor-good-manufacturing-practice-of-cosmetic-products-gmpc.html. Accessed 21 Dec 2019.

8.　COLIPA. Colipa guidelines. Guidelines for the evaluation of the efficacy of cosmetic products. 2008. http://www.canipec.org.mx/woo/xtras/bibliotecavirtual/Colipa.pdf. Accessed 21 Dec 2019.

9.　De Paepe K. Evaluation of the efficacy of dermato-cosmetic products. 2001. (Doctoral Thesis. Vrije University, Brussel).

10.　Agache P. Sebaceous function assessment. In: Agache P, Humbert P, Maibach HI, editors. Measuring the skin. Basel: Springer; 2004. p. 281-9.

11.　el-Gammal C, el-Gammal S. Sebum-absorbent tape and image analysis. In: Serup J, Jemec GBE, editors. Handbook of non-invasive methods and the skin. Boca Raton: CRC Press; 1995. p. 517-22.

12.　Elsner P. Sebum. In: Berardesca E, Elsner P, Wilhelm K-P, Maibach H, editors. Bioengineering of the skin: methods and instrumentation. Boca Raton: CRC Press; 1995. p. 81-9.

13.　Pierard GE, Pierard-Franchimont C, Marks R, Pay M, Rogiers V, the EEMCO Group. EEMCO guidance for the in vivo assessment of skin greasiness. Skin Pharmacol Appl Ski Physiol. 2000;13:372-89.

14.　Becker M, Wild T, Zouboulis C. Objective assessment of acne. Clin Dermatol. 2017;35:147-55.

15.　Dobrev H. Clinical and instrumental study of the efficacy of a new sebum control cream. J Cosmet Dermatol. 2007;6(2):113-8.

16.　Dobrev H. Clinical and instrumental study of the efficacy of a new multiaction topical product in acneic skin. Household and Personal Care Today. 2009;1:16-22.

17.　Choi C, Choi J, Park K, Youn S. Ultraviolet-induced red fluorescence of patients with acne reflects regional casual sebum level and acne lesion distribution: qualitative and quantitative analyses of facial fluorescence. Br J Dermatol. 2012;166(1):59-66.

18.　Dobrev H. Fluorescence diagnostic imaging in patients with acne. Photodermatol Photoimmunol Photomed. 2010;26:285-9.

19.　Songsantiphap C, Asawanonda P. The correlations between follicular fluorescence and casual sebum levels in subjects with normal skin. J Clin Aesthet Dermatol. 2019;12(8):24-7.

20.　Segot-Chicq E, Compan-Zaouati D, Wolkenstein P, et al. Development and validation of a questionnaire to evaluate how a cosmetic product for oily skin is able to improve well-being in women. J Eur Acad Dermatol Venereol. 2007;21(9):1181-6.

21.　Arbuckle R, Atkinson M, Clark M, et al. Patient experiences with oily skin: the qualitative development of content for two new patient reported outcome questionnaires. Health Qual Life Outcomes. 2008;6:80.

22.　Agache P. Scoring acne vulgaris. In: Agache P, Humbert P, Maibach HI, editors. Measuring the skin. Basel: Springer; 2004. p. 691-7.

23. Food and Drug Administration Center For Drug Evaluation and Research Meeting of the Dermatologic and Ophthalmic Drugs Advisory Committee 8:10 a.m. Tuesday, November 5, 2002 Versailles Ballroom Holiday Inn Bethesda 8120 Wisconsin Avenue Bethesda, Maryland.

24. Ozolins M, Eady EA, Avery A, et al. Randomised controlled multiple treatment comparison to provide a cost-effectiveness rationale for the selection of antimicrobial therapy in acne. Health Technol Assess. 2005;9(1):iii-212.

25. Adityan B, Kumari R, Thappa D. Scoring systems in acne vulgaris. Indian J Dermatol Venereol Leprol. 2009;75(3):323-6.

26. Agnew T, Furber G, Leach M, Segal L. A comprehensive critique and review of published measures of acne severity. J Clin Aesthet Dermatol. 2016;9(7):40-52.

27. Bhor U, Pande S. Scoring systems in dermatology. Indian J Dermatol Vereol Leprol. 2006;72(4):315-21.

28. Burke B, Cunliffe W. The assessment of acne vulgaris: the Leeds technique. Br J Dermatol. 1984;111(1):83-92.

29. Dreno B, Bodokh I, Chivot M, et al. ECLA grading: a system of acne classification for every day dermatological practice. Ann Dermatol Venereol. 1999;126(2):136-41.

30. Dréno B, Poli F, Pawin H, et al. Development and evaluation of a global acne severity scale (GEA scale) suitable for France and Europe. J Eur Acad Dermatol Venereol. 2011;25(1):43-8.

31. Holm E, Jemec GBE. General guidelines for assessment of skin diseases. In: Serup J, Jemec GBE, editors. Handbook of non-invasive methods and the skin. 2nd ed. London: Informa Healthcare; 2006. p. 931-44.

32. O Brien S, Lewis J, Cunliffe W. The Leeds revised acne grading system. J Dermatolog Treat. 1998;9:215-20.

33. Pochi PE, Shalita AR, Strauss JS, Webster SB, Cunliffe WJ, Katz HI, et al. Report of the consensus conference on acne classification. Washington, D.C., March 24 and 25, 1990. J Am Acad Dermatol. 1991;24:495-500.

34. Richard Thomas D, Sapra S, Lynde C, Poulin Y, Gulliver W, Sebaldt R. Development and validation of a comprehensive acne severity scale. J Cutan Med Surg. 2007;11(6):211-6.

35. Tan J. Current measures for the evaluation of acne severity. Expert Rev Dermatol. 2008;3(5):595-603.

36. Tan J, Jones E, Allen E, et al. Evaluation of essential clinical components and features of current acne global grading scales. J Am Acad Dermatol. 2013;69:754-61.

37. Witkowski J, Parish L. The assessment of acne: an evaluation of grading and lesion counting in the measurement of acne. Clin Dermatol. 2004;22(5):394-7.

38. Sinclair W, Jordaan HF. Acne guideline 2005 update. Compiled by Werner Sinclair and H Francois Jordaan and largely based on a consensus document of the Global Alliance to Improve Outcomes in Acne. S Afr Med J. 2005;95:883-92.

39. Lehmann H, Robinson K, Andrews J. Acne therapy: a methodological review. J Am Acad Dermatol. 2002;47:231-40.

40. Heffernan M, Nelson M, Anadkat M. A pilot study of the safety and efficacy of picolinic acid gel in the treatment of acne vulgaris. Br J Dermatol. 2007;156(3):548-52.

41. Clark A, Saric S, Sivamani R. Acne scars: how do we grade them? Am J Clin Dermatol. 2018;19(2):139-44.

42. Dreno B, Khammari A, Orain N, et al. ECCA grading scale: an original validated acne scar grading scale for clinical practice in dermatology. Dermatology. 2007;214(1):46-51.

43. Layton A, Dreno B, Finlay A, et al. New patient-oriented tools for assessing atrophic acne scarring. Dermatol Ther (Heidelb). 2016;6:219-33.

44. Savory S, Agim N, Mao R, et al. Reliability assessment and validation of the postacne hyperpigmentation index (PAHPI), a new instrument to measure postinflammatory hyperpigmentation from acne vulgaris. J Am Acad Dermatol. 2014;70:108-14.

45. Tan J, Tang J, Fung K, et al. Development and validation of a Scale for Acne Scar Severity (SCAR-S) of the face and trunk. J Cutan Med Surg. 2010;14(4):156-60.

46. Melina A, Dinh N, Tafuri B, et al. Artificial intelligence for the objective evaluation of acne investigator global assessment. J Drugs Dermatol. 2018;17(9):1006-9.

47. Phillips S, Kollias N, Gillies R, Muccini JA, Drake LA. Polarized light photography enhances visualization of inflammatory lesions of acne vulgaris. J Am Acad Dermatol. 1997;37(6):948-52.

48. Pagnoni A, Kligman AM, Kollias N, Goldberg S, Stouemayer T. Digital fluorescence photography can assess the suppressive effect of benzoyl peroxide on Propionibacterium acnes. J Am Acad Dermatol. 1999;41(5 Pt 1):710-6.

49. Son T, Han B, Jung B, Stuart NJ. Fluorescent image analysis for evaluating the condition of facial sebaceous follicles. Skin Res Technol. 2008;14(2):201-7.

50. Youn S, Kim J, Lee J, et al. The facial red fluorescence of ultraviolet photography: is this color due to Propionibacterium acnes or the unknown content of secreted sebum? Skin Res Technol. 2009;15(2):230-6.

51. Rizova E, Kligman A. New photographic techniques for clinical evaluation of acne. J Eur Acad Dermatol Venereol. 2001;15(Suppl 3):13-8.

52. Uhoda E, Pierard-Franchimont C, Pierard G. Comedolysis by a lipohydroxyacid formulation in acne-prone subjects. EJD. 2003;13(1):65-8.

53. Patwardhan S, Richter C, Vogt A, Blume-Peytavi U, Canfield D, Kottner J. Measuring acne using Coproporphyrin III, Protoporphyrin IX, and lesion-specific inflammation: an exploratory study. Arch Dermatol Res. 2017;309:159-67.

54. Zip C. The impact of acne on quality of life. Skin Therapy Lett. 2007;12(10):7-9.

55. Tan J, Fung K, Khan S. Condensation and validation of a 4-item index of the acne-QoL. Qual Life Res. 2006;15(7):1203-10.

56. Tan J, Fung K, Gupta A, et al. Development and validation of a comprehensive acne severity scale. J Cutan Med Surg. 2007;11(6):211-6.

57. Alexis A, Daniels S, Johnson N, et al. Development of a new patient-reported outcome measure for facial acne: the acne symptom and impact scale (ASIS). J Drugs Dermatol. 2014;13(3):333-40.
58. McLellan C, Frey M, Thiboutot D, et al. Development of a comprehensive quality-of-life measure for facial and torso acne. J Cutan Med Surg. 2018;22(3):304-11.
59. Eisfeld W, Schaefer F, Boucsein W, Stolz C. Tracking intersensory properties of cosmetic products via psycho-physiological assessment. Int J Cosmet Sci. 2005;27(5):292-292.

第 16 章　毛发形态学评价

C. Thieulin, R. Vargiolu, Hassan Zahouani　著

> ◎ 核心信息
> - 提出一种使用表面微波分解的新方法，其优点是可在不同维度上评价毛发的损伤。
> - 提供与摩擦试验相结合的振动分析，其提供了毛发表面感官特征的信息。

16.1　简介

每个人都希望拥有一头触感舒适、光彩照人的秀发。事实上，毛发在人类社会中具有重要的意义，因为它反映了我们身体的状态。因此，尤其是在 20 世纪下半叶，科学家们一直致力于研究毛发的物理和化学性质，并开发了一系列基于科学原理的评价方法。

这些方法主要集中在毛发角质层的表征上。毛发外层由长度为 50 μm 的扁平重叠细胞（鳞状细胞）组成，它们保护着内部皮质免受外界环境的影响。皮质是一种复杂的聚合物结构，主要由 α 角蛋白（一种含硫蛋白质）构成。这部分占据了毛发的 90%，赋予毛发纵向的机械性能。

人们通过各种机械和化学过程来定型毛发，如梳理、烫发和吹干等。同时，化学产品和技术（如染发、着色和漂白等），也能改善毛发的外观和色调。然而，这些处理也会对毛发纤维造成严重的损伤，尤其是对角质层的损伤更为明显。通常情况下，毛发纤维的损伤是由于机械或化学作用，或两者的结合（即化学机械作用）所引起。尤其是在日常洗涤、梳理、干燥、烫发、染发或漂发等过程中，机械和化学作用会导致毛发角质层出现裂缝和断裂 [1]，这会削弱皮质的机械性能 [2]。毛发机械性能的下降会显著影响其摩擦力学特性（例如黏附、摩擦和磨损）和形态学特征（如鳞片方向和表面粗糙度）[3]。本章将着重探讨毛发的摩擦力学和形态学特性。

检测毛发形态需要特定的仪器来评价毛发在不同维度上的损伤。通常使用电子扫描显微镜和原子力显微镜（atomic force microscopy，AFM）。此外，光学干涉检测法也可用于比较毛发样本处理前后的形态。该方法为非接触式，能快速确定毛发表面的三维形态。为了研究

毛发的摩擦力学行为，科学家们开发了宏观和微观 / 纳米级检测方法。毛发护理行业广泛使用宏观表征，以研究皮肤复制品和毛发样本之间的摩擦力[4]。近年来，一些摩擦力学工作采用原子力显微镜和摩擦力显微镜对毛发的摩擦行为进行研究。特别是 AFM 研究是为了了解护发产品对毛发形态[5-6]和摩擦力学[5,7-9]的损伤和影响。

本文旨在探究化学和热机械处理对毛发摩擦力学和形态学的影响。我们采用光学干涉法结合微波分解对毛发形态进行评价，并使用触觉摩擦计进行摩擦检测。该设备可检测摩擦测试过程中产生的声压级。

16.2　材料与方法

16.2.1　毛发样品

一项研究使用高加索人种的毛发样本，探究了化学和热机械处理对毛发感官特征的影响。为了研究化学处理的效果，研究人员从经过漂白或染发的人群中选取毛发样本。接着，为了探究平滑处理对已受损毛发样本的影响，选择两个平滑处理温度：140 ℃（T140）和200 ℃（T200）。为获得受损的毛发样本，研究人员将样本置于蒸馏水中进行 25 次循环浸泡（25 ℃下浸泡 10 秒），并在 78 ℃下使用吹风机干燥 10 秒[10]。为确保检测的准确性，研究人员从离待测根部区域约 5 cm 的距离上切割 2 cm 长度的样本，并在该区域进行所有检测。在进行任何检测前，毛发样本均储存于温度为 22 ℃、相对湿度（relative humidity，RH）为40% 的室内。

16.2.2　光学干涉法

干涉仪（Bruker Contour GT-I）是一种光学仪器，主要用于检测毛发表面的形态。该仪器采用白光源分成两束，其中一束通过接触电荷耦合器件（charge coupled device，CCD）探测器反射至研究毛发表面，另一束则从参考镜反射至 CCD 探测器。两束光线相遇时，会产生一系列黑白相间的条纹，即干涉图案，其类似于等高线图中的线条。显微镜连接至压电换能器，可增加检测振幅，位移由微型计算器控制。该仪器所收集的数据由 x、y 和 z 方向上的点坐标组成，可用于构建毛发表面的三维成像。

毛发成像使用垂直扫描干涉（vertical scanning interferometry，VSI）模式，并采用115 倍的放大倍率进行成像。VSI 模式的垂直分辨率为 3 nm，尤其适用于粗糙表面振幅在160 nm 至 2 mm 的成像。

图像获得自不同波长的组合，其中高频率代表粗糙度，中频率代表波浪度，低频率代表形状。为了进一步研究粗糙度的校正，研究人员开发了一种基于多维分解的方法[2,11]。该方法可连续跟踪不同波长簇的表面演变，从粗糙度到形状，并确定每个波长的平均振幅标准，即 SMa。SMa 或粗糙度谱可在每个分辨率级别上计算出信号的形态系数 Sa（算术平均值）。然后，通过传递函数参数，可量化每种处理对毛发表面的影响。该参数基于对两种角质层状态（处理前和处理后）的比较。表面粗糙度也会影响其亮度和角质层的光反射方式。

当光线照射到非常光滑的表面时，会被完全反射；对于粗糙的表面，光线会发生散射。表面反射的光线越多，表面看起来越亮。因此，为了确定表面粗糙度和亮度之间的关系，研究人员使用局部法线量化方法。该方法首先将角质层图像进行基本区域分解，然后根据局部法线计算各区域的斜率。如果局部法线等于 90°，则表面非常光滑和明亮。为描述这一现象，研究人员使用局部正态偏差 NAD。因此，NAD 值的降低与光滑度和亮度有同样的关系。

16.2.3 触觉摩擦检测

我们采用触觉摩擦计系统对毛发进行摩擦试验。具体操作是通过滑块在毛发上施加正常载荷 Fz，控制接触压力，并通过线性位移电机将毛发拖动，以同时检测摩擦力 Fx 和探头与毛发表面之间的振动。

滑块类似于半球形探头（半径 $R=10$ mm），由弹性体材料制成，其机械性能与人手指的特征非常相似（杨氏模量 55 kPa，平均表面粗糙度 Ra 2.6 μm）[12]。我们使用普通负载传感器来控制触觉摩擦计系统对毛发施加正常负载。最大负载可达到 3 N，分辨率为 1 mN。检测过程中，毛发被固定于线性位移台上。该位移台具有规定的预载荷，以恒定速度移动毛发。为了记录摩擦力和滑块与毛发间滑动产生的振动，我们分别使用切向传感器（具有与普通传感器相同的特性）和压电加速度计。

每次检测将滑块在毛发上摩擦 5 次，并均匀地前后平移。摩擦长度设定为 20 mm，以模拟人体的实际摩擦条件（滑动速度设定为 20 mm/s，施加的法向力为 0.3 N）。这些条件在文献中经常被应用，也对应于经典的人体处理条件[13]。

为了给出振动的定量值，我们使用平均声压级计算公式：

$$L_a = 20 \log \left(\frac{A_{RMS}}{A_{ref}} \right)$$

上述公式中，La 表示声压级；A_{RMS} 代表加速度的均方根值，单位为 m/s²；$A_{ref}=10^{-6}$m/s² 则是传感器所能检测到的最小加速度。

16.3 结果与讨论

16.3.1 化学处理的效果

16.3.1.1 毛发形态

图 16.1 所示为原始毛发、染色毛发以及漂白毛发（白发）的典型形态。该图表明，原始毛发的角质层鳞片相对完整。相比之下，染色和漂白毛发样本的表面粗糙度明显增加。染色毛发样本的角质层轮廓不清，边缘呈锯齿状，表面也粗糙。而漂白毛发的角质层则无法清晰观察，表面非常粗糙且有很多突起。这表明漂白过程几乎去除了所有的角质层，仅留下底层的皮质结构。已有研究表明，漂白过程可去除角质层[14-15]。

图 16.2 展示了不同类型毛发样本的 SMa 和 NAD 光谱。根据波长的不同，光谱可分为

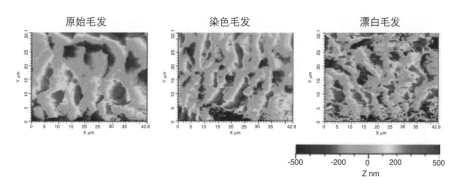

图 16.1（见彩插） 原始、染色和漂白毛发的形态

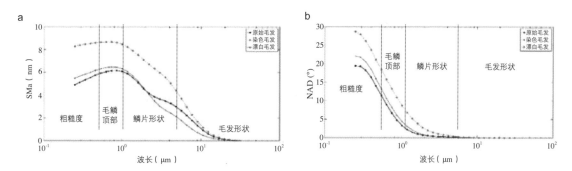

图 16.2（见彩插） 展示了原始、染色和漂白毛发样品的 SMa（a）和 NAD（b）光谱。为了更加清晰地呈现，本图显示了每种类型毛发的平均光谱

几个部分。当波长大于 10 μm 时，SMa 和 NAD 值接近于零，这是因为圆柱形毛发纤维已被去除。结果表明，毛发样本的形态差异主要存在于中、短波长范围内。因此，化学处理主要在毛发鳞片（短波长）水平上引起形态学变化。事实上，经处理后的毛发样本 SMa 值更高，尤其是漂白过的毛发。这一现象可解释为由于化学处理而形成的表面缺陷增加了毛发表面的轻微粗糙度。

我们发现原始毛发和经过化学处理的毛发样品之间的图 16.2（b）NAD 光谱差异也主要存在于毛发鳞片水平。事实上，NAD 有所增加。我们猜测，化学处理会打开并提起毛发鳞片，使染色剂在毛发内扩散和反应[16]。因此，毛发表面变得更粗糙、更暗淡，因为鳞片不像原始毛发那样扁平。

SMa 和 NAD 光谱的结果证实了先前的观察结果，并证明化学处理会影响毛发的摩擦和磨损，这可能会导致其感官特征的降低。

16.3.1.2 毛发的摩擦和磨损

我们对毛发漂白及染色对摩擦和磨损的影响非常感兴趣。如图 16.3 所示，我们测得了相应的声压级。

声压级用分贝（dB）表示。需要注意的是，3 dB 的差值对应于 2 倍的声音信号强度。

　　研究数据显示，染发组和漂白组的声压级分别为 97.65 dB 和 98.26 dB，高于原始毛发组的 96.33 dB。既往研究结果表明，毛发表面的柔顺程度与振动有关 [17]。在研究中，我们在皮肤表面使用摩擦声探针，并检测由摩擦引起的声压级。结果表明，声音振动的程度反映皮肤的柔软度，皮肤表面越柔软，声压级越低。因此，原始毛发样本最柔顺，这证明染色和漂白会损伤毛发纤维，使其变得不那么柔顺。

　　此外，与摩擦系数一样，我们观察到所有毛发样本的方向性效应。发尖至发根摩擦试验中声压级始终较高。这意味着当沿角质层鳞片的方向接触时，毛发纤维感觉不那么柔顺。

　　我们使用 Matlab R2018a 对摩擦引起的振动信号进行频谱分析，从信号的功率谱密度（power spectral densities，PSD）评价频率组成和相应振幅 [18-19]。图 16.4 所示为不同毛发样本获得的 PSD 信号。图中可确定每个样品的两个主峰。为比较未经处理及化学处理的毛发，表 16.1 给出处理毛发振幅和频率的偏差作为原始毛发值的函数。这些光谱表明，染色和漂白毛发的峰值振幅高于未经处理的毛发；还有一个小的频率偏移。峰值高度与振动幅度有关（由于探头与毛发表面间的接触）。柔软度和低摩擦被认为是信号振幅较低的原因。这与我们之前的观察结果一致：较高的振幅对应较高的声压级，因此表面更粗糙。Cattaneo 和 Vecchi 认为光滑的表面几乎不会引起振动，而粗糙的表面会引起更多振动 [20]。

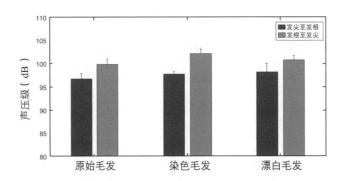

图 16.3（见彩插）　化学处理的效果和毛发的方向性依赖主要集中于声压级，所有数值均对应于平均值 ± 标准差值

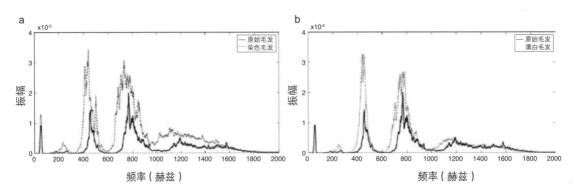

图 16.4（见彩插）　PSD 信号发根至发尖方向。（a）原始毛发与染色毛发比较；（b）原始毛发与漂白毛发比较

表 16.1 经处理毛发的振幅和频率偏差与原始毛发值的关系

与原始毛发样本比较	Δω（Hz）	Δ振幅（×10⁻⁵）
染色毛发	−16	2（+142%）
	−37	1.6（+80%）
漂白毛发	−6	1.8（+128.7%）
	−2	1.3（+65%）

总之，漂白和染色过程会对毛发纤维，特别是角质层造成损伤。这种损伤会影响毛发的感官特征，使其变得更加粗糙、暗淡和不柔软。

16.3.2　热力处理的效果

16.3.2.1　毛发形态

如图 16.5 所示，原始毛发、受损毛发和光滑毛发的形态各不相同。结果表明，原始毛发的角质层完整，但其边界不够清晰；受损毛发则存在一些鳞屑脱落，表面更加粗糙，且具有更多明显的结构和颗粒物质。这一发现与既往的研究结果 [5, 7, 13] 一致。我们认为这种损伤会影响毛发的感官特征。

若我们专注于光滑毛发，我们会发现其表面粗糙度相对受损毛发较低。在温度为 140 ℃时，光滑毛发的形态与其原始状态相似，鳞片清晰可见，边缘轮廓不太明显，因此毛发纤维呈现更为光滑的外观。在温度为 200 ℃时，观察结果得到强化：毛发表面呈现出非常光滑的状态。我们猜测高温会融化角质层，并通过平滑作用对毛发表面施加压力，进而使得角质层易于变形。此外，图 16.6 所示的 SMa 和 NAD 光谱揭示出毛发形态的差异主要存在于中、短波长区域，尤其是在毛发鳞片层面。

经过实验发现，受损毛发的 SMa 和 NAD 值在中、短波长波段表现出最高值。这是由于毛发变得粗糙，并明显地倾斜于毛发表面。因此，表面被认为更为粗糙。

据此，我们得出的结论是：相较于原始毛发，光滑毛发的 SMa 和 NAD 值较低；而在高温下，这些值会增加。这与以往的形态观察结果相符，即表面变得更为光滑。此外，由于 NAD 值较低，表面被认为更加明亮。

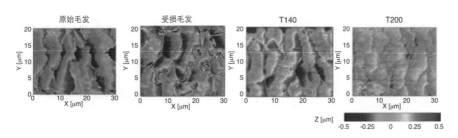

图 16.5（见彩插） 原始、受损与光滑毛发（140 ℃和 200 ℃）的形态

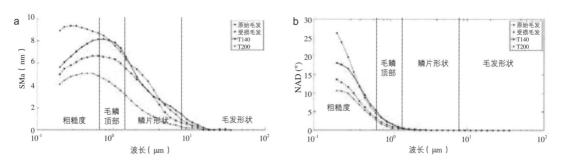

图 16.6（见彩插） 呈现了原始、损伤和光滑毛发样品（分别经过 140 ℃ 和 200 ℃ 处理）的 SMa（a）和 NAD（b）光谱。为了更直观地展示结果，该图呈现了每种类型毛发的平均光谱

最后我们推测，对于受损毛发的热机械处理，通过消除粗糙并压平毛发表面，可以改善其感官特征。然而，这些处理并不能保持毛发的形态：毛发角质层变得更加扁平，鳞片也更不清晰。

16.3.2.2 毛发的摩擦和磨损

这些研究旨在探究不同温度下的平滑处理对毛发纤维感官特征的影响，并验证热机械处理是否能改善受损毛发纤维的感官质量。图 16.7 展示了声压级数据，其中最高声压级为 101.87 dB。研究结果表明，染发和漂白处理会使毛发变得更加粗糙且不易梳理，这与毛发形态观察结果一致。因此，本研究的发现为毛发美容行业提供了实质性的参考和借鉴价值。

平滑处理可有效改善受损毛发的声音振动水平，使其恢复至基准水平甚至更低。研究发现，经过平滑处理后，毛发纤维的柔顺性得到提高，表面粗糙度降低，进而减少探针与毛发表面间的振动幅度。图 16.8 展示了原始和光滑毛发的 PSD 光谱，发现两个主峰仍然存在。表 16.2 列出了光滑毛发的振幅和频率偏差与原始毛发值的关系，结果表明，光滑毛发的峰值振幅较低，峰值明显向低频偏移，这反映出毛发的光滑程度得到改善。

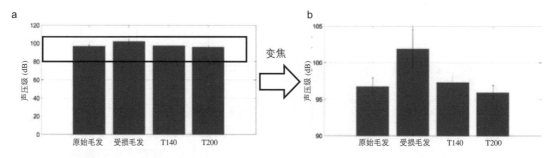

图 16.7（见彩插） 毛发热机械处理对（a）声压级的影响；（b）声压级聚焦。所有值均对应于平均值 ± 标准差值

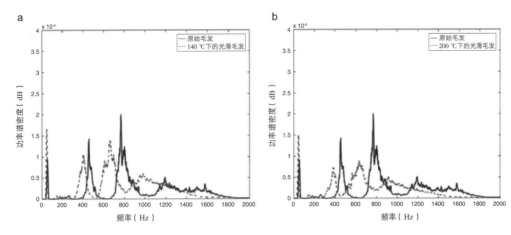

图 16.8（见彩插） PSD 信号比较:(a)原始与光滑毛发(140 ℃);(b)原始与光滑毛发(200 ℃)

此外，随着温度的升高，毛发表面的鳞片更易于变平，自然周期性减弱，导致波长增加，从而产生更长的粗糙期。总体而言，平滑处理可使毛发的感官特征得到改善，包括光滑、明亮和柔顺等方面。

表 16.2 光滑毛发的振幅和频率偏差与原始毛发值的关系

与原始毛发样本比较	Δω（Hz）	Δ振幅（ ×10⁻⁵ ）
140 ℃	−56	0.4（−28%）
	−105	0.6（−70%）
200 ℃	−71	0.68（−48.6%）
	−138	1.12（−56%）

16.4 结语

本文探究了化学和热机械处理对毛发形态和生物摩擦力学的影响，得出以下结论：

- 采用表面微波分解的新方法，可以定量评价毛发角质层的变化。这种方法具有评价不同维度毛发损伤的优点。研究表明，SMa 和 NAD 参数是良好的毛发感官特征指标，可以反映毛发的柔顺度和亮度。
- 引入振动分析作为研究毛发表面摩擦力学行为的新参数，可在摩擦试验中进行。研究发现，声振动水平是反映毛发表面柔顺度的良好指标。
- 摩擦试验中诱导振动的频率峰值与毛发表面粗糙度存在相关性，即粗糙度的增加会导致更高振幅的峰值。
- 染发和漂白会损伤毛发，影响其感官特征，使毛发纤维变得更加粗糙、暗淡和不柔顺。

- 对受损毛发进行热机械处理，通过平滑毛发表面和消除粗糙，可以改善毛发的感官特征。因此，毛发纤维看起来更加光滑和亮丽。

综上所述，这些结果对于理解不同处理方法对毛发物理和感官特征的影响至关重要。同时，这些技术也可以应用于其他改变角质层形态的化妆品。

参考文献

1. Garcia M, Epps J, Yare R, Hunter L. Normal cuticle-wear patterns in human hair. J Cosmet Chem. 1978;29:155-75.
2. Fougere M, Vargiolu R, Pailler-Mattei C, Zahouani H. Study of hair topography modification by interferometry. Wear. 2009;266(5-6):600-4.
3. Rabinowicz E. Friction and wear of materials. New York: Wiley-Interscience; 1995.
4. Robbins C. Chemical and physical behavior of human hair. New York: Springer; 1994.
5. La Torre C, Bhushan B. Nanotribological characterization of human hair and skin using atomic force microscopy. Ultramicroscopy. 2005;105:155-75.
6. Smith J, Swift J. Lamellar subcomponents of the cuticular cell membrane complex of mammalian keratin fibres show friction and hardness contrasts by AFM. J Microsc. 2002;202:182-93.
7. LaTorre C, Bushan B. Nanotribological effects of hair care products and environment on human hair usinf atomic force microscopy. J Vac Sci Technol A. 2005;23:1034-45.
8. LaTorre C, Bhushan B. Investigation of scale effects and directionality dependence on adhesion and friction of human hair using AFM and macroscale friction test apparatus. Ultramicroscopy. 2006;106:720-34.
9. LaTorre C, Bhushan B, Yang J, Torgerson P. Nanotribological effects of silicone type, silicone deposition level, and surfactant type on human hair using atomic force microscopy. J Cosmet Sci. 2006;57:37-56.
10. Gamez-Garcia M. Cuticle decementation and cuticle buckling produced by Poisson contraction on the cuticular envelope of human hair. J Soc Cosmet Chem. 1986;153:141-53.
11. Feughelman A. Mechanical properties and structure of alpha-keratin fibres: wool, human hair and related fibres. Sydney: University of South Wales; 1997.
12. Cornuault P-H, Carpentier L, Bueno M-A, Cote J-M, Monteil G. Influence of physico-chemical, mechanical and morphological fingerpad properties on the frictional distinction of sticky/slippery surfaces. J R Soc Interface. 2015;12(110):20150495.
13. Bhushan B, Wei G, Haddad P. Friction and wear studies of human hair and skin. Wear. 2005;259(7 12):1012-21.
14. Garcia ML, Epps JA, Yare RS, Hunter LD. Normal cuticle-wear patterns in human hair. J Soc Cosmet Chem. 1978;29(3):155-75.
15. Jeong MS, Lee CM, Jeong WJ, Lee KY. Significant damage of the skin and hair following hair bleaching. J Dermatol. 2010;37:882-7.
16. Luo C, Zhou L, Chiou K, Huang J. Multifonctional graphene hair dye. Chem. 2018;4(4):784-94.
17. Zahouani H, Vargiolu R, Boyer G, Pailler Mattei C, Laquièze L, Mavon A. Friction noise of human skin in vivo. Wear. 2009;267(5 8):1274-80.
18. Thomson W, Dahleh M. Theory of vibration with applications. Upper Saddle River: Prentice Hall; 1998.
19. Ding S, Bhushan B. Tactile perception of skin and skin cream by friction induced vibrations. J Colloid Interface Sci. 2016;481:131-43.
20. Cattaneo Z, Vecchi T. Blind vision: the neuroscience of visual impairment. Cambridge: MIT Press; 2011.

第 17 章 肤色和色素沉着

Ammitzboell Elisabeth 著

17.1 简介

为何世界各地的人群具有不同的肤色？有一种理论是：人类肤色的变化与地理位置以及太阳紫外线（UV）的辐射密切相关，这是一种适应性特征。

由于强烈的阳光会对身体造成损害，解决方案是进化出了深色皮肤，以抵御更有害的阳光照射。

黑素是皮肤的棕色色素，是一种天然的"防晒霜"，可保护热带地区的人群免受紫外线的有害影响。例如，紫外线会使叶酸流失，而叶酸是健康胎儿发育所必需的营养素。当一定数量的紫外线穿透皮肤时，它有助于人体合成维生素 D 以吸收强壮骨骼所需的钙。这种微妙的平衡机制解释了为什么居住在气候较冷、日照较少地区的人群肤色较浅。随着人们搬至离赤道较远、紫外线水平较低的地区，自然选择则倾向于浅色皮肤，以使紫外线能够穿透皮肤并合成必需的维生素 D。在赤道附近居住的人群，深色皮肤则非常重要，可预防叶酸缺乏。不同种族皮肤反射率（一种通过检测皮肤反射的光能量来量化肤色的方法）的检测结果也支持上述观点。

研究表明，深色皮肤是为了保护人群免受紫外线损伤，因为紫外线会导致皮肤癌。但它可能对肤色的进化没有什么影响，因为进化倾向于提高生育成功率，而皮肤癌通常是在人们生育后发病。

量化疾病严重程度是发展循证医学的先决条件。目前，全球尚未就肤色的临床评价指南达成共识，多数评价方法也未标准化。当皮肤科医生试图评价各种皮肤疾病患者的发病率时，病史和临床评分是主要工具。然而，这些方法存在局限性，因为不同医生评价方式的差异（如红斑或皮肤干燥）导致观察者间和观察者内可重复性较差[1]。此外，许多评分系统包括疾病严重程度评价也存在困难[2]。因此，提出皮肤形态和功能的仪器评价方法是为了提供客观、可重复的方法。

其中一些技术已经达到成熟阶段，这表明可以更常规地使用。红斑定量是检测大多数皮肤疾病生理变化的一种明显相关的技术。1937 年，爱德华德·邓特利（Edwards Duntley）首次对肤色进行了定量评价，获得了不同类型色素沉着的特定数据[3]。

人眼和大脑对颜色的感知范围为 400 ~ 800 nm，最大敏感度为 500 ~ 600 nm，与血液颜色相对应，因此也与红色相对应[4]。然而，定量研究和记录肤色变化相当困难，因为个体对颜色的感知复杂且主观。有几种商用仪器可以使用，包括扫描反射率分光光度计、三色激发比色仪和窄谱便携式反射率仪[5-9]。

17.2　肤色

人类皮肤的肤色在很大程度上取决于表皮的特征，因为表皮扮演着生物过滤器的作用。当可见光照射到皮肤表面时，它可能会以不同的比例被透射、吸收、扩散或反射。这些现象的综合作用使得人眼感知到的颜色不同，其中角质形成细胞中的黑素、类胡萝卜素以及真皮毛细血管中的血红蛋白等发色团发挥了关键作用。

所有测量皮肤色素的光学方法都依赖于黑素吸收光的特性。因此，含有色素的皮肤区域看起来比色素较少的区域更黑，这也是一种视觉检查方法[4]。

17.3　黑素

皮肤和毛发的颜色取决于黑素合成的程度。黑素细胞在真皮 - 表皮连接处和毛囊的外根鞘中合成色素。每 10 ~ 20 个角质形成细胞匹配一个黑素细胞，以此来控制黑素的合成。黑素可以是黑褐色的真黑素、黄红色的褐黑素和一系列中间色素。黑素细胞中的黑素小体是一种富含酪氨酸酶的细胞器，负责合成黑素。

类胡萝卜素是从食物中摄入的外源性黄色色素，例如黄色水果和蔬菜（如胡萝卜）。它们存储于角质层、皮脂腺和皮下脂肪中。虽然类胡萝卜素对肤色的影响很小，但在极少数情况下，过度摄入会导致其在体内过度积累[3, 10]。

血红蛋白是肤色中的红色成分。氧合血红蛋白在毛细血管和小动脉中呈鲜红色，而在小静脉中则减少呈蓝色。角质层较薄或缺乏部位（如唇部）的氧合血红蛋白颜色更明显。在面部等以动脉和毛细血管供血为主的区域，肤色往往微红。另外，在躯干和足背等以静脉循环为主的区域，其肤色更偏蓝。炎症性疾病由于血管扩张，氧合血红蛋白的增加会使皮肤变红，而缺血时的血管收缩则导致皮肤变蓝。血红蛋白在绿色光谱范围内表现出对光的特异性和高吸收率，在红色光谱范围内则表现出最小吸收率。随着红斑的增加，绿光的吸收率增加，反射率则降低。

17.4　个体差异

肤色因种族而异。在所有受试者中，日晒很少或非暴露部位的肤色较浅。有色人种皮肤中的红色成分会干扰红斑的视觉评价，这使得对有色人种皮肤的视觉评价变得困难，甚至可能是误导性的。

在评价紫外线辐射对色素沉着的影响时，常使用臀部区域作为参考。

非暴露皮肤的颜色称为体质肤色，而暴露皮肤的颜色则称为兼性肤色。受试者的着色能力可以通过计算这两种颜色之间的差异显示出来。

体质肤色与 Fitzpatrick 皮肤分型有相关性。Fitzpatrick 皮肤分型将皮肤颜色分为 I ~ VI 级，颜色逐渐加深。体质肤色可作为皮肤分型的一个参数。

老年人的皮肤颜色似乎较浅，而男性皮肤可能比女性皮肤更红[11]。

色素沉着障碍可以由多种药物引起，包括非甾体抗炎药（NSAIDS）、抗疟药（如氯喹、奎宁）、抗精神病药（如氯丙嗪、吩噻嗪）、抗惊厥药（如苯妥英钠）、胺碘酮、四环素、细胞毒性药物（如环磷酰胺、白消安、博莱霉素、阿霉素）和重金属。引起色素沉着障碍的机制因涉及的药物类型而异。例如，某些药物可能会与黑素反应，形成药物 - 色素复合物，而这种复合物可能会因阳光刺激而加重黑素的合成。

使用目视读数对肤色进行临床评分是评价红斑等皮肤问题最常用的方法之一。通常，目视读数采用红斑分级系统，分为 4 级：0 表示无可见红斑，1 表示模糊但界线清楚的红斑，2 表示中度红斑，3 表示重度红斑。

紫外线照射后色素沉着的临床评价也采用类似的分级量表：0 表示无可见色素沉着；1 表示轻微可见色素沉着，模糊或无边界；2 表示浅棕色；3 表示中等棕色；4 表示深棕色。

黄褐斑面积和严重程度指数（melasma area and severity index，MASI）是一种结果检测方法，是由 Kimbrough-Green 等基于银屑病的类似评分体系开发的。其开发目的是提供更准确的量化，以评价黄褐斑的严重程度和治疗期间的变化。MASI 评分通过对 3 个主观评价因素进行计算：累及面积（A）、颜色深度（D）和颜色均匀性（H）。额部（f）、右颧部（rm）、左颧部（lm）和颏部（c）分别对应整个面部的 30%、30%、30% 和 10%。4 个区域中每个累及区域的数值范围为 0 ~ 6，其中 0 表示无，1 表示 0 ~ 10%，2 表示 10% ~ 29%，3 表示 30% ~ 49%，4 表示 50% ~ 69%，5 表示 70% ~ 89%，6 表示 90% ~ 100%。颜色深度和均匀性评分范围为 0 ~ 4，其中 0 表示无，1 表示轻微，2 表示中度，3 表示明显，4 表示最大程度[12]。

漫反射光谱法评价色素沉着与相应临床色素沉着评价密切相关（R^2=0.852）。此外，一项关于接触性皮炎的研究将视觉评分与激光多普勒血流测定进行比较，发现两者之间存在高度相关性（r=0.9079，P<0.001）[4]。

17.5　仪器设备

17.5.1　反射分光光度法评价

由于宽谱黑素吸收带与血红蛋白吸收带重叠，传统的分光光度扫描仪已经几乎没有实际用途。然而，现有新的仪器可以特异性地检测血红蛋白吸收带，并将红斑作为血红蛋白相对于黑素的指标来显示。

反射率的记录受到皮肤结构和散射等非特异性光学现象的显著影响，这在许多疾病中都存在。

扫描反射分光光度仪非常昂贵、笨重，并且不适合日常临床应用。这些仪器主要用于基础实验室研究。更简单便携的皮肤反射仪器也已经被开发出来，例如红斑/黑素计（DiaStron Ltd., Andover，英国汉普郡）、皮肤光谱仪（Cortex Technology，丹麦海松）、黑素和血红素检测仪（Courage & Khazaka GmbH，德国科隆）以及紫外线检测仪（Matic，丹麦奈鲁姆）。

远程分光光度计（Tele-spectroradiometer，TSR）和分光光度计（spectrophotometer，SP）是目前应用最广泛的两种肤色检测仪器。例如，TSR 用于检测颜色外观，如在化妆品行业开发肤色图表和评价皮肤产品。SP 主要用于诊断皮肤疾病症状，如红斑、刺激等[5-8]。

使用皮肤分光计（Cortex Technology，丹麦海松），可以检测人类皮肤中两个主要色基的特定颜色：血红蛋白和黑素。该设备是一种窄谱反射分光光度计，发光二极管以两种特定的波长发光：568 nm（绿色）和 655 nm（红色）。光探测器分别以绿色和红色的波长检测皮肤的反射光。在假设血红蛋白和黑素的吸光度与绿光和红光的波长相似的前提下，黑素指数（M 指数）主要受黑素含量的影响，而红斑指数（E 指数）则受血红蛋白含量的影响。

此外，也可以使用 UV-Optimize® Model Matic 555、Matic（丹麦奈鲁姆）的皮肤反射光谱来检测红斑。皮肤反射仪基于下述原理：特定发色团的光吸收被量化为相对于入射光的反射光，以检测皮肤色素沉着（黑素）和红斑（血红蛋白）。使用 555 nm 和 660 nm 的峰值波长是因为血红蛋白和黑素吸收之间的最佳区分度[13-15]。红斑的数值在 0~100 的尺度范围内检测。"0"表示该区域的血液循环暂时停止，所有血液已从该区域排出。而"100"是在深红色鲜红痣中看到的最强烈的红色，代表临床定义的最大强度。红斑的数值可以用单个检测值表示，也可以用多个检测值的平均值表示。

美能达分光光度计（日本大阪美能达）（色度计）是基于对与可见光光谱相对应的特定波长反射光的物理检测来分析皮肤表面的颜色。该仪器使用脉冲氙弧灯照明皮肤表面，然后垂直于表面反射的光在 450 nm、560 nm 和 600 nm 处进行三色激发颜色分析，并内置多个滤光器。结果以图表形式显示，以显示反射率与波长的关系。随后，按照国际照明委员会（Commission Internationale de l'Eclairage，CIE）（REF）的标准进行测定，并在三维 L*a*b* 系统中显示为比色值。其中，L* 值（亮度）表示从全黑（L*=0）至全白（L*=100）的相对亮度；a* 值表示沿着红绿轴的变化，其中绿色表面的 a* 值为 −60，红色表面的 a* 值为 +60；而 b* 值表示沿着黄蓝轴的变化，其中蓝色表面的 b* 值为 −60，黄色表面的 b* 值为 +60。

与其他仪器相比，色度计无法提供任何关于产生颜色物质的信息，而其他仪器只能检测特定发色团的波长。在 L* 值中，物体的亮度与色度无关，主要受绿光的影响。绿光不仅被黑素吸收，也被血红蛋白吸收，因此，L* 值受到色素沉着和红斑的影响。然而，M 指数仅受到来自皮肤红光的强度影响，因此，L* 值与 M 指数不相等，而 M 指数被认为是更特异的色素沉着标记。研究表明，CIE Lab* 颜色参数与红斑/黑素指数呈中度至高度线性相关[16]。

另外，Visi-Chroma VC-100® 是一种使用相同工艺的新型成像三色激发比色仪[9]。

17.6 研究过程

简而言之,"即使拥有工具,仍然有人不懂得如何使用。"

任何研究都必须遵循红斑检测的既定指南[17]。在进行任何红斑检测前,应建议受试者至少适应环境 20 分钟,且受试者处于平躺位。特别是在检测四肢时,这一点尤为重要,以避免立位效应影响皮肤血流,从而影响结果。在检测前至少 5 分钟,应将检测部位遮盖并保持静止。为了减少季节变化对环境相关变量的影响,必须控制室温和相对湿度,并进行连续检测。在恒温(19～23 ℃)的室内进行红斑评价最为理想,以避免皮肤血管舒张或收缩的变化。

为避免杂光对传感器产生误差,应避免在阳光直射下进行检测。此外,探头对皮肤的压力也会影响血管扩张。与任何无创仪器一样,了解以下信息非常重要:①皮肤检测区域的直径;②探头在检测区域的应用说明(例如通过探头重量或使用弹簧的恒压进行简单应用);③校准说明;④同一部位至少进行 3 次检测并计算平均值(每次快速记录之间抬起并重新检测)。

对于重复检测以评价治疗效果的情况,详细记录标记或检测区域的信息非常重要。此外,由于肤色在一天中会发生昼夜变化,a* 值会不断增加,因此最好在一天的同一时间进行重复检测。为了评价肤色变化,可能需要一个参考系,例如非阳光暴露区域。

体力活动、局部加热、酒精和其他因素可引起皮肤血管扩张,从而影响皮肤血流和肤色。吸烟、咖啡因、精神压力和肾上腺素能系统激活则与皮肤苍白(血管收缩)相关。在准备研究时,应系统地考虑这些因素。表 17.1 列出了可能影响肤色检测的因素。

表 17.1 影响肤色检测的因素

影响肤色的变量	如何影响
年龄	衰老皮肤的肤色可能会变浅
性别	男性皮肤可能比女性皮肤更红
种族	不同种族的肤色不同
	深色皮肤红斑的视觉评价具有误导性
解剖部位	一般而言,面部、颈部、手掌和足底的红斑指数最高
昼夜变化	皮肤红斑在白天加重
体力活动	由于血流量增加,皮肤红斑随运动水平的增加而加重。评价前 20 分钟的适应期很重要
心理活动	激活肾上腺素能系统导致外周血管收缩,使皮肤变白
立位性影响	如果检测区域对比心脏水平上升,皮肤红斑减少
尼古丁	导致血管收缩
酒精	导致血管舒张
温度	正常皮肤表面温度为 30 ℃。如果温度升高,血管扩张,从而出现红斑,并在 40 ℃时达到顶峰。室温最好在 19～23 ℃

（续表）

影响肤色的变量	如何影响
环境光线 / 阳光	可能影响肤色检测。探头必须保持垂直于皮肤表面以避免杂光
季节变化	夏季晒黑和冬季干燥会影响肤色
药物	非甾体抗炎药（NSAIDS）、抗疟药（如氯喹、奎宁）、抗精神病药（如氯丙嗪、吩噻嗪）、抗惊厥药（如苯妥英钠）、胺碘酮、四环素、细胞毒性药物（如环磷酰胺、白消安、博莱霉素、阿霉素）和重金属

参考文献

1. Sprikkelman AB, Tupker RA, Burgerhof H, Schouten JP, Brand PL, Heymans HS, et al. Severity scoring of atopic dermatitis: a comparison of three scoring systems. Allergy. 1997;52(9):944-9.

2. Charman CR, Venn AJ, Williams HC. Measurement of body surface area involvement in atopic eczema: an impossible task? Br J Dermatol. 1999;140(1):109-11.

3. Edwards E, Duntley S. Pigment and color of living human skin. Am J Anat. 1939;65:1-7.

4. Stamatas GN, Zmudzka BZ, Kollias N, Beer JZ. Non-invasive measurements of skin pigmentation in situ. Pigment Cell Res. 2004;17:618-26.

5. Serup J, Agner T. Colourimetric quantification of erythema a comparison of two colourimeters (Lange microcolourand Minolta chroma meter CR-200) with a clinical scoring scheme and laser-Doppler flowmetry. Clin Exp Dermatol. 1990;15:267-72.

6. Baquié M, Kasraee B. Discrimination between cutaneous pigmentation and erythema: comparison of the skin colourimeters Dermacatch and Mexameter. Skin Res Technol. 2014;20(2):218-27.

7. Stamatas GN, Zmudzka B, Kollias N, Beer JZ. In vivo measurement of skin erythema and pigmentation: new means of implementation of diffuse reflectance. Br J Dermatol. 2008;159(3):683-90.

8. Wang M, Xiao K, Luo M, Pointer M, Cheung V, Wuerger S. An investigation into the variability of skin colour measurements. Color Res Appl. 2010;43(4):458-70.

9. Barel AO, Clarys P, Alewaeters K, Duez C, Hubinon J-L, Mommaerts M. The Visi-Chroma VC-100: a new imaging colourimeter for dermatocosmetic research. Skin Res Technol. 2001;7:24-31.

10. Wuthrich B, Kagi MK, Joller-Jemelka H. Soluble CD14 but not interleukin-6 is a new marker for clinical activity in atopic dermatitis. Arch Dermatol Res. 1992;284(6):339-42.

11. Chilcott RP, Farrar R. Biophysical measurements of human forearm skin in vivo: effects of site, gender, chirality and time. Skin Res Technol. 2000;6:64-9.

12. Pandya A, Hynan L, Bhore R, et al. Reliability assessment and validation of the Melasma Area and Severity Index (MASI) and a new modified MASI scoring method. Am J Dermatol. 2011;64(1):78-83.

13. Na R, Stender IM, Henriksen M, Wulf HC. Autofluorescence of human skin is age-related after correction for skin pigmentation and redness. J Invest Dermatol. 2001;116(4):536-40.

14. Jemec GB, Na R, Wulf HC. The inherent capacitance of moisturising creams: a source of false positive results? Skin Pharmacol Appl Ski Physiol. 2000;13(3 4):182-7.

15. Lock-Andersen J, Gniadecka M, De Fine OF, Dahlstrom K, Wulf HC. UV induced erythema evaluated 24 h post-exposure by skin reflectance and laser Doppler flowmetry is identical in healthy persons and patients with cutaneous malignant melanoma and basal cell cancer. J Photochem Photobiol B. 1997;41(1 2):30-5.

16. Clarys P, Alewaeters K, Lambrecht R, Barel AO. Skin color measurements: comparison between three instruments: the Chromameter(R), the DermaSpectrometer(R) and the Mexameter(R). Skin Res Technol. 2000;6(4):230-8.

17. Fullerton A, Fischer T, Lahti A, Wilhelm KP, Takiwaki H, Serup J. Guidelines for measurement of skin colour and erythema. A report from the Standardization Group of the European Society of Contact Dermatitis. Contact Dermatitis. 1996;35(1):1-10.

第 18 章　防晒霜性能：防晒系数测定

Juergen Lademann, Joachim W. Fluhr, Martina C. Meinke　著

> **◎ 核心信息**
>
> 　　高剂量的紫外线辐射会导致皮肤晒伤、老化、免疫抑制，长期暴露还会增加罹患皮肤癌的风险。为了保护人类机体免受过度紫外线辐射的伤害，机体进化出晒黑和角化过度的保护机制。这些保护机制需要数天甚至数周的时间才能形成。因此，使用防晒霜是一种快速有效的防护策略。防晒霜的保护效果由防晒系数（ sun protection factor，SPF ）来衡量。但 SPF 值只能反映防护 UVB 光谱的效果，针对 UVA 光谱的保护标准也需要得到开发。在后续的阐述中，我们将详细介绍 SPF 值的测定方法以及防晒产品的分类规则。高 SPF 值的防晒霜可以降低日光暴露时间，减少自由基的形成并降低皮肤受损的风险。

18.1　简介

　　地球表面的太阳光谱从可见光谱、UVB 和 UVA 到红外辐射。太阳辐射既对人类健康至关重要，因为它可以刺激维生素 D 的合成 [1]，又会对人体造成伤害，如晒伤、免疫抑制、皮肤老化和皮肤癌 [2-3]。不过，人体已经通过增加黑素的合成来形成针对紫外线辐射的防护策略 [4-5]。黑素是一种高效的紫外线吸收剂，并在可见光谱范围内具有很强的散射特性，可以减少阳光对活体组织的穿透 [6]。皮肤中高浓度的黑素是可见的晒黑效应的物质基础，而紫外线辐射可引起人体皮肤最表层（角质层）厚度的增加，这种效应称为角化过度 [7]。它是对抗紫外线辐射的额外有效防护。这些保护作用需要数周的时间才能形成。在日常生活中，当皮肤暴露于阳光下时，通常没有足够的时间来适应引起的变化。

　　因此，在这种情况下，人工防晒非常必要。用纺织品和防晒霜覆盖暴露于阳光下的皮肤都是有效的保护形式。既往防晒产品的特征是防晒系数（ SPF ）[2]，它描述了对 UVB 的防护作用。目前，制造商还在防晒产品上宣称对 UVA 的防护。现在的防晒霜不仅含有紫外线吸收剂，还含有抗氧化剂、抗炎剂和其他成分，这些成分的风险尚未得到充分评价 [8]。此外，高达 50% 的自由基形成于可见光和近红外光谱区域 [9]，这些区域没有被紫外线吸收剂覆盖，但可以被抗氧化剂和色素还原 [10-11]。

18.2 UVB 防护

在 UVB 光谱范围（295~320 nm）内，防晒剂的防护效能可以通过 SPF 值来衡量。这是基于红斑形成作为皮肤对 UVB 照射的生物反应[12]。测定 SPF 值的过程需要对人体进行测试：将未受光保护的皮肤暴露于紫外灯照射下，该紫外灯发射的紫外光谱类似于地球表面太阳辐射的紫外光。然后确定产生红斑所需的最小 UVB 剂量（最小红斑量，minimal erythema dose，MED），并在防晒霜预处理的皮肤上重复相同的程序。ISO24444[13] 详细描述了这个过程。本指南阐述了紫外灯和防晒霜的特性，并建议防晒霜应以 $2mg/cm^2$ 的剂量涂抹于皮肤表面。

考虑到这些情况，SPF 值可以通过以下公式来计算：

SPF= 防晒皮肤的 MED/ 未行光防护皮肤的 MED

基于 ISO24444[13]，在 12~20 名皮肤类型为 I、II、III 型的受试者背部进行 SPF 值的测定。红斑的检测应在照射后 16~24 小时内进行。然后确定平均值和标准差。

许多因素会影响个体受试者的 SPF 值。最新的研究表明，皮肤表面结构（如皱纹及褶皱的深度和密度）会对 SPF 值产生影响。这一事实并不出人意料，因为防晒霜的效力取决于紫外线吸收剂的吸收特性和在人体皮肤表面的分布均匀性。虽然紫外线吸收剂的吸收特性取决于应用的化学化合物，但其在皮肤表面的分布均匀性则取决于应用方式（例如按摩方式）和皮肤表面的结构[14]。

在光滑的皮肤表面上涂抹防晒霜比在有皱纹和褶皱的皮肤表面上涂抹更均匀。因此，受试者的招募标准会影响 SPF 值的测量。此外，MED 测定所需的 UVB 剂量增加步骤不同，可能会影响结果。在防晒霜应用期间，应将相同浓度的 $2\ mg/cm^2$ 均匀地涂抹于整个研究皮肤表面。其他物质如抗炎剂[15]、抗氧化剂[11] 和 DNA 修复酶[16]，也会影响 SPF 值。

18.3 SPF 测定实例

18.3.1 MED 的测定

以下是防晒霜 SPF 测定的实例：首先，需要对受试者背部未受光保护的皮肤进行 MED 测定（图 18.1）。接着，再对被防晒霜保护的皮肤进行 MED 测定。

18.3.2 防晒霜应用

建议在检测受试者背部的皮肤区域前进行标记，并采用 $2\ mg/cm^2$ 的标准涂抹防晒霜。这可以通过注射器来实现：将防晒霜注入空注射器中，并确保注射器轮毂入口也填充有防晒霜，且没有气泡。随后清空注射器并进行称量。然后，将所需量的防晒霜再次注入注射器中进行称量。如图 18.2 所示，将小滴防晒霜均匀地涂抹于皮肤表面，完全覆盖标记区域。在涂抹防晒霜时，应用戴手套的手指均匀涂抹于皮肤表面。为确保手套充分浸泡于防晒霜中，建议先将手套置于防晒霜中浸泡 10 分钟（图 18.3）。然后，用纸巾擦拭手套并用于皮肤表面涂抹防晒霜（图 18.4 ）。

18.4 SPF 测定的国际方法

不同的方法可用于测定防晒产品的 SPF 值。欧洲采用的标准是 ISO24444[13]，而美国使用美国食品药品监督管理局（FDA ）的方法。澳大利亚和日本也拥有自己的 SPF 测定标准。这些方法都非常相似，但在受试者数量和使用的紫外灯光谱方面存在微小的差异。根据 ISO24444 的要求和个体 SPF 值的标准偏差，建议纳入至少 10 名受试者和最多 20 名受试者

图 18.1 用阳光模拟器测定背部皮肤 MED 值。http://www.schrader-institute.de/home/ pruefung/haut-pruefung/ sonnenschutz/

图 18.2 将防晒霜均匀涂抹于有标记的皮肤区域

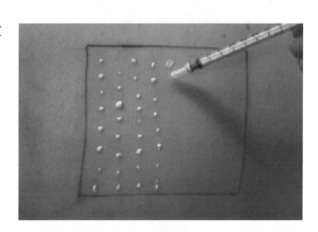

图 18.3 手套预先浸泡于防晒霜中

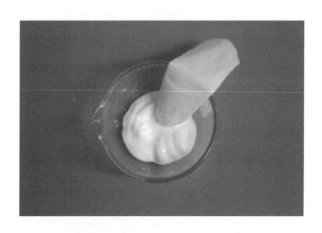

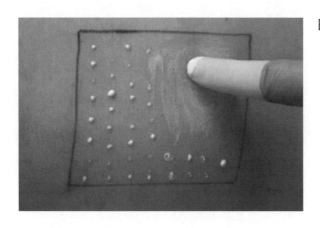

图 18.4　应用手套将防晒霜均匀涂布

进行测试。而 FDA 的方法则推荐至少纳入 20 名受试者。此外，FDA 方法使用的紫外灯光谱与 ISO24444 方法稍有不同，因此测定出的 SPF 值也略有不同[13]。

　　由于紫外线吸收剂吸收与 SPF 值之间存在非线性关系，不同防晒霜的吸收值在低 SPF 值时会有很大的差异，但在高 SPF 值时则几乎没有差异。例如，SPF 为 20 的防晒霜已吸收了 95% 的 UVB 辐射，而 SPF 为 50 的防晒霜则可以吸收 98% 的 UVB 辐射。

18.5　UVA 防护系数的测定

　　对于 UVA 防护系数的测定方法与 SPF 值的测定方法非常相似[17]。不过在测定 UVA 防护系数时，需要分析紫外线照射后皮肤色素沉着（晒黑）的变化情况，而不是分析红斑的情况。然而，这种方法可能受到多种因素的影响。首先，不同受试者的色素沉着强度根据其种族背景和生活方式的不同而不同。其次，对色素沉着变化的敏感测定非常困难。

　　由于提出了两种方法，对防晒霜的 UVA 防护效果的评价变得更加复杂。第一种方法被称为"即刻色素沉着"（immediate pigment darkening，IPD）[18]，该方法测定照射后 15 分钟色素沉着的颜色变化。第二种方法被称为"持续性色素沉着"（persistent pigment darkening，PPD）[19]，该方法测定照射后 2 小时色素沉着的变化。这两种方法得到的 UVA 防护系数差异显著，其中 IPD 值高于 PPD 值。许多防晒霜制造商使用 PPD 方法来评价其产品的 UVA 防护能力。值得注意的是，UVB（SPF）和 UVA 防护系数彼此独立。这两种方法都不代表国际公认的标准，而只代表一个确定近似值的特征。

　　澳大利亚标准[20]是测定 UVA 防护系数唯一有效的方法。根据该标准，只有当防晒霜在 UVA 光谱范围内的透射率最高为 10% 时，才能宣称其对 UVA 的防护作用。目前，大多数欧洲国家采用的是符合 DIN EN ISO 24443[21]标准的体外方法。该方法测定 UVA 防护系数（ultraviolet-A protection factor，UVAPF）并与 PPD 相关。为了测定 UVAPF，将防晒霜薄膜涂抹于 PMMA 板（PMMA：polymethyl methacrylate，聚甲基丙烯酸甲酯）表面，并在紫外光谱区检测其透光率。考虑到光稳定性，将体外 SPF 标准化为体内 SPF 标准。

18.6　防晒霜的分类

根据 2006 年 9 月 22 日欧盟委员会的规定，防晒霜应按照以下标准进行分类[22]：使用 PPD 法进行测试后，防晒霜的 SPF 值应至少为 6，UVA 防护系数应至少为 SPF 值的 1/3。根据不同的 SPF 值，防晒霜分为低、中、高和极高防护的不同组别和类别，具体情况如表 18.1 所示。

表 18.1　将 SPF 值分为 4 组：低、中、高和极高防护

类别	标签防晒系数（SPF）	产品抗红斑功效（SPF）	推荐最低限度的 UVA 防护
低防护	6	6 ~ 9	SPF 值的 1/3
	10	10 ~ 14	SPF 值的 1/3
中防护	15	15 ~ 19	SPF 值的 1/3
	20	20 ~ 24	SPF 值的 1/3
	25	25 ~ 29	SPF 值的 1/3
高防护	30	30 ~ 49	SPF 值的 1/3
	50	50 ~ 59	SPF 值的 1/3
极高防护	50+	60+	SPF 值的 1/3

18.7　展望

SPF 是一个重要的指标，它能够区分不同的防晒产品。然而，SPF 存在两个主要缺点。首先，SPF 仅与 UVB 防护有关。其次，SPF 的测试使用 UVB 光在人体受试者身上进行"有创"测定。针对第一个缺点，欧洲共同体出台规定[23]要求防晒霜对 UVA 的防护系数应至少是 PPD 方法测定 SPF 值的 1/3。但现在的问题是，波长＜400 nm 的日光（即可见光或红外光）是否对人体皮肤具有生物效应而损伤皮肤。最近的报道称，太阳辐射在人体皮肤中产生的自由基约 50% 与可见光和近红外光谱范围相关[9]。因此，引入一种类似于 SPF 的自由基保护因子，以表征皮肤受保护和未受保护的情况下自由基的形成。这种保护因子需要通过体外皮肤活检来测试。这是一种有创的方法，可使用猪进行这些测试[11]。

多种测定体外 SPF 的方法可供尝试，例如在具有结构化表面的塑料或石英板上涂抹特定浓度的防晒霜，然后通过光谱仪分析测试板的透射[24-25]。然而，该方法存在一定的缺陷，因为测试板的结构与真实皮肤表面的结构不相符合。相比之下，体内漫反射光谱（in vivo diffuse reflectance spectroscopy，DRS）[26]或混合 DRS（HDRS）[27]是一种更为可行方法，它结合了体内和体外检测，可以解决这个问题。通过在使用和不使用防晒产品的情况下检测皮肤内紫外线的漫反射系数并计算透光率，可以计算出与体外 SPF 计算一致的结果。值得注意的是，HDRS 的体内检测仅在 UVA 下进行，而体外紫外光谱会被调整为与体内 UVA 光谱相一致。此外，SPF 值与经典的体内 SPF 值一致[27-28]。另外，该方法还能够方便地确定 UVAPF。

18.8　结语

经典的 SPF 值被公众所熟知和接受，是衡量防晒产品效力的重要指标。其测定基于生物反应——红斑形成的侵入性过程。美国、欧洲、亚洲和澳大利亚使用不同的研究方案来测定 SPF 值，ISO24444 则为欧洲公认的指南。SPF 值与日光光谱中的 UVB 部分密切相关。尽管新的基于光谱的非侵入性体内方法正在开发，但对于 UVA 防护的评价目前尚无公认的方法。欧洲已确定防晒霜对 UVA 的吸收应至少达到对 UVB 吸收的 30%。至于可见光和红外光对皮肤的影响，需要更深入的研究，进一步的指导原则将有望出台。

参考文献

1. Jablonski NG, Chaplin G. The evolution of human skin coloration. J Hum Evol. 2000;39(1):57-106.
2. Pathak MA. Sunscreens and their use in the preventive treatment of sunlight-induced skin damage. J Dermatol Surg Oncol. 1987;13(7):739-50.
3. Phillips TJ, et al. Effect of daily versus intermittent sunscreen application on solar simulated UV radiation-induced skin response in humans. J Am Acad Dermatol. 2000;43(4):610-8.
4. Pathak MA, et al. Melanin formation in human skin induced by long-wave ultra-violet and visible light. Nature. 1962;193:148-50.
5. Zonios G, et al. Melanin absorption spectroscopy: new method for noninvasive skin investigation and melanoma detection. J Biomed Opt. 2008;13(1):014017.
6. Alaluf S, et al. The impact of epidermal melanin on objective measurements of human skin colour. Pigment Cell Res. 2002;15(2):119-26.
7. Jiang R, et al. Absorption of sunscreens across human skin: an evaluation of commercial products for children and adults. Br J Clin Pharmacol. 1999;48(4):635-7.
8. Paul SP. Ensuring the safety of sunscreens, and their efficacy in preventing skin cancers: challenges and controversies for clinicians, formulators, and regulators. Front Med. 2019;6:195.
9. Zastrow L, et al. From UV protection to protection in the whole spectral range of the solar radiation: new aspects of sunscreen development. Adv Exp Med Biol. 2017;996:311-8.
10. Meinke MC, et al. Radical protection by differently composed creams in the UV/VIS and IR spectral ranges. Photochem Photobiol. 2013;89(5):1079-84.
11. Souza C, et al. Radical-scavenging activity of a sunscreen enriched by antioxidants providing protection in the whole solar spectral range. Skin Pharmacol Physiol. 2017;30(2):81-9.
12. Hadgraft J. Modulation of the barrier function of the skin. Skin Pharmacol Appl Skin Physiol. 2001;14(Suppl 1):72-81.
13. ISO, 24444 Cosmetics Sun Protection Test methods In vivo determination of the sun protection factor (SPF); 2010.
14. Lademann J, et al. Influence of nonhomogeneous distribution of topically applied UV filters on sun protection factors. J Biomed Opt. 2004;9(6):1358-62.
15. Werner M, et al. Determination of the influence of the antiphlogistic ingredients panthenol and bisabolol on the SPF value in vivo. Skin Pharmacol Physiol. 2017;30(6):284-91.
16. Carducci M, et al. Comparative effects of sunscreens alone vs sunscreens plus DNA repair enzymes in patients with actinic keratosis: clinical and molecular findings from a 6-month, randomized, clinical study. J Drug Dermatol. 2015;14(9):986-90.
17. Yamashita T, et al. In vivo assessment of pigmentary and vascular compartments changes in UVA exposed skin by reflectance-mode confocal microscopy. Exp Dermatol. 2007;16(11):905-11.
18. Moyal D, et al. In vivo persistent pigment darkening method: proposal of a new standard product for UVA protection factor determination. Int J Cosmet Sci. 2007;29(6):443-9.
19. Moyal D, Chardon A, Kollias N. Determination of UVA protection factors using the persistent pigment darkening (PPD) as the end point (part 1) calibration of the method. Photodermatol Photoimmunol Photomed. 2000;16(6):245-9.
20. Roy CR, Gies PH, McLennan A. Sun protective clothing: 5 years of experience in Australia. Recent Results Cancer Res. 2002;160:26-34.
21. ISO, 24443:2013 05; Determination of sunscreen UVA photoprotection in vitro (ISO 24443:2012). German version EN ISO 24443; 2012.
22. Empfehlung der Europäischen Kommission vom 22. September 2006 über die Wirkung von Sonnenschutzmitteln und diesbezügliche Herstellerangaben. Aktenzeichen K; 2006. p. 4089.
23. Schrader K, Schrader A. Die Bestimmung der Sonnenschutzfaktoren nach COLIPA. Aktuelle Dermatologie. 1994;20:5.
24. Gers-Barlag H, et al. In vitro testing to assess the UVA protection performance of sun care products. Int J Cosmet Sci.

2001;23(1):3-14.
25. Pissavini M, et al. Validation of an in vitro sun protection factor (SPF) method in blinded ring-testing. Int J Cosmet Sci. 2018.
26. Reble C, et al. Evaluation of detection distance-dependent reflectance spectroscopy for the determination of the sun protection factor using pig ear skin. J Biophotonics. 2018;11(1).
27. Rohr M, Ernst N, Schrader A. Hybrid diffuse reflectance spectroscopy: non-erythemal in vivo testing of sun protection factor. Skin Pharmacol Physiol. 2018;31(4):220-8.
28. Reble C, Meinke MC, Rass J. No more sunburn non-invasive LED-based measurement of the sun protection factor. Optik Photonik. 2018;1:4.

第19章 洗发水和护发素检测

Trefor Evans 著

19.1 简介

在商场中漫步于护发产品通道，可能会令人不知所措，因为货架上摆满了各种各样的护发产品，并且承诺有各种各样的好处。然而，从技术上来讲，特定类型的产品配方之间的差异并不是非常明显。只需查看标签上的成分说明，就可以证明在大多数情况下它们都含有相同的成分或同类成分。当然，这些成分可以通过不同的方式进行配制，从而带来不同程度的效果和审美感受。然而，尽管如此，消费者最深刻的印象往往来自于产品的广告和营销方式。因此，对于护发产品的任何评价都需要考虑技术效益、美学和营销信息的综合作用，这样才能带来最成功的产品。

差异性是影响产品表现的重要因素。产品的表现取决于潜在的表面活性剂科学，但由于配方的相似性，产品表现的差异往往会被审美因素所掩盖。例如，吸引人的香味可能是消费者选择特定产品的主要原因。消费者可能会有意识地选择气味最好的产品，或者可能会因为气味的诱惑而认为该产品表现最好。技术评价方法可以量化产品如何改变毛发的特征，但它们不包含消费者接受度的信息。举例而言，仪器检测方法可用于检测护发产品的润滑度以促进毛发护理，但这些试验没有提供关于美学方面的信息。另外，消费者检测方法可评价接受度和喜好度，但由于存在多种美学和性能驱动因素，解释往往会变得复杂。因此，对产品的评价需要同时考虑消费者和仪器评价方法。此外，需要牢记的是，消费品是使用"消费者语言"进行营销，这往往与技术理解不符。因此，市场研究人员、市场营销人员和消费者科学家需要分析消费者谈论其毛发的方式，并用同样的语言阐述产品的益处。尽管存在例证表明消费者的自我预测错误地理解了根本原因，但这种说法在整个护发行业中一直存在。此外，存在许多相当模糊的消费者术语（如"身体"或"条件反射"），它们在很大程度上不符合技术描述和检测。因此，需要根据具体情况考虑技术或消费者评价方法何时何地最适合。从逻辑上讲，技术手段可用于量化毛发属性的物理变化，而人类受试者最适用于评价明显的消费者属性。

19.2　毛发科学概述

在讨论护发产品的检测之前，有必要简要介绍毛发和护发的科学背景。这是一个广泛而多样化的领域，而在这寥寥数页中无法给予充分的评价。因此，本部分试图提供一个简洁的概述，以帮助读者更全面地了解这个领域。

单个毛发纤维从头皮的毛囊中生长。事实上，这种毛囊分布于我们整个身体，但只有头部存在所谓的终毛，而更细的毛囊则分布在大多数其他部位。毛发的细胞生长和分裂发生在毛囊底部深处 [1-4]。当毛发长至头皮上时，它以一种生物惰性形式存在（虽然有些夸张，但通常认为毛发是由死细胞组成）。因此，毛发结构的健康和完整性取决于个人的习惯和做法。平均而言，毛发每月以 1/2 英寸（13 mm）的速度生长。因此，齐肩长发的末端可能已经暴露于磨损和撕扯中（清洗、梳理和潜在更有害的做法）长达 1 年了。特别是所谓的毛发化学处理（如染发、漂白、烫发和直发）被认为非常有害，但这并未发挥多大的威慑作用，许多女性消费者经常使用其中至少一种处理方法。

毛发具有极其复杂的结构，这一点无法置疑。然而，本文并不旨在对该主题进行全面回顾，而是为有兴趣的读者引路，让他们能够进一步阅读有关该话题的其他资料 [1, 4-6]。我们将毛发结构划分为 3 个区域。毛发的外层称作角质层，它由一系列坚硬、保护性、重叠的瓦片状结构组成。这种结构的完整性在很大程度上决定了毛发的手感。健康的毛发拥有相对原始的角质层结构，但经常梳理会逐渐导致角质层开裂、剥落和磨损，从而影响毛发手感。退化的角质层结构也会导致毛发护理问题，因为纤维间摩擦增加会导致毛发打结、缠结和梳理困难。此外，更不规则的表面也会减少毛发反射光线的能力，从而使毛发看起来暗淡、无光泽。接下来将会对这些参数及其他参数的评价进行更详细的探讨。

虽然毛发的外部结构对视觉和触觉特性有重要影响，但其对毛发强度的贡献被普遍认为相对较小或没有；相反，毛发的强度与纤维的内部结构即皮质有关。皮质是由晶体和无定形蛋白质区域组成的复杂结构，由脂质膜连接在一起。前文提到的化学处理是破坏这种结构的罪魁祸首，特别是交联键——影响皮质强度的主要因素。另一个破坏化学键的因素是日光紫外线，它通过光化学氧化导致断裂。这些因素显著降低了毛发的拉伸性能，使其更易于断裂。之后，清洗和梳理会进一步磨损断裂的纤维顶端并形成分叉。毛发内部结构的破坏也会导致其浸入水中时更明显的肿胀，进而导致在潮湿状态下缠结和梳理困难。尽管将"毛发损伤"这一广泛的主题基于内部和外部结构进行分类通常很方便，但这两者显然密切相关。角质层是一种坚韧且有抵抗力的结构，它保护着更脆弱的皮质。因此，角质层受损会降低保护能力，使内部皮质更易受到损伤。同时，皮质的反复肿胀和消肿会对角质层鳞片产生压力，最终导致裂缝和进一步损伤。

毛发的皮质层中含有黑素颗粒，这些颗粒是毛发颜色的来源。毛发的颜色因黑素数量和类型而异。当真黑素浓度增加时，毛发会从金色或棕色逐渐变为黑色，同时褐黑素的存在会导致红色和黄色色素沉积。缺乏黑素则会导致白色毛发的形成。尽管黑素对毛发外观有明显影响，但由于其仅占毛发总成分不到 2%，因此普遍认为黑素的存在或缺失对毛发的物理性能没有影响。

　　毛发结构的第 3 个组成部分是最内部的结构，称为髓质。以往很少有与化妆品相关的研究关注该区域，通常其被认为只是中空结构，用于增加纤维厚度。然而，最近的研究[7]表明该区域存在高浓度的脂质，这可能会重新评估这一观点。在粗纤维中（如亚洲人的毛发）往往存在明显的髓质，而在纤细的毛发中可能完全没有。图 19.1 展示了这 3 个区域的毛发结构，其中显示了断裂毛发纤维的高倍扫描电子显微镜（scanning electron microscopy，SEM）图像。

　　讨论了毛发的种族差异后，有必要进一步探讨"毛发类型"的主题。大多数研究表明，无论种族、形状或颜色如何，毛发的化学成分和结构组成均无显著差异。因此，可以认为所有的毛发类型本质上是由相同的"物质"组成，只是以不同的形状和大小被挤压至头皮。这与消费者的观念相反，他们期望产品针对自己的毛发类型和状态专门定制。然而在现实中，毛发的特性差异通常决定了对不同性能水平产品的需求，而非完全不同的处理方式。例如，亚洲人浓密的毛发再加上对直发、时尚风格的渴望，导致对强化调理功效产品的需求。相比之下，对大多数西方消费者而言，这类产品可能过于厚重，因为他们希望获得同样的调理效果，但不会达到同样的强化功效。同样的情况也存在于特定种族的不同发质中，例如浓密的长卷发和短细发需要不同的调理功效。唯一的例外是非洲人群毛发，这种高度卷曲的结构会导致特殊的问题，因此需要不同的护理方法和产品。

　　在考虑毛发的一般特性时，不能忽视水分所带来的显著影响。湿发和干发的性质存在显著差异。从技术上讲，这是因为水分子易于渗透至毛发结构中导致相应的肿胀和塑化（软化）。因此，潮湿纤维更脆弱，摸起来明显更粗糙，因此在潮湿状态下梳理更加费力。许多人熟悉在炎热潮湿的夏天无法保持发型的情况，这是因为大量吸附的水分软化了毛发纤维，使毛发在自身重量作用下塌陷。另一个极端是在寒冷、低湿度的冬天，毛发水分含量下降时积聚的静电会成为一个问题。因此，在进行毛发试验时，需要注意环境相对湿度。

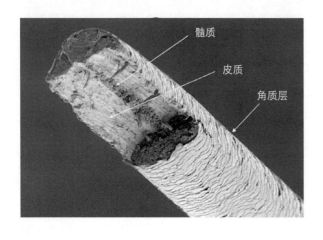

图 19.1　毛发纤维的结构特征

19.3　洗发水概述

一款典型的洗发水常常有过多的功效和宣传，导致人们有时会忘记它的主要功能是清洁毛发。毛囊内含有一个皮脂腺，它会分泌出油性物质（皮脂）至毛发和头皮上，因此积聚一天左右的污垢就需要清洗了。此外，毛发还会被"外源性土壤"所覆盖，主要原因是使用调理和造型产品后残留的沉积物。阴离子表面活性剂（如十二烷基硫酸钠）在许多清洁产品中被广泛使用，这些成分的配方可以形成一种动态聚合结构，称为胶束，它可以溶解油性物质，而单独用水无法清除这些物质。这些结构是在联合表面活性剂（如椰酰胺丙基甜菜碱）和盐类（如氯化钠）的辅助下形成的。然而，任何曾经体验过洗发水进入眼睛的人都可以证明，这种表面活性剂往往相当刺激。近年来，制造商开始采用乙氧基阴离子表面活性剂（如月桂醇硫酸钠）。这种表面活性剂刺激性较小，但清洁度也相对较低。

现如今，有部分人认为含有硫酸盐的表面活性剂过于刺激，不含硫酸盐的洗发水变得很受欢迎（尽管没有可靠的技术证据来支持这种观点）。因此，我们需要权衡采用更具侵蚀性和浓度更高的表面活性剂所能带来的更好的清洁效果和可能导致的更多刺激。为了解决这个问题，制造商根据消费者的需求生产出具有不同清洁性能的洗发水。在这个范围内，高强度指的是强效清洁的"清洁洗发水"，通常是定期而非每天使用，以最大程度地减少更多实质性成分的积聚。另外，儿童洗发水则采用较为温和的配方，因为儿童的皮脂分泌水平较低，很少使用调理和造型产品。进一步根据这一逻辑，可以看出不同类型洗发水（如适用于正常、油性或干性发质的洗发水）的配方差异以及存在的原因。

通过简单的重量分析实验可以快速估计表面活性剂浓度。这些原料代表主要的非挥发性组分，经过彻底干燥后进行测量。如果需要更精确地测定这些成分的浓度，可以使用表面活性剂滴定法。同时，已知的方法可用于预测表面活性剂体系的侵蚀性，例如角质层测定法或玉米醇溶蛋白试验。

虽然产品性能的评价指标相对较少，但洗发水还有许多美学驱动因素。首先，消费者的观念经常受到产品黏度的影响——浓稠的配方通常被认为是"更丰富"或"更豪华"。从技术上讲，水样轻薄的洗发水同样可以有效地清洁毛发。但由于消费者偏好浓稠的配方，产品必须易于涂抹，并且容易分布于毛发各处。考虑到这种看似矛盾的特性需求，我们进入了"流变学"领域——即研究物质如何流动的学科。洗发水和护发素属于一种被称为"剪切稀释"的液体，剪切力的应用（例如摩擦）会导致黏度下降。因此，置于手掌上看起来黏稠的产品仍然可以容易地按摩至毛发表面。应用于毛发后，泡沫质量是另一个重要的美学考量。虽然严格来说这并非技术功能的属性，但消费者已经开始期待丰富的奶油样泡沫。然而，泡沫和产品必须在冲洗过程中随时从毛发上移除，最好不存在任何残留的感觉。

总体而言，必须解决毛发护理产品的稳定性问题。正如之前所述，这种配方是由水、表面活性剂、辅表面活性剂、油、盐类和聚合物的复杂混合物组成。这些混合物相互作用形成所需的结构和效果。然而，这种相互作用是暂时的，可能会导致配方性质的变化。因此，在整个产品生命周期中，包括制造、运输、仓库储存、商店货架期和最终放置在浴室架上，人们期望产品保持相同的结构、性质和性能。一般认为产品的稳定性应该达到 3 年。但产品的上市时间表不允许对新配方进行如此长时间的稳定性测试。相反，需要进行加速老化研究，通常使用 50 ℃、暴露 3 个月作为 3 年货架期稳定性的替代指标。此外，由于在运输和（或）仓库储存过程中，产品可能会遇到相对极端的温度（甚至在两者之间循环）。因此，在稳定性测试中也需要监测一系列冻融循环后的稳定性。

19.4　二合一产品（洗发水与护发素）概述

在 20 世纪 80 年代中期，宝洁公司推出了一种新型的洗发水和护发素混合产品，称为 Pert Plus 品牌（也被称为二合一产品）。这种产品通过在毛发上沉积高分子量的硅油来改善毛发质感，帮助护理毛发。其他制造商很快效仿，这类新产品很快成为洗发水的一个重要分支，但如今这种产品已经被重新纳入到洗发水的范畴中。一些制造商可能仍然区分"传统"洗发水和二合一产品，但其他制造商则将两者都包括在同一产品线的变体中。

值得强调的是，沉积硅油的主要目的是去除毛发表面的油脂和污垢。有两种机制可以实现这一点。最基本的方法是使用相对较大的硅滴（≥20 μm），通过简单包裹毛发纤维导致沉积。然而，这样的沉积物常常受到表面活性剂体系的影响，因此不是最有效的方法。第二种更巧妙的方法是利用阴离子表面活性剂和某些阳离子季胺功能化聚合物[8]（聚二氯乙基醚四甲基乙二胺，即聚塞氯铵）之间的复杂相互作用。在表面活性剂浓度较高时，聚合物和表面活性剂以单相均匀体系的形式存在，但稀释后复合物会析出，从而促进硅滴的絮凝和沉积。此外，由于沉积是在表面活性剂浓度降低的情况下发生，故去除的可能性较小。这种方法通常被称为聚合物辅助沉积或凝聚辅助沉积。

这种二合一产品的配方稳定性是一个更大的问题，其中硅滴必须均匀分布并在整个样品有效期内保持。水和硅树脂密度的差异导致油滴有向表面靠拢的趋势，其移动速度与油滴的大小呈正比。为了提高产品稳定性，加入聚合增稠剂（如乙二醇双硬脂酸酯或卡波姆）可以降低剪切黏度并减缓沉降速度。

二合一产品的许多配方变量会影响毛发的硅酮沉积量。这些因素包括表面活性剂强度、硅油滴大小、阳离子聚合物的存在以及聚合物的性质。因此，通常需要对硅树脂的沉积水平进行量化。常用的两种分析技术是电感耦合等离子体光学发射光谱（inductively couple plasma optical emission spectroscopy，ICP-OES）和 X 射线荧光（X-Ray fluorescence，XRF）。虽然 ICP-OES 可能更加敏感，但它需要从毛发表面提取硅胶，而 XRF 则可以在原位进行检测。

在考虑任何预处理配方的沉积效率时，需要注意其对使用方式的依赖性。如果使用较大的产品量和（或）停留时间较长，沉积会显著增加。此外，冲洗毛发的彻底程度也会影响沉积量，更长的冲洗时间和更大的水流速度使得沉积更少。在实验室（实际场景是美发店）条件下进行检测可以控制这些变量，例如通过称量或注射器使用产品，通过准确计时控制使用时间，通过使用淋浴喷头控制温度和流量。然而，当产品交付给消费者使用时，就失去了对这些变量的控制。因此，消费者需要适应性地调整使用方式以适应其特定需求。例如，如果配方体系功效不足，消费者可以使用更高的剂量、更长的停留时间和（或）重复应用来补充。因此，通过一些用户的适应性调整，一种特定的产品仍然可适用于多种发质，尽管这一事实很少被宣传。

另外，我们需要简要阐述二合一产品的美学因素。这种配方明显与传统的洗发水非常相似，但可以通过增加低剪切黏度来提高稳定性。添加硅酮可以形成水包油的乳液，从而形成白色不透明的基质。最初，二合一产品的策略是使用微乳液，其中极小的粒径（＜100 nm）允许光通过而不发生散射。现在润滑的聚塞氯铵可以替代硅酮。含有珠光成分（如乙二醇二硬脂酸酯，EGDS）的配方通常用于改善不透明产品的视觉感受。二合一产品的主要美学问题涉及与沉积原料相关的两面性。正如我们已经提到的，毛发受损、浓密和（或）卷发的人通常需要高强度的护发素来帮助调理，但是这些相同的配方会对纤细的毛发造成损伤，导致脆弱且缺乏容积和形态。可预见的是，二合一产品不能提供与传统护发素产品相同强度的调理作用。然而，对于某些人来说，硅酮、表面活性剂 - 聚合物复合物和珠光成分的沉积可能过多，会使毛发感觉被遮盖和不清洁。这种涉及体系作用和形态 / 容积的权衡将在第 19.5 部分中进一步讨论。

19.5　护发素概述

二合一产品显然是在数年前护发素产品推出之后推出的。它不仅能够清洁头发，还能够进行调理。这类产品早期常被称为"奶油冲洗液"，通常呈现为白色、不透明、黏性的液体，其作用在于润滑头发表面。尽管护发素也被赋予了各种标签宣传其益处，但实际上这些标签都是基于对这种润滑能力的创造性推断而来的。虽然"调理"是消费者常用语，试图给它一个学术定义可能会很危险——然而，如果在特定程度上感知到头发"状态"的改善，这种改善似乎合乎逻辑。因此，我们可以看到该产品在改善头发的感知状态方面具有遮盖粗糙、退化角质层表面的功效。

此外，从消费者的语言角度而言，如果头发的状态得到改善，人们可能会认为发生了某种形式的"修复"，或者如果认为头发干燥引起了负面感觉，那么人们可能会认为需要"滋润"。从技术角度来看，该产品并没有以任何方式改变头发的物理结构，也没有对头发的水分含量产生任何影响，但消费者的认知决定了在产品营销中继续使用这种语言。此外，我们还可以看到该产品可减少头发打结和缠结的数量，从而使头发更容易梳理和管理。最后，该产品通过减少头发表面的磨损来"保护"头发，这最终使头发处于比未经处理的头发更为坚固的状态，从而减少了头发的断裂。

该产品的润滑能力来自于使用阳离子表面活性剂。这种活性剂能够产生层状液晶结构，进而实现润滑作用。在这种层状结构中，分子排列成片状，易于相互滑动，从而提供润滑效果。值得注意的是，这种结构在潮湿状态下存在，并且只有在这种条件下才能发挥润滑作用。毛发表面通常带有轻微的负电荷，这可以吸引并促进带正电荷表面活性剂的沉积。为了构建这种层状结构，通常使用季胺官能团的表面活性剂，例如季铵盐（如西曲氯铵、二乙基二铵氯）以及辅表面活性剂（如硬脂醇、十六醇）。需要注意的是，即使干燥后仍存在的蜡质沉积物也能提供一些润滑和感觉上的益处，尽管这通常不太明显。此外，护发素在干燥状态下的另一个显著益处是阻止静电飞离。低湿度条件下，梳理干燥的毛发会导致大量静电积聚，引起单个纤维间的互斥，从而导致不希望出现的束状、蓬松外观。虽然有关这些益处产生的机制仍存在争议，但是这些产品在预防上述情况方面的有效性却毋庸置疑。

如前所述，本书介绍了一系列针对不同客户需求的护发素产品，它们的性能各不相同。高浓度的护发素沉积量更大，适用于毛发更长、更厚、更卷曲或更受损的人群。这些产品通常会在营销中强调其"强化""保湿"或"增强保湿"等特点，或被描述为"用于干燥受损发质"的产品；相反，低浓度的护发素则适用于毛发更纤细、更稀疏的人群，旨在提供修护而不影响发量和发质。因此，这些护发素通常会被描述为"增强发量"或"增强发质"的产品，尽管它们实际上并不包含"增强"成分，而是通过使用较低浓度的修护成分来达成最终目的。

虽然护发素的配方存在巨大差异，但与前文提到的洗发水一样，它们有许多相同的美学驱动因素。产品的流变学也非常重要，护发素需要具有浓稠而丰富的质地，在涂抹时易于操作，并提供令人愉悦的奶油状稠度。同时，护发素还必须易于在头发上冲洗干净，且不应在潮湿或干燥的状态下给人留下残留的感觉。

19.6   评价方法

本文旨在向读者介绍毛发及毛发护理产品的复杂"世界"，强调其技术性能和消费者意见，并指出两者可能完全缺乏相关性。作为内容介绍的一部分，现在需要聚焦关注评价方法，特别是研究与这些产品相关的主要属性。多年来，我们通过与消费者讨论问题、预期、习惯和做法，同时仔细关注所使用的语言，确定了这些属性。一旦发现这些属性，人们可能希望了解是否存在科学原因和解释来描述这些感知。简而言之，这是将"消费者语言"解码为"科学语言"，从而开发出能够缓解或纠正负面症状解决方法的过程。这是一个持续的过程，科学文献和技术研讨会不断提高我们的认知。本章的最后一部分聚焦于目前对一些最重要领域的思考。但是，在讨论这些领域之前，有必要对消费者评价和仪器功效检测领域进行介绍。

19.6.1   消费者评价方法

消费者评价原则上可采用广泛的实践方式。从个体随机讨论对某种产品的喜爱，到所有人都有特定毛发类型的大样本群体填写关于特定品牌或产品概念适用性的冗长问卷。显然，这两种情况代表着不同的工作级别，并且会产生不同级别的信息量。简单的指导可以从快速简单的评价中获得，但是新的见解可能需要更复杂和更详细的方法。

在产品开发过程中，随着产品接近上市，消费者评价的信息通常会逐渐变得更加详细。

新产品开发始于熟练的配方化学家，他们的经验使其能够生产具有相当好性能和美观特性的原型配方。然而，这仍然只是个人意见，主要原型配方需要交给同事以获得更多意见。然而，这样的评价是由熟悉护发产品的个人进行，这些专业评价人员的意见可能并不代表更纯粹的、典型的消费者。尽管如此，这个过程为配方设计师提供了一种思路方法，有助于对主要原型配方进行迭代改进。

在许多情况下，原型配方检测会演变为内部沙龙，由经验丰富的发型师在受试者身上以相对可控的方式使用原型配方，并通过问卷从造型师和小组成员那里获得反馈。这样可以继续淘汰效果较差的配方，为完善原型配方提供指导。最终，原型配方会交付给受试者，他们会将其带回家中并用于日常毛发护理。这个过程通常包含一个基准检测，通常是行业领先的上市产品，以为性能和美观性的比较设定一个适当的高目标。反馈通常从更详细和冗长的问卷中获得，这些问卷现在特别深入地探讨各种属性。此外，参与者可能被要求参加焦点小组，这通常由圆桌对话组成，讨论配方的优缺点。即使在开发出强效配方后，可能仍需检查是否与产品的营销理念相匹配。因此，在对同一款产品进行"概念"和"非概念"检测时，消费者的意见可能存在差异。

消费者科学是一个高度发展的领域，上述简短的概述无法充分展现其全貌。如有兴趣，读者可参考该领域的详细文献 [9]。

19.6.2　技术评价方法

由于毛发是一种非生物活性物质，其结构和性质不易改变，因此可以在不影响其质地的情况下进行提取和储存，使得对单根毛发或经过特殊处理的毛发束（通常称为发束、发条或发板）进行离体实验成为可能（图 19.2）。毛发护理产品制造商（以及原材料供应商）通常需要进行这些实验，因此出现了经营毛发采购和销售的企业。通常，这些毛发束或毛发由混合不同个体的具有相同毛发类型的毛发组成，并以均匀的方式混合（图 19.3）。然而，特定类型（如细、粗、直、卷）和不同种族的毛发都可以获得，甚至可以获得经过预先损伤的毛发。在实验室测试中，使用化学处理过的毛发作为基准样本非常有用，因为可以放大某些产品的效果。此外，由于化学处理毛发的损伤率很高，因此可以合理地认为这种状态更能代表典型消费者的毛发。

实验室检测的优势在于其以高度可重复的方式进行。在受控环境条件下可对特定毛发类型进行检测，采取严格的使用、清洗和干燥条件。当然，这属于人为条件，因为消费者会以多种不同的方式使用产品。随后，仪器检测通常被认为是获得有关产品功效基本信息的有效手段。

进行这样的检测时，需要再次强调湿度对毛发干燥状态特性的影响。因此，产生可重复数据需要受控的室内环境，其不仅要封包仪器，而且可在检测前对毛发进行充分平衡。还需要注意的是毛发是高度可变的基质，因此必须进行足够的重复样品以确保对结果进行适当的统计分析。同时，利用作为对照的内部质控也是良好的实验室操作，同时还能提供可重复性方法的试验记录。

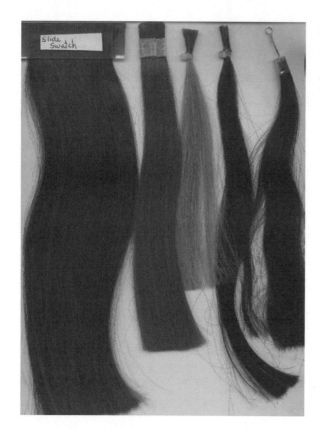

图 19.2（见彩插） 展示了不同形状和大小的毛发，这些毛发可用于检测护发产品。图片由纽约国际毛发进口商（International Hair Importers，New York）提供

图 19.3（见彩插） 展示了将不同个体的毛发混合成均匀毛发的过程。图片由纽约国际毛发进口商（International Hair Importers，New York）提供

　　以下是常用的仪器检测方法，用于评价与消费者相关的毛发属性和产品功效。需要注意的是，毛发护理行业暂无通用标准检测方案，这对大多数人来说令人沮丧，而对利用这种情况提出模糊性宣称的人而言有利。尽管如此，在整个行业中仍有一些方法被广泛采用，但是每个实验室可能会有其略微不同的使用方式。

19.7　表面损伤评价：显微镜

古话说："眼见为实，耳听为虚。"因此，高倍显微镜下显示毛发状态或产品沉积方式的图像备受欢迎，这并不奇怪。角质层结构的退化可能包括剥落、开裂、隆起和（或）磨损，所有这些都可以在高倍镜下观察到。图 19.4 和图 19.5 分别为使用扫描电子显微镜（SEM）在 450× 和 750× 放大倍率下生成的图像。图 19.4 展示了毛发纤维外部的角质层如何被完全侵蚀掉，而图 19.5 则揭示了由于反复梳理的应力而产生的横向裂纹。

需要再次强调，洗发水和护发素无法从物理上修复退化的角质层结构，但它们提供的润滑作用可以掩盖这种情况，从而营造修复的感觉。如图 19.6 所示，护发素沉积物可以平滑角质层结构。

使用这种技术需要注意毛发纤维微观区域，因此检测单个样本时，有可能同时发现原始和严重受损的区域。为了负责任地使用这种方法，必须检测毛发纤维上的多个不同区域，并记录有代表性的图像。

图 19.4　显示毛发纤维角质层磨损的扫描电子显微镜图像（450×）

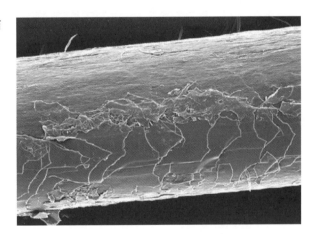

图 19.5　显示毛发纤维角质层开裂的扫描电子显微镜图像（750×）

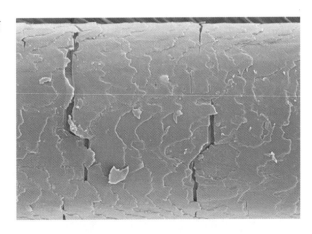

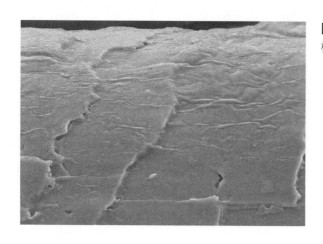

图 19.6 显示护发素沉积物平滑角质层结构的扫描电子显微镜图像

为了描述毛发表面的完整性，人们通常希望采用数值来展示。这可以通过采用一个分级量表来描述表面损伤的程度，例如表 19.1 所示的 5 分制分级量表。

表 19.1 毛发表面损伤程度的分级量表

分级	描述
1	角质层高度受损。角质层大量缺失和（或）角质层鳞片明显隆起，可见大块的鳞片脱落
2	角质层受损的明显迹象。单个鳞片显示出明显的隆起、皲裂、碎裂和其他磨损迹象，大量表面碎片和脱落的角质层物质
3	个别角质层鳞片中等磨损。一些隆起、皲裂和碎裂
4	角质层边缘相对轻微磨损。只有少量迹象表明角质层末端有隆起和皲裂
5	基本是原始的角质层外观。角质层边缘的磨损极小

19.8 柔顺度

如前所述，护发素的主要功能是润滑毛发表面，以改善毛发的护理和感觉。量化护发素润滑性能的最热门和最相关方法是通过毛发梳理的仪器检测[10-11]。其基本原理是检测梳子穿过发束时的摩擦力。试验需要适当的机械检测仪器（例如拉伸强度试验机 Instron™、全自动微拉伸毛发检测仪 Diastron™ 或纹理分析仪 Texture Analyzer™），并且可能需要将压力探测器连接至梳子或发束。为了确保统计严谨性，需要重复梳理多个发束样本以获得检测平均值。

这类检测通常在干湿两种状态下进行，然而如前所述，与护发素产品相关的益处在潮湿态检测中更为明显。也就是说，所需梳理力的下降幅度要大得多。已经描述了对不同强度调理产品的需求，因此可以看到额外带来保湿的护发素通常比额外增厚发体的产品更能降低梳理力。

当然，"润滑"是一种科学特性，而非消费者通常使用的语言。然而如前所述，这种特性经常用于验证功效宣称，以及与平滑、柔顺、调理、保护甚至保湿相关联。

19.9　强度

消费者普遍认为毛发的健康与其强度密切相关。他们常用"强壮、健康的毛发"这样的词语来形容健康的毛发，与易碎、脆弱、易断裂并且因此"受损"的毛发有所区别。毛发纤维的实际拉伸性能通常通过产生的应力 - 应变曲线来评价[12]。为了测量毛发纤维的抗拉性能，可以使用合适的机械检测仪器（例如全自动微拉伸毛发检测仪）拉伸纤维，并通过测力传感器检测应力。显然，较粗的纤维相比于细纤维有更强的抗拉性能，因此通常将纤维截面积的力学标准化，以产生与纤维尺寸无关的度量单位（即应力＝力／单位面积）。如前所述，化学处理、紫外线和日常磨损都会对毛发纤维的抗拉性能造成影响，这些因素都可以通过实验评价其显著性的影响。然而，也有可能是消费者感受到的负面感觉属性（如与退化的角质层结构有关）是"受损"的信号，从而导致了强度的下降。

然而如前所述，可以认为护发素提供的润滑可以减少毛发的打结、缠结和磨损，从而提供一定程度的保护，并最终使毛发的属性比不使用这些产品时更完整。这一益处可以通过反复梳理试验来得到生动的说明，在试验中毛发被反复梳理或刷洗，随后计数断裂的纤维[13]。虽然这种实验可以通过手工梳理毛发来完成，但在旋转滚筒上使用刷子或梳子制作的仪器具有更高的重复性，也更省力。使用护发素会大大减少纤维的断裂，这是"抗断裂"功效宣称的支持证据之一。需要注意的是，洗发水和护发素并不能从物理上改变毛发纤维的拉伸性能，但是从消费者的角度来看，表面损伤的掩盖可能会让人觉得情况得到缓解。

19.10　静电阻滞

当两个物体在摩擦时，通常会发生电荷转移。梳理毛发时，单个纤维通常会释放电荷并带有正电荷。由于相同电荷纤维间的斥力，这些纤维会在表面产生静电飞离现象。这种表面电荷的稳定性与纤维的导电性相关，并且与毛发的含水量密切相关。低湿度条件下毛发的导电性较小，电荷不易消散。因此，冬季静电飞离是一个常见问题。传统的护发素处理在防止静电积聚方面非常有效，尽管对其机制存在一些争议。这种机制可能是润滑作用（减少电荷积聚）或阳离子表面活性剂沉积（促进电荷消散）。

实验室中可以使用各种商用传感器来定量测量毛发的静电水平。毛发必须在低湿度条件下达到平衡状态，然后进行特定次数的刷洗或梳理（最好使用自动化仪器，但手动梳理也可以）。对产生的静电荷进行科学检测可以量化产品功效，尽管可以通过对产生的毛发静电现象进行简单的视觉观察来评价。

最初人们注意到，这种现象与电子在毛发和梳子之间交换的难易程度有关。因此，结果将取决于用于制造这些工具的材料。梳子和刷子可以由各种各样的物质制备，它们释放或获得电子的能力由其在摩擦力学属性中的相对位置来表示。

19.11　光泽度

当两个物体接触并摩擦时，通常会发生电子转移现象。梳理毛发时单根纤维通常会释放电子，因此技术上的光泽度用来衡量光线在表面完全反射的能力[14]。因此，当角质层结构退化或材料在表面堆积时，毛发就会变得暗淡。因此，人们普遍认为，最闪亮的状态是干净健康的毛发。这也说明了洗发水是如何从本质上被认为可以改善光泽度，因为它可以清除暗淡的沉积物——实际上，光泽度提升的检测已被用于表明不同配方的清洁能力。然而理论上，护发素或造型成分的沉积会阻碍毛发表面的光线反射，从而降低光泽度。换言之，影响光泽度的另一个主要因素是毛发纤维排列——当这些毛发纤维高度对齐时，光线更清晰地反射于光滑、顺直的毛发表面。因此，可以认为有助于毛发对齐的产品（如护发素和造型产品）能够提高光泽度。这也解释了在护发领域中可能出现的矛盾心理，尤其是在试图推出引人注目的产品宣传时。

测角光度计可以用来检测光线在单根毛发纤维表面的反射能力。单向反射光会以与入射光成 90° 角的角度从表面反射（即镜面反射），而经过一定程度散射的光线则会以各种其他角度到达探测器（即漫反射）。已经提出了许多计算公式，试图通过涉及镜面反射和漫反射相对量的各种比率来量化光泽度，但是这些检测技术与消费者所观察到的一致性还有待商榷。

尽管单个纤维检测提供基本信息，但评价毛发阵列显然也是必要的。为此，通常使用偏振光和非偏振光相结合的方法来收集发光带图像。在平行偏振器就位的情况下，所有反射光都能够被捕获于图像中；而垂直偏振器则能消除镜面反射，仅允许观察漫反射。因此，通过对两幅图像进行相减，可以对镜面反射进行评价。这两个变量可结合使用各种光泽度计算公式，提供量化数据。值得注意的是，这种检测通常是在对齐状态下的毛发上进行，因此这种方法仍然无法完全准确地捕捉到对齐的效果。

另一个重要的光泽度因素是毛发颜色。高水平的色素沉淀（即深色毛发）能够阻止光线穿透毛发，导致光线在其中散射，最终以与入射光束不同的角度到达探测器。因此，深色毛发会产生更高比例的镜面反射，从而表现出更高的亮度。

19.12　发色褪变

约 15 年前，护发产品中流行一种说法：护发产品含有防止褪色的功效。这些研究主要集中于永久性染色的毛发，由于清洗和（或）暴露于紫外线下，毛发颜色会有一定程度的变化。永久染发产品的工作原理是通过引发染料前体之间的复杂反应发挥作用，并逐渐扩散至毛发。这种反应产生具有所需颜色的较大分子，同时也降低了从毛发扩散的可能性。然而，清洗时仍会出现一些颜色"渗出"而导致整体颜色逐渐改变。

颜色保护的一种方法是使用侵蚀性较小的洗发水表面活性剂体系。也就是说，温和的表面活性剂去除毛发残留物的效果较差，因此不太可能导致颜色褪色。另一种经常提出的方法涉及疏水性材料的沉积。据推测，疏水性材料在毛发表面形成一个屏障，有助于"密封"染料或者至少有助于减缓任何染料从毛发脱落。

毛发颜色可用商用色度计检测，通常使用 CIELAB（L，a，b）系统。其中，"L"表示 $0 \sim 100$ 范围内的亮度，"a"表示红 - 绿色范围（正值表示红色越高），"b"表示黄 - 蓝色范围（正值表示黄色越高）。因此，颜色在三维空间中被量化，且颜色变化可被评价为 ΔL、Δa 和 Δb，或者作为整体颜色变化 ΔE，即 $\Delta E = \sqrt{\Delta L^{*2} + \Delta a^{*2} + \Delta b^{*2}}$。

这样的试验最好在颜色相对较浅的毛发上进行，因为染色会在初始和最终状态间产生更大的差异。因此，有可能出现更明显的变色，从而更好地评价配方[15]。

19.13　保湿性

如前所述，水分含量对毛发特性具有显著影响，这可能是消费者感觉毛发"干燥"的原因。实际上，毛发的水分含量与环境相对湿度密切相关，而受使用习惯、使用方式和产品用途影响较小。在高湿度环境下，毛发水分含量较高，而在低湿度环境下则相反。因此，毛发的含水量会随着个体的日常活动而不断变化——从一个房间到另一个房间，从一个建筑物到另一个建筑物，从室外到室内，因为湿度条件是不断变化的[16]。

"干燥"这个词很可能是通过类比皮肤护理而产生，其中粗糙和粗糙度与"皮肤干燥"有关。然而，毛发的粗糙度与角质层结构退化有关，而与任何部分干燥状态的存在无关。因此，如前所述，对于这种症状的护理应该是润滑，而不是调节任何含水量。实际上，与消费者交流时，我们会注意到"调理"和"保湿"这两个词可以互换使用。

这是本文强调的一个典型例证，即"消费者语言"和"科学语言"并非一致。从技术角度而言，这可能会促使人们重新教育消费者，以纠正这些误导性假设。然而，我们必须谨记最终目标是销售产品，因此通常更易于坚持"消费者语言"。因此，当消费者需要通过"保湿"处理来改善他们的"干燥、受损毛发"时，制造商会提供润滑处理，以消除这种症状，并让用户考虑如何恢复其"水分平衡"。

19.14　统计分析

人类的毛发是一种极其多变的材料。最明显的是毛发的大小、形状和颜色有多种，但是这些基本特性会进一步受到消费者护理习惯和方式的显著影响。这些基本特性主要促成了"毛发类型"的概念。在这种情况下，毛发常被划分为各种各样的类别，例如粗 / 细、金发 / 黑发、直发 / 卷发、健康 / 受损等。然而，任何个体头部不同区域毛发的特性也有相当大的差异。例如，单个纤维在直径和形状（椭圆度）上表现出相当大的差异[17]。此外，由于随年龄增长，毛发磨损的程度增加，毛发完整性的差异很可能从任何特定纤维的根部发展至尖端。简而言之，任何使用单根毛发纤维进行的检测过程都可能产生相当大的标准偏差。同样，尽管尽了最大努力，将毛发混合成发束也不能产生完全相同的实体；而且一定程度的可变性将导致使用这种阵列式的检测流程。这一切都需要在任何试验中使用适当数量的重复样本，以便进行适当的统计分析。

一般情况下，涉及发束检测的方法通常使用 8 ~ 10 个重复样本足以获得适当的标准误差（SE），其中 SE = 标准差 /√# 重复。然而，单纤维检测的这个数字可能增加至 30 ~ 50（或更多）个重复。这种重复显然增加了大量的时间、精力和费用，并可能促使有人走捷径，运行相同检测的更经济版本。然而，这种做法导致对结论的信心大为降低。

19.15　结语

洗发水和护发素是水、表面活性剂、辅表面活性剂、盐、聚合物和油等成分的复杂混合物，属于表面活性剂和胶体科学的范畴。经验丰富的配方化学家可以利用这些成分的"公用素材库"来开发出功效性和美观的产品。然而，这些配方通常不会偏离经过试验和检测的成分。因此，尽管特定变体的"强度"在特定设计上存在差异，但与特定产品相关的功效和美学通常非常相似。

因此，必须通过其他方法来区分超市货架上的众多产品。如前所述，也许整个配方中最重要的成分是香精。如果一款新产品摆在消费者面前，第一反应可能是拧开瓶盖闻一闻。香味可成就或毁掉一款产品，这也是为什么它经常是最昂贵的成分之一。因此，一个新产品必须在货架上足够突出，以吸引新顾客在第一时间购买它。吸引眼球的包装也是一个成功产品的关键因素。事实上，高端品牌通常通过投资高端香水和包装来达到这一目的，而大多数品牌则使用相对标准的配方。

综上所述，差异化产品的主要策略可能仍然是通过市场定位。成功的产品通常能找到与消费者产生共鸣的传播策略，通常涉及功效的某些维度，这可能是前文提到的消费者属性之一；相反，一些品牌更喜欢采用整体策略，推动与其产品相关的整体愉悦体验，例如包装、香味和美学。与这种方法相结合，添加听起来很奇特的成分到配方中是一种吸引消费者并提供一定程度差异化的方式。这些成分实际上通常含量浓度很低，不应期望其提供任何功效。营销策略随时代不断变化，往往受到生活方式变化和（或）社会问题等因素的影响。在本文撰写时，天然产品和成分的概念变得非常热门，化妆品行业对环保问题的意识不断增强。

总之，尽管毛发风格和社会行为将继续改变，但一款成功的护发产品的配方始终如一——融合了科学和艺术，再加上适度的营销。

致谢

在准备撰写本文的过程中，作者与许多业内朋友和同事进行了讨论和对话。还要感谢 TRI 显微镜技师 Anthony Ribaudo 提供的扫描电镜图像，以及国际毛发进口商 Dan Loren 授权使用毛发和毛发混合的图片。

参考文献

1. Robbins CR. Chemical and physical behavior of human hair. 4th ed. Berlin: Springer; 2002.
2. Boullon C, Wilkinson J. The science of hair care. 2nd ed. Boca Raton: CRC Press; 2005.
3. Jolles P, Zahn H, Hocker H. Formation and structure of human hair. Basel: Birkhauser Verlag; 1997.
4. Evans TE, Wickett RWW. Practical modern hair science. Carol Stream: Allured Books; 2012.
5. Feughelman M. Mechanical properties and structure of alpha-keratin fibers. Randwick: University of New South Wales Press; 1997.
6. Johnson DH. Hair and hair care. New York: Marcel Dekker Inc; 1997.
7. Zhang G, Senak L, Moore DJ. Measuring changes in chemistry, composition, and molecular structure within hair fibers by infrared and Raman spectroscopic imaging. J Biomed Opt. 2011;16(5):056009.
8. Goddard ED, Gruber JV. Principles of polymer science and technology in cosmetics and personal care. New York: Marcel Dekker Inc; 1999.
9. Meilgaard MC, Civille GV, Carr BT. Sensory evaluation techniques. 4th ed. Boca Raton: CRC Press; 2006.
10. Garcia ML, Diaz J. Combability measurements on hair. J Soc Cosmet Chem. 1976;27:379-98.
11. Evans TA. Evaluating hair conditioning with instrumental combing. Cosmet Toilet. 2011;126(8):558-63.
12. Evans TA. Measuring hair strength, part 1: stress-strain curves. Cosmet Toilet. 2013;128(8):590-4.
13. Evans TA. Measuring hair strength, part 2: fiber breakage. Cosmet Toilet. 2013;128(12):854-9.
14. Evans TA. Equating the measurement of hair shine. Cosmet Toilet. 2016;131(1):28-34.
15. Evans TA. Quantifying hair color fading. Cosmet Toilet. 2015;130(1):30-5.
16. Evans TA. Measuring the water content of hair. Cosmet Toilet. 2014;129(2):64-9.
17. Evans TA. New focus for ethnic hair. Cosmet Toilet. 2019;134(6):35-41.

第20章 止汗剂和除臭剂

Razvigor Darlenski, Joachim W. Fluhr 著

核心信息

- 止汗剂和除臭剂是两个独立的产品线，它们在定义、作用机制和立法方面各具特色。
- 验证止汗剂功效的主要方法包括重量法、生物物理法和印模法（视觉评价）。
- 不同的研究目的需要采用不同的止汗剂试验设计方案。
- 在进行止汗剂临床试验时，应规范选择研究人群、检测条件、解剖部位和时间标准。
- 采用多个产品试验设计有助于评价产品间的相对差异，允许对产品进行排序并与已知的功效标准进行比较。
- 除臭剂的检测方法包括嗅觉试验、微生物分析和化学色谱分析。
- 感官评价腋下气味仍是除臭剂功效检测的常规程序。

20.1 简介

出汗是人体通过汗腺开口分泌水分和稀释汗液化合物的生理过程，也称为排汗。排汗是新陈代谢的重要因素，有助于维持身体的平衡。此外，皮肤微生态对汗液成分的转化也是体臭的主要原因之一。

出汗（尤其是腋下出汗）和体臭会影响个体的自信心，进而影响社交活动。此外，多汗症等疾病也可能导致出汗过多，从而降低患者的生活质量。

人们一直在探索减少和遮盖汗臭的方法。如今，止汗剂和除臭剂已经成为日常美容护理的必要产品，几乎无处不在。此外，除开发减少汗腺活动的药物和手术外，市场上具有止汗/除臭功效的化妆品还在不断增加。

化妆品（特别是止汗剂/除臭剂）的功效宣称验证是其注册过程的重要组成部分。因此，证明这些产品的有效性不仅是为了营销目的，也是法律要求的必要条件。

20.2　止汗剂和除臭剂的定义

止汗剂和除臭剂之间并无明显的区别。通常来说，止汗剂是一种可以抑制使用部位汗液产生的产品。广义而言，止汗剂可以通过减少皮肤菌群产生异味的基质数量来发挥除臭剂的功效。除臭剂是一种化妆品，通过吸收、掩盖气味和抗菌特性来减少体味。

有各种各样的分子被用作止汗剂成分，其主要应用原理是阻塞汗腺开口，从而减少汗液在皮肤表面的蒸发。金属盐是最广泛应用的成分之一，如六水合氯化铝。然而，某些制剂已被禁止使用，例如锆盐，因为它可能会增加皮肤肉芽肿的风险。其他方法包括应用收敛剂（戊二醛或甲醛）、成膜聚合物以及具有膨胀特性的表面活性剂和辅表面活性剂的组合（油酸和单月桂酸甘油）[1]。目前，铝被作为除臭剂 / 止汗剂的活性成分之一，但由于其可能诱发乳腺癌的风险而备受关注。两项长期研究发现，使用止汗剂的风险并未增加乳腺癌的发生率（优势比 0.40，95% 置信区间 0.35 ～ 0.46）[2]。

止汗剂在美国被归类为非处方药物（而除臭剂被认为是化妆品），并且有允许使用的活性成分清单[3]。止汗剂和除臭剂在欧洲被视为化妆品[4]。尽管如此，在欧盟生产和销售化妆品都必须进行功效评价。

20.3　止汗剂功效检测

20.3.1　检测方法

视觉评价法的原理是将皮肤表面汗滴所对应的染色斑可视化。目前已经应用多种染色剂，如溴酚蓝、普鲁士蓝和罗丹明（详见 [1]）。其中，最流行的染色方法是刮碘试验。这种试验中活跃的汗腺被可视化为小的深蓝色斑点。视觉化技术可通过检测每个液滴的体积来评价汗液排泄率。然而，不同染色的评价虽易于操作，但通常被认为不准确。皮肤表面的残留物、单个液滴聚集成更大的液滴团以及特定身体区域（如腋窝）的解剖细节都会对检测结果产生影响，并增加结果被错误解读的风险（图 20.1）。

印模法是基于疏水材料（如硅胶和塑料溶液）的应用[5]。汗腺液滴的分泌会在疏水材料表面留下印记，进一步分析可通过摄影评价、特定光源（UV）的应用和可视化技术（如扫描显微镜）实现。该方法的主要误差来源于复制品中气泡的形成，需加以考虑。

重量法是评价汗液分泌的质量和止汗剂减少分泌汗液量的"金标准"。其改良版中，吸收材料（如棉垫）在产品应用前后都要称重。出汗减少是通过吸收垫相对于基线值和（或）对照（未处理）皮肤部位的质量差来计算。这种方法的缺点是需要收集足够的汗液来进行充分的量化。建议在预期会大量出汗的皮肤区域进行重量检测。需使用精确的技术仪器并由经验丰富的人员充分遵循试验方案。

生物物理方法是最敏感和具有更大鉴别力的方法[6]。用于评价皮肤经皮失水（TEWL）的仪器可用于评价小汗腺出汗，适用于连续模式检测。然而，检测部位是由探头的尺寸划分。当出汗过多和其他因素增加经皮水分流失时（如表皮屏障破坏），这种方法会受到显著

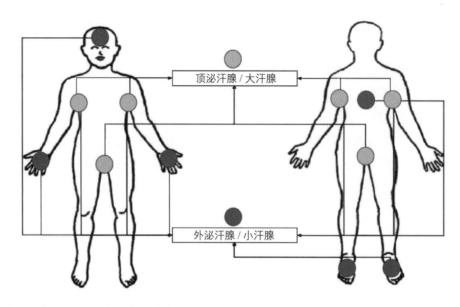

图 20.1（见彩插） 大汗腺（位于腋窝、腹股沟，显示为橙色）和小汗腺（位于手掌、足底、前额和背部，显示为蓝色）密度较高的皮肤解剖部位

影响。皮肤的电导率与皮肤表面的含水量成正比。因此，皮肤电导率（电容、电导和阻抗）的评估被用于评价汗腺的活力。这些方法的缺点与那些有效的 TEWL 评价方法一致。

处理部位与未处理阴性对照的微生物评价也应用于止汗剂的抗菌活性[7]。进一步的方法如氰基丙烯酸酯皮肤表面活检和可注射染料已被实践应用。由于需要验证和（或）伦理考虑，这些技术在止汗剂功效性检测中仍处于试验阶段。

20.3.2　检测设计

不同的检测方法可评价止汗剂的功效，其主要目的在于评价应用化妆品减少出汗效果的有效性。

20.3.2.1　腋下汗液的重量评价

最常用的设计方案是在产品使用后，按照规定的时间间隔对吸收垫上收集的腋窝汗液进行重量评价。采用配对比较试验设计，其中一侧腋窝用标准化的试验产品干预，另一侧腋窝不干预或使用安慰剂 / 对照剂。在比较两种产品时，双侧腋窝使用不同的化妆品处理，然后对两侧进行比较。该设计的主要缺点是最多只能在单一受试者中检测两种产品。所需的受试者数量超过其他方案所需受试者的数量。此外，在腋窝检测中，相同配方的止汗剂显示出季节性变化，而在受试者背部同时进行的检测中未观察到这种差异[8]。

研究对象

该检测方案的研究对象数量从 30 ～ 60 名成年人不等。研究对象的性别特征不影响研究设计。一般而言，所选研究对象应与产品的目标人群相对应。研究对象腋下部位不应有任何皮肤病。在进入研究前，应进行筛查性全身体格检查。患有全身性疾病 [如感染、人类免疫缺陷病毒（human immunodeficiency virus，HIV）、获得性免疫缺陷综合征（acquired immune deficiency syndrome，AIDS）、自身免疫性疾病、肿瘤以及神经、血液和代谢疾病] 以及皮肤疾病（如银屑病、湿疹、大疱性疾病、体癣和细菌感染）应被视为招募阶段的排除因素。摄入可能干扰汗液分泌的药物（如胆碱能药物）和（或）可能抑制对止汗剂的最终反应（如糖皮质激素和免疫抑制剂）是纳入研究的禁忌证。任何全身和局部抗生素至少应在研究前 2 周停止使用。书面知情同意、纳入 / 排除标准以及本书其他章节关注的过度招募等问题都应被充分考虑，在检测止汗剂时应注意上述问题。

为确保准确性，在受试者的最低和最高出汗率之间，单侧腋窝汗液分泌最小为 600 mg/20 min。腋窝汗液分泌低于 150 mg/20 min 的受试者不纳入干预阶段。在研究开始前至少 48 小时内不应该剃除腋毛。

适应期

试验开始前有一个为期 17 天的适应期。在此期间，受试者不得使用腋窝止汗剂。提供温和的卫生产品（如无抗菌性能的肥皂）用于清洗，以避免受试者个人的产品对检测产生潜在干扰。

检测过程

汗液可以在环境条件（如日常条件）或受控条件中进行收集，例如室温 37.8 ± 1.1 ℃和相对湿度 35% ~ 40%。在受控条件下，有必要定期记录环境条件。

受试者在收集汗液的过程中不应有心理压力。为了更容易进入腋窝收集汗液，受试者应穿着棉质 T 恤。受试者必须坐姿，双脚着地，双臂对称地靠于身体两侧。

建议基线（处理前）收集汗液，但并非强制要求。在收集腋窝汗液时，使用棉垫（Webril 棉布）。收集汗液的时间为 80 分钟，前 40 分钟作为适应（热身）期，在数据评价中不予考虑；接下来的 20 分钟内，由经过培训的人员使用吸收垫收集汗液。这段时间结束后，每个棉垫被放置于带盖的塑料瓶中，并加以标记和称重。在剩余的 20 分钟内，使用另一块棉垫重复上述步骤。在环境条件下进行检测时，需要 3 ~ 5 小时的收集时间，以收集足够数量的汗液。

每侧腋窝应在监督下清洗，先用一次性毛巾蘸取标准洗涤液，冲洗并用干毛巾擦拭；每次使用产品前应重复上述步骤。在检测阶段，受试者不得洗澡或清洗。

在应用该制剂前，需要对干预部位（左 / 右）进行随机化处理。根据产品类型（喷雾、棒状或滚压式）和制造商的建议，使用标准化的方式按受控量使用产品。应用范围为腋窝，大小为 6 cm × 12 cm。应用后，受试者需在实验室停留至少 30 分钟，以确保产品干燥且成分被吸收。通常使用 4 个疗程，最常见的是连续使用 4 天。在修改方案时，可以缩短使用间隔，如 2 次 / 天或 4 次 / 天。

通常在最后一次产品使用 24 小时后进行。但也可以在应用后 1、2、4 和 12 小时收集干预组和对照组（未干预组／安慰剂组）腋窝的棉垫，密封并称重。

数据分析

为了判定一种制剂是否为有效的止汗剂，必须证明其至少能减少 20% 的汗液。在获得基线值时，使用 Wilcoxon 符号秩检验评价产品的止汗效果；在无基线数据时，使用 Wilcoxon 秩和检验。比较两种产品时，应使用协方差分析（有基线数据），或者对每个干预后评价（无基线数据）进行统计学分析 [1]。在数据分析过程和研究的规划阶段，应咨询有经验的统计学专家。

20.3.2.2　多产品检测设计

时间和成本效益是化妆品检测的主要决定因素。因此，研究人员设计出了不同的检测方法来测试多种止汗剂。在 1998 年的早期产品开发阶段引入一种检测方案 [6, 9]，该方案允许在 1 周内直接比较多达 8 个试验产品的功效。

研究对象

每个组别包含 20 ~ 22 个受试者。上述试验的常规考虑因素也适用于本研究方案。

适应期

由于检测部位位于受试者背部，因此不需要适应期。

检测过程

背部以 4×4 矩阵排列 16 个检测区域（区域面积为 4 cm×5 cm）。将试验产品随机分配至左侧或右侧的检测区域。在每个干预的检测区域应用规定量的试验产品。根据产品类型（溶液、凝胶、喷雾或粉末），在检测区域以标准化的方式进行均匀分布。检测区域在空气中暴露 5 分钟，然后用封闭贴片覆盖。封闭过程中的条件和封闭时长因研究方案而异，产品处理连续进行 4 天。

最后一次涂抹 24 小时后，在检测区域固定预先称重的吸汗垫和防止汗液蒸发的封闭覆盖物。然后，在 80 ℃桑拿中进行 15 分钟的热刺激。离开桑拿房后立即取出垫片并进行称重。

数据分析

在统计分析方面，我们使用经过干预检测区相对于未干预对照区的汗液减少量作为变量。描述性统计涵盖平均值、中位数、标准差、最小值、最大值和 95% 可信区间。如果 95% 可信下限大于零，则表明该产品有效。对于产品排序，我们基于汗液减少量的百分比进行排序。在产品间进行比较时，我们采用研究方案中定义的统计推断方法，例如配对 t 检验或方差分析。

在我们的研究中已经描述了汗液评价方案的变化，例如洗脱汗液饱和纤维素垫的电导检测和压印评价，以及使用部位的变化如前臂屈侧 [5-6]。通常，这些检测有助于评价产品之间的相对差异，对产品进行排序，并与已知功效的标准进行比较，适用于新配方开发的筛选。但缺乏足够的证据可以有效地将这些数据推广至腋窝。

20.4　除臭剂功效检测

20.4.1　检测方法

不同的方法被用于检测除臭剂的功效。由于臭味主要由皮肤微生物群分解汗液产生，因此通过体内外微生物学分析可评价除臭剂对细菌生长的抑制作用。气相色谱法可用于评价产生臭味的化学成分。然而，这种方法并不能揭示臭味成分的复杂性，因为已经证实臭味的化学成分存在很大的个体差异 [10]。感官评价（即嗅觉试验）被认为是除臭剂体内检测的标准评价程序。

20.4.2　检测设计

20.4.2.1　嗅探试验

在进行嗅探试验时，有多种设计方式可选，包括单对、多对、对照和循环等。按照标准化的方式，试验产品干预一侧腋窝，而对侧则不进行任何干预（作为对照组），或同时使用安慰剂与试验产品。

研究对象

研究对象需要满足一定的条件。这项试验选择 30 ~ 60 名受试者，评价小组成员的要求与止汗剂检测相同。此外，受试者非吸烟者，因为吸烟会对评价人（嗅探员）带来干扰。每个受试者必须具备基线可感知气味的最低分数（基于分级量表）。

适应期

试验的适应期持续时间在 14 ~ 17 天，与止汗剂检测类似。受试者在腋窝处不应使用任何产品，只提供一种温和的非抗菌肥皂用于清洁腋窝区域。

检测过程

检测过程中需要进行类似于止汗剂检测中的受控清洗。在基线可察觉气味评价期以及整个检测期间，受试者都穿着棉质 T 恤。这些 T 恤应该被机洗，先使用无香味的清洁剂清洗一个循环，然后进行漂洗。将胶粘棉垫固定于腋窝，并停留 4 ~ 8 小时。受试者在此期间可以恢复日常工作。之后，他们需要返回检测实验室，由研究人员取下棉垫并收集于带盖容器中。臭味评价可在去除棉垫后和 24 小时后直接进行。产品按照标准化的方式随机使用，然后将棉垫再次贴于腋下，4 ~ 8 小时后进行评价。嗅探试验中的一个关键问题是评价者，也被称为嗅探员。嗅探小组由经过培训的 3 ~ 4 名评价者组成。嗅探员的选择和训练对研究结果的准确性和可重复性至关重要。根据国际标准和指南制定嗅探员的筛选和培训方案[11]。在选择嗅探小组时，应考虑性别和年龄因素，因为嗅觉感知能力随年龄的增长而下降，而且男女的嗅觉感知能力也不同。因此，嗅探小组中的性别分布应该均衡。气味强度的评价通常采用分级量表。建议避免嗅探员直接接触受试者，因为这可能会影响嗅探员的意见。但在某些方案中，嗅探员直接从受试者的腋窝评价气味。

数据分析

研究使用数字化缩放技术来获得气味评分的降低变化，将干预组的腋窝数值与非干预组（对照组）的腋窝数值进行比较。

20.5 结语

止汗剂和除臭剂的市场在不断扩大。强制性功效检测不仅是法律要求，也是为了证明一种产品相较于另一种产品的优越性。因此，比较性检测和多产品检测成为积极和有前景的研究领域。选择合适的检测方法应基于研究目标，尤其是概念验证的目标。

在除臭剂检测领域，无论是科学界还是产业界，功效验证方面都还没有达到客观性和规范性。因此，该领域未来需要开发无创、经济、高效和精确的检测方法，并且要用仪器来实现。

参考文献

1. Pierard GE, Elsner P, Marks R, Masson P, Paye M. EEMCO guidance for the efficacy assessment of antiperspirants and deodorants. Skin Pharmacol Appl Skin Physiol. 2003;16(5):324-42.
2. Allam MF. Breast cancer and deodorants/antiperspirants: a systematic review. Cent Eur J Public Health. 2016;24(3):245-7.
3. Department of Health and Human Services FaDA. Antiperspirant drug products for over-the-counter human use: tentative final monographs. vol 47, p 36491 36505. Fed Reg1982.
4. Council Directive Nr 93/35/CEE. 1993.
5. Keyhani R, Scheede S, Thielecke I, Wenck H, Schmucker R, Schreiner V, et al. Qualification of a precise and easy-to-handle sweat casting imprint method for the prediction and quantification of anti-perspirant efficacy. Int J Cosmet Sci. 2009;31(3):183-92.
6. Bielefeldt S, Frase T, Gassmueller J, Bielefeldt S. Efficacy testing of antiperspirants during early product development. SÖFW J. 2000;126(8):12-6.
7. Celleno L, Mastropietro F, Tolaini MV, Pigatto PD. Clinical evaluation of an antiperspirant for hyperhidrosis. G Ital Dermatol Venereol. 2019;154(3):338-41.
8. Brandt M, Bielefeldt S, Springmann G, Wilhelm KP. Influence of climatic conditions on antiperspirant efficacy determined at different test areas. Skin Res Technol. 2008;14(2):213-9.
9. Wunderlich O, Frase T, Hughes-Formella B. A screening technique for antiperspirant testing. Cosmet Toilet. 2003;118(12):59-62.
10. Baxter PM, Reed JV. The evaluation of underarm deodorants. Int J Cosmet Sci. 1983;5(3):85-95.
11. Maxeiner B, Ennen J, Rützel-Grünberg S, Traupe B, Wittern K-P, Schmucker R, et al. Design and application of a screening and training protocol for odour testers in the field of personal care products. Int J Cosmet Sci. 2009;31(3):193-9.

第 21 章　毛发生长

Tobias W. Fischer　著

◎ 核心信息

　　在药物临床试验质量管理规范（GCP）条件下进行化妆品和医疗应用的临床毛发试验，建议采用适当的研究参数和方法，采用安慰剂对照、双盲、随机研究设计，以确保试验的科学性和可靠性。本章概述了适合和常用的无创、微创和有创评价方法。临床评价／分级和毛发拉伸试验是筛查诊断和脱发动态观察的基本方法。每日毛发计数和洗发试验是半定量评价脱发的患者自检方法，适用于居家应用试验。毛发称重是一种无创、敏感、高度可靠的方法，它可提供毛发量（即重量）的信息；而毛柱图是一种微创方法，可以显示脱发动态，但表现出很高的差异性。目前，使用毛囊镜或以脱毛为基础的数字计算机光照术（TrichoScan）的（对比增强）光照术和（或）毛发镜是检测毛发生长和脱落的定量和定性参数可靠和客观的工具。然而，整体毛发外观最好通过标准化的整体照片进行评价。毛发的光学相干层析成像、电子显微镜和共聚焦激光扫描显微镜是非常复杂的方法，仅用于解决非常特定的问题。因此，在选择研究方法时，需要仔细考虑检验假设、实用性、时间成本、可变性和准确性。

◎ 要点

毛发研究的实践要点如下：

- 明确定义临床脱发阶段，以建立具有特定疾病动态的特定诊断的研究人群代表。
- 选择研究时间为 6～12 个月。
- 选择与研究假设相适应的研究参数。
- 考虑方法的侵入性和可能的科学结果。
- 选择一种临床、度量和化妆品质量的三重方法（例如毛发拉伸试验、摄影、整体照片）。
- 考虑统计学维度的功效计算，包括效应大小、数量和治疗所需时间。

21.1　简介

　　如何设计一项科学研究来评价毛发的美容效果？这是一个复杂的问题，因为毛发化妆

175

品涉及毛发外观，而这取决于许多因素，比如单根毛发的形态、强度、柔软度、硬度和光滑度等。这些因素与头皮上所有毛发的总和一起构成了"美丽毛发"的美容外观。美容和医疗毛发干预之间的界限不明显，但通常的研究重点不是改善单个毛发参数的质量，而是预防脱发并增加毛发的密度和体积。因此，大多数毛发评价参数是用来检测毛发生长和密度，并评价不同类型的毛发（包括生长期毛发、退行期毛发、毳毛和终末毛发）。

对于毛发研究人员而言，毛囊解剖和毛发动态循环的知识非常重要。毛发的生长期、退行期和休止期是典型的毛发时间生物学特征。影响毛发生长的生理因素包括代谢阶段、季节生物节律、激素、神经介质、生物分子、微炎症和衰老等[1]，在设计研究时必须考虑这些因素的影响。各种临床毛发技术可以帮助评价药物和化妆品对毛发生长的效果。近几十年来，皮肤科和美容科的毛发生长试验方法取得了显著进展[1-3]。临床评价受益于许多其他特定技术，这些技术可以增强对毛发生长、脱落和脱发的感知。

评价毛发生长的技术通常可以分为以下几种类型：

- 无创性评价技术，如整体照片（global photographs，GP）、日常脱发计量（daily hair counts，DHC）、洗发试验（hair wash test，HWT）、毛发牵拉试验（hair pull test，HPT）、毛发称重（hair weighing，HW）、光学显微成像（phototrichogram，PTG）、毛囊镜（folliscope，FS）、毛发荧光显微镜（epiluminescence microscopy of hair，ELMH）、电子显微镜（electron microscopy，EM）和激光扫描显微镜（laser scanning microscopy，LSM）。
- 微创性评价技术，如发根显微成像（trichogram，TG）和单位面积毛发显微成像（unit area trichogram，UATG）。
- 创伤性评价技术，如活检。

某些工具适合私人诊所的诊断和随访，而其他工具则适用于在 GCP 条件下的临床研究中监测不同治疗条件下的毛发生长。

这些评价技术可以分为主观和客观两大类。皮肤科医生在私人诊所中进行的应用测试研究，身体和头皮的毛发分布可通过应用不同的分级系统、DHC、HPT 和皮肤镜来评估。除了这些基本的诊断技术外，HW、TG、计算机辅助 PTG 或 ELMH 也可作为最先进的技术用于客观临床研究[1-5]。头皮活检在欧洲并非临床研究中常用的技术，但在美国有数项研究使用了这种方法[6]。对于研究目的而言，光学相干层析成像、EM 和共聚焦 LSM 是可选工具[7]。下文将描述如何使用这些方法以及在技术和准备上设计检测脱发的研究。

21.2　研究设计

毛发研究领域的金标准是采用安慰剂对照、随机和双盲研究设计。此外，持续时间应至少为 6 个月，因为毛发生长缓慢（每天只有 0.3 mm），使用特定物质治疗期间首次可见和（或）可检测的变化通常最早出现在 3 个月后。大多数研究表明，在治疗 6～12 个月期间观察到显著的生物学相关效应[8-9]，而其他研究在 6 个月时已经观察到显著的效应[10-12]。为了确保研究质量，应定期安排受试者 / 患者每 3 个月或 6 个月进行随访。

21.3 临床外观评价（研究者问卷）

对于毛发生长的化妆品研究，研究者应采用标准化的临床问卷来评估毛发和头皮皮肤的临床外观和质量。研究者的问卷应涵盖以下临床毛发参数，并采用 5 分量表进行光学和触诊评价：

- 毛发的整体外观：①发量（饱满、中等、稀少）；②毛发密度（浓密、稀疏 / 脱落）；③毛发反射（光泽、暗沉）；④毛发可塑性（波浪形、扁平形）。
- 头皮外观：泛红、粗糙、鳞屑。

基本诊断工具包括：临床分级系统、日常毛发计量（DHC）、洗发试验（HWT）、毛发牵拉试验（HPT）、皮肤镜。

21.4 临床评价系统

目前，针对男性和女性的雄激素性脱发（androgenetic alopecia，AGA）已建立了临床分级系统。对于男性型 AGA 的分级，Hamilton 和 Norwood 所建立的临床分级最为公认。该分级系统根据颞部和颅顶的变薄程度、额中央的特定秃发以及头皮中上区域的毛发变薄程度，分为不同的等级[13-14]。女性型 AGA 则采用 Ludwig 评分，按照 3 分量表进行分级[15]。Ludwig 评分系统将头皮中上区域的弥漫性但局限性变薄分为不同的等级。此外，Gan-Sinclair 量表（5 个等级）和 Savin 量表（5 个等级）还更具体地定义了脱发类型和分级的不同临床表现[7]。每项研究前建议应用该分级系统以明确研究人群的特征，并将分级阶段纳入研究的纳入和排除标准。

21.5 每日脱发计量

这项检测是基础的方法，由患者本人在研究者的指导下完成。检测的目的是指导患者在一段时间内（例如 3 或 5 天）每天计数脱落的毛发量，其中包括梳理和洗头后发现的毛发，以及每天掉落在衣物和家具上的毛发。然而，后两个参数存在寻找不恒定和毛发检测误差（例如浅色和深色纺织品或每天寻找强度的差异）。每天的毛发计数有两种不同的标准：第一种方法是一天中在所有可能的地方计数脱落的毛发，第二种方法是专门计算在一天中的某个特定时间（如早上）梳理和洗头时脱落的毛发。后者的标准化程度更高，并给出与脱发活力密切相关的半定量值。除了客观技术之外，这种检测是一种有价值的方法，可在研究的不同时间节点进行。此外，它的依从性高，因为患者自己热衷于关注自身的脱发情况。

21.6 洗发试验

洗发试验（HWT）是指在洗发后，对被冲洗掉的头发进行计数。标准为 5 天不洗发后，要求患者在一个有纱布覆盖孔的盆中洗发，并收集所有被冲洗掉的头发。收集到的头发分为三种长度等级：①长发>5 cm；②中间长度在 3 ~ 5 cm；③处于静止期的短发或毳毛<3 cm[16]。这种方法能够区分长期生长的毛发和短期生长的毛发或毳毛。然而，由于重复计数的断发，这种方法可能会导致毛发计数过多。此外，这种方法不适用于短发或卷曲头发的个体，并且非常耗时。

21.7 毛发牵拉试验

本试验可以半定量地评价头皮毛发脱落情况，即在检测时测量脱发的活跃程度。具体方法是在头皮表面附近用拇指和食指夹取大约 60 根毛干，稍稍用力牵拉，而不是沿着毛干从头皮用相同的力量拉到发梢，然后计算被拔掉的毛发数目。不同于其他试验[7]，本研究将结果分为"明显阴性""轻度阳性"和"明显阳性"，因为存在中间阶段，此时脱发量不多，但比正常脱发要多。因此，牵拉试验的结果被划分为"阴性"（无活动性脱发）：即在无脱发和 3 根脱发之间，而在 3 根和 6 根脱发之间则为"轻度阳性"，在 6 根以上（占检测毛发的10%）则为"明显阳性"。最近进行的一项研究针对 181 名受试者进行了毛发牵拉试验，发现毛发拔出率较低，97.2% 的受试者只拔掉了 2 根或更少的毛发。有一项常规执行的建议是在进行毛发牵拉试验的前 5 天内不要洗头或梳头，但研究证明这一建议与结果无关。此外，对于白种人、亚洲人和非洲人的毛发，毛发牵拉试验的结果相似[17]。这项研究在很大程度上验证了作者的解释：<3 根毛发范围内的，牵拉试验结果为"阴性"（即正常 / 生理性），而 3 根以上则属于"阳性"（即病理性）。

牵拉试验是一种有价值的评价参数，可用于评价"活动性脱发"的纳入标准及鉴别临床诊断的 AGA 和弥散性脱发（alopecia diffusa，AD）。对于活动性 AGA，必须证明牵拉试验在男性型 AGA 的颞区和（或）颅顶区或女性型 AGA 的头皮中上区呈阳性，但在枕部和顶部头皮区域呈阴性。相比之下，对于 AD，牵拉试验通常在颞、顶和枕区呈阳性。

21.8 发重计量

对于毛发重量的标准化评价，可采用标准化直径的塑料模板（例如 1 cm）对目标脱发区域的永久标记区进行评价。在此区域内将毛发拉过模板并将模板的轮廓画于头皮上。接着，在每个评价时间节点，手剪毛发并仔细收集。然后，对毛发进行称重和计数，以估计标记区域内所有毛发的累积重量和每根毛发的重量。另外，平均毛干长度和平均光学宽度等参数也可以进行评价。Price 和 Menefee 曾对随机治疗组（使用 2% 米诺地尔）及其 50 根毛发的子样本进行评价，包括每根毛发的重量、平均长度和光学直径宽度。研究结果表明，治疗后评价区域的毛发累积重量和毛发计数发生了显著变化，但 50 根毛发子样本的平均重量、直径和长度没有显著变化[4]。此外，我们还观察到，累积毛发重量所致的变化比毛发总数更大，这意味着除毛发数量外的其他因素，例如毛发生长速度（长度）和毛干直径的增加，可能导致毛发重量的增加。由于毛发重量累积法不仅操作简单，而且在样本采集和检测过程中不易受到标准误差的影响，因此该方法是一种高度可靠和客观评价临床试验中毛发生长的方法[4]。然而，该方法的研究过程较为耗时，使用时需要权衡利弊。

21.9　发根显微成像

TG 是对毛发发根进行标准化的光学检查，包括生长期、退行期、休止期以及营养不良毛发的分类和计数。通常需要在两个区域进行 TG 检查：对于男性型脱发的颞部或女性型脱发的颅顶，需要在活动区域进行 TG 检查，同时还需要在枕部进行非受累参考区域或弥漫性脱发确证的检查（图 21.1a，b）。斑秃患者的首次 TG 检查应在受累病灶边缘进行，另一次则应在距离病灶较远的区域进行（例如对侧）。在 TG 检测时，应将目标区域的毛发梳成纵向条纹状，然后用橡胶包裹的外科镊夹住毛发发根，用力拔毛的手应该远离患者的头部，另一只手则应固定患者的头部。

为避免拔发时短暂但剧烈的疼痛，患者在进行拔发前需做好准备。拔发后，将毛发与毛根部一起放入二甲苯凝胶中，置于载玻片上并盖上盖玻片，晾干 24 小时。干燥完成后，

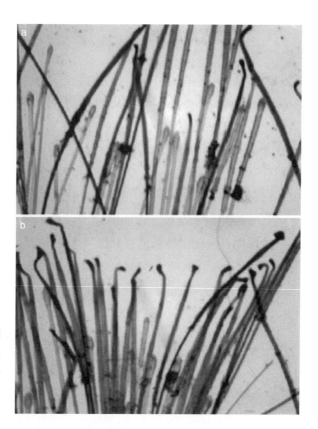

图 21.1（见彩插） 展示了男性型雄激素性脱发患者额颞区（a）和枕部（b）的毛柱图。额颞区可清晰地看到高比例透明的球茎状休止期毛发，而枕部则显示正常的发根 / 休止期比例

可在 40 倍放大的光学显微镜下计数发根。

直到 21 世纪初，该技术仍然是一种可行的方法，用于评价脱发活动中生长期 / 休止期毛发的百分比，并在临床研究中评价促进毛发生长成分的治疗效果[11]。TG 非常适用于以休止期百分比表示脱发活动，这也与临床进行牵拉试验的结果相符。然而，该方法也有一些不足之处，因为毛发不能在完全相同的区域进行前后对比，因为毛发包括其发根在第一个时间节点已被移除。因此，在使用该方法时可能存在一定程度的误差。但当一项研究中所有 TG 类似的检测都在首个 TG 区域的相邻区域进行时，这种误差可在整个研究人群中保持同质性。除此之外，可以使用对比但无创性的方法，如毛发光学显微成像（PTG）和毛发荧光显微镜（ELM），来评价生长期 / 休止期百分比的毛发。这些方法将在下文中详细介绍。

21.10　单位面积毛发显微成像

UATG 与上述标准 TG 略有不同。它的评价对象是头皮特定区域的不同毛发参数。通常会从一个面积为 30 mm^2 的区域拔下毛发，然后进行计数和检测。它可以评价 4 个参数，分别是每平方毫米的毛发数量、生长期百分比、毛干长度和直径[7]。其中后 3 个参数需要在显微镜下进行评价。UATG 是一种评价接受治疗的研究人群毛发变化的方法，可用于比较治疗前后的毛发变化情况，以观察毛发周期的影响或局部或全身成分的其他效应。虽然该方法相当准确，但非常耗时，因此不适用于较大规模的临床试验。

21.11　光学显微成像

PTG 是经典 TG 进一步发展的产物，最初由 Saitoh[18] 于 1970 年提出，之后由 Bouhanna[19] 和 Van Neste[20] 在 1988 年进一步完善。它是一种无创、可重复的方法，基于手动标记脱发头皮皮肤目标区域的剃毛图像。目标区域通常是男性型脱发的额颞区和头顶。PTG 包括手动、半自动和全自动几种方式，其中 TrichoScan 是一种广泛应用于欧洲大学皮肤科科室和毛发中心的全自动技术[2, 21]。评价的参考区域是 0.50 cm^2 的头皮皮肤区域，应用 0.2 mm 宽的黑色微型标记。目前，TrichoScan 建议使用红色墨水，因为在头皮皮肤上红色更接近自然颜色，类似于微血管瘤。该技术可在检测区域评价 7 个定量参数：毛囊植入密度、生长期百分比、休止期百分比、生长速率、平均生发直径以及直径＜40 μm 细毛发（毳毛）与直径＞40 μm 粗毛发（终毛）的百分比。成年男性颅顶位置的正常检测值如下：密度为 204 ± 10 根毛发 /cm^2，休止期百分比为 17.8% ± 2.8%，生长速率为 0.35 ± 0.03 mm/d，平均生发直径为 76 ± 5 μm，细毛率为 9.2% ± 1.8%，粗毛率为 90.8% ± 2.1%[21]。

与经典的 TG 相比，最大的优势是它可在相同的位置上进行前后对比，而 TG 方法则需要拔除毛发，因此无法在相同的位置进行观察。不过，该方法本身存在个体内、个体间以及研究间的差异。但这些差异已经通过一些改进方法得到了克服，如使用标准的光学仪器和刚性框架，以保证被研究的毛囊头皮皮肤到镜头的距离固定，并使用毫米刻度的叠加玻璃窗。当这些差异被标准化的检测程序减小时，该方法便成为一种非常令人满意的定性和定量技术，用于研究临床脱发试验中毛发生长、直径、生长期/休止期百分比和毳毛/终毛率。

关于 UATG 和 PTG 这两种方法，一项针对 12 名受试者的研究表明，它们在评价生长期毛发密度方面相似，但 PTG 方法评价的生长期毛发密度为 181 根 /cm²，低于 UATG 的 237 根 /cm²[5]。此外，还发现 PTG 检测的毛发直径可靠性不高。

21.12　对比度增强型光学显微成像

PTG 方法的一个经典不足在于难以检测到色素较少或非常稀疏的毛发，有时甚至无法检测。一项针对不同颜色毛发的个体毛发数据分析研究表明，浅色毛发比深色毛发更难评价。因此，研究结论是使用 PTG 的研究中应排除白人受试者的浅色毛发以及深肤色和深色毛发的个体 [5]。

然而，大量研究针对中欧、北欧以及北美等地区人群，开发出了一种对比增强型光学显微成像方法（CE-PTG），以对标准 PTG 进行改进。这种方法染黑检测区域的所有毛发。通过与经典 TG 及男性型 AGA 受试者活检样本的组织学横切面对比研究 CE-PTG 的可靠性 [3]。与 PTG 相比，CE-PTG 方法不仅可以显著提高对稀疏毛发的检测，还可以显著提高对浓密毛发的检测。粗毛发（＞直径 40 μm）的数量与组织学检测到的数量接近。另外，CE-PTG 检测到非常细/纤细的毛发（直径约 8 μm）的数量与组织学检测的数量相同。CE-PTG 能够检测毛发生长期、退行期和休止期的所有生长阶段以及空毛囊阶段 [3]。

与标准 TG 相比，CE-PTG 的优势在于还可评价特定区域的毛发数量，从而为毛发的临床评价提供一个附加参数。这些观察结果显示，与传统的 PTG 以及需要有创性活检的组织学相比，CE-PTG 是一种非常有吸引力的方法，其可详细、可靠地分析毛发周期并检测微细毛发。这些参数代表评价方法涵盖的基本特征，AGA 是最常见的脱发类型，也是目前临床毛发研究中大多数研究的重点。然而，参数的评价必须通过人工计数来完成，计算机化和自动化的方法尚未开发出来。因此，该方法耗时，需要全面和准确的功效评价，也可能影响观察者间的差异 [22]。尽管如此，该方法仍然适用于临床毛发研究。

21.13　毛发镜

毛发镜检查通常采用放大皮肤镜，对毛干、毛囊口、毛囊周围和毛囊间皮肤进行检查。这种检查工具可以是手持式毛发镜或数码毛发镜，前者的放大倍数通常为 ×10 或 ×20，而后者的放大倍数可达 ×1000[23]。手持毛发镜可以帮助判断毛干质地、干燥度和鳞屑，并提供毛囊密度的粗略估计。此外，它还有助于鉴别诊断，例如瘢痕性和非瘢痕性脱发、雄激素性脱发、斑秃、休止期脱发、拔毛癖和头癣等。如果结合计算机和软件，毛发镜还能评价每平方厘米的真实毛发密度、生长期/休止期毛发百分比、毳毛/终末毛发百分比、毛发直径和累积毛发直径。这是毛囊镜和毛发荧光显微镜的基本技术原理。

21.14 毛囊镜

毛囊镜是一种基于 USB 的手持仪器，结合计算机和屏幕来评价毛发密度和厚度[24]。它从技术上讲是一个自动化的数字摄影系统，配有高清显微相机，放大倍数可达 ×400。毛囊镜可视化毛发，并立即自动检测毛发密度、毛干直径和不同类型毛发比例，如终毛和毳毛。相比经典毛发镜，它的优势在于无须拔或剪毛发，适用于干燥的头皮，且不需要浸泡液或染发剂。由于与计算机相连，数值可存储，并与既往和连续数值进行比较。在一项针对 32 名白种人和 13 名亚洲女性的女性型脱发研究中，毛囊镜被证明在评价毛发密度和直径维度上具有可靠性。其中 16 例对米诺地尔治疗有阳性反应，也被记录在案[24]。

21.15 毛发发光显微镜（TrichoScan）

为了寻找更可靠且非依赖观察者的评价工具，采用毛发数量和质量的标准化检测方法来评价脱发情况，并结合 ELM 技术、数字图像记录以及基于软件的分析方法，2001 年开发出了 TrichoScan[2]。该技术可评价毛发生长的各项重要参数，如毛囊密度（ n/cm^2 ）、毛干直径（ μm ）、累积毛直径、平均日生长率（ mm/day ）、生长期和休止期毛发率（ % ）以及毳毛和末梢毛密度（ % ）。该技术采用了计算机辅助的数字图像扫描和算法分析（图 21.2），可以在患者不拔取毛发的情况下，对这些参数进行原位记录和独立分析[2]。

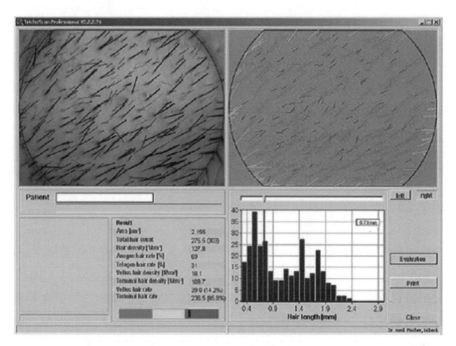

图 21.2（见彩插） TrichoScan 的扫描软件窗口，其中数字化图像（左上）显示了修剪和染色毛发，右上角是各自的毛发扫描图像，下部列出了毛发密度（ n/cm^2 ）、生长期 / 休止期百分比、毳毛和终末毛百分比的检测结果

为了进行毛发扫描分析，可选择正常毛发和秃发之间的过渡区域，并在该区域放置一个特定直径（1.7 cm）的模板来修剪该区域的毛发。使用普通的理发剪来粗略地剪短发干，然后使用电子剃须刀（如 Moser，Wahl GmbH，Unterkirnach，德国）将毛发剪到 1~2 mm 的精确长度。为了保证重现性和前后对比（尤其在临床试验中），研究区域的标记非常重要。使用红色文身墨水来标记研究区域（<直径 0.2 mm）：在剃除毛发头皮区域的中心点放一小滴专业的红色文身墨水，然后用注射器针尖刺穿至表皮上层。通过研究者间的自我文身评价来验证该过程的可行性，该过程仅涉及浅层皮肤，因此几乎无痛感。最初的研究中使用的是黑色墨水，但黑色墨水会干扰软件检测系统，而红色墨水则不会。如前所述，红色墨水文身在美容角度也更易于被接受。为了确保高质量的数字图像，评价区域内的所有毛囊都需使用黑色染发剂进行染色，以使其与头皮皮肤形成足够的对比度，并使发色变化小。这里推荐使用 RefectoCil（Herbert Gschwentner，Siezenheim，Austria）、Wella-viva No 28 Sapir noir（Wella/Procter and Gamble，Weybridge，Surrey，UK）或 Goldwell black 2N（Goldwell，Darmstadt，Germany）等黑色染发剂。染色后约 12 分钟用酒精溶液（如 Kodan Spray，Schülke & Mayr，Vienna，Austria）清除染发剂。接着涂抹一层透明液体（如 Kodan 可再次使用），并将 ELM 系统的透明塑料圆筒均匀地放置于头皮皮肤表面，排除未修剪的长发，并避免形成气泡。然后拍照，有两种主要可能的拍摄图像：数字视频皮肤镜在 20 倍（分析面积：0.62 cm²）和 40 倍（分析面积：0.23 cm²）放大倍数（Fotofinder DERMA，TeachScreen Software GmbH，Bad Birnbach，德国）或数码相机。为获得高质量的图片，必须将圆筒均匀地放置于略凸的头皮皮肤表面，避免接触液形成气泡，并排除压在评价视野内未修剪的长发。数码照片需在 20 或 40 倍放大倍数下拍摄，并自动下载至计算机的软件系统（Tricholog GmbH，Freiburg i. Brsg.，德国）。完全自动化的摄像系统将透明圆柱体放置于原本的光学物镜前，以确保头皮皮肤与相机间的距离恒定。此外，环形灯光可以持续照明该区域，确保数码照片的质量非常高、变化小以及与时间无关的高重复性。该软件扫描并记录数码图片上的每一根毛发，并自动计数每平方厘米的毛发数量，计算生长期 / 休止期毛发百分比，评价毳毛和终末毛发百分比。单个毛干的参数直径和所有评价毛发直径之和的累积直径只能通过专业版软件中获得。

该软件采用 500 多张参与者的图像进行验证，排除气泡、灰尘、小血管瘤、色素痣和鳞屑等干扰，从而不会影响检测毛发的数量。

软件的检测极限取决于数码相机的分辨率（像素）。如果使用视频系统，则无法分析小于 14 μm 的毛发；但如果使用分辨率更高的 700 万像素摄像机，则可以检测到粗细为 6 μm 的毛发。

同一操作者的组内相关性约为 91%，不同操作者的组内相关性约为 97%[2]。

TrichoScan 的不足之处在于需要染发剂来增强对比度，且必须将毛发剪短。然而，PTG 和（或）CE-PTG 也存在这种情况。其明显优势是研究者可以独立操作（组内相关性达到 97%），对变化有良好的反应，并且在临床研究中具有高度的可重复性[25-26]，可用于研究 AGA 或弥漫性脱发，以及药物或激光治疗多毛或多毛症的疗效。因此，TrichoScan 是一种对操作者和患者友好、经过验证且可靠的毛发生长评价方法，可用于临床研究，比较安慰剂和治疗措施或比较不同促进毛发生长成分的相对功效。

21.16　毛发整体外观

目前，对于毛发生长或脱落的评价方法，主要依据毛发计数、毛干直径以及不同生长期或休止期毛发的百分比数值，而非毛发整体外观的直接参数。然而，患者最为关注的是毛发整体外观，这也是化妆品 / 医学研究的基本目标。因此，需要建立毛发标准化 GP，以评价毛发质量参数[27]。

这种方法适用于居家检测和高度科学的研究，也适用于评价毛发生长促进成分的高度科学研究。使用该技术需要一个带有相机承载臂的三脚架，在有毛发的头皮区域上呈弓状转动，提供 0°、45° 和 90° 的标准化固定位置（图 21.3）。该系统最早由美国坎菲尔德科学公司（Canfield Scientific，Inc.，Fairfield，USA）建立并应用于大量临床研究，例如评价非那雄胺疗效的研究[8]。三脚架臂可以确保与头皮区域的距离和角度始终一致，而双反射技术则可以保持研究过程中的恒定标准光照条件。为了确保来自周围的标准化低光反射，患者的颈部和肩部被覆盖上黑色织物。对于图片的评价是独立于图像拍摄过程的，并由 2～3 名对治疗不知情的专家组成的专家组进行。对于不同研究时间节点（如治疗前、3 个月或 6 个月后、结束时）的毛发光密度图片进行检查，使用 7 分量表进行评分，范围从显著降低 -3 到显著增加 +3[27]。这些量表既往由美国专家制定。一项研究评价了来自美国和欧盟（EU）专家小组之间的观察者间差异。其中，3 名美国研究者和 3 名欧盟研究者分别对来自 35 名不同受试者的 52 张配对图像进行训练，结果显示两者之间呈正相关（$r=0.795$）。另一项由欧盟专家对 18 对配对图像的重测评价显示 $r=0.806$，其中 78% 的病例得分相同。这与来自美国专家的 119 名受试者的数据相一致，在 75% 相同的重复评级下，重测相关 $r=0.76$。这证明了该方法的高重复性。结合上述维度，临床毛发外观作为预防或治疗脱发最终及最重要的结果，使用该方法在临床试验中非常合理，并且值得推荐。

21.17　毛发光学相干层析成像

毛发光学相干层析成像（optical coherence tomography of hair，OCT）最初被用于评价皮肤厚度、水肿等人体皮肤特征，但也能很好地评价毛干直径，包括在体毛发直径和形状的变化以及离体检测[28]。OCT 的图像与超声获得的脉冲回波图像具有可比性，即利用光学散射生成组织内部微结构的二维图像。该技术不仅可检测毛干直径，还可检测毛干横截面和毛干形状。它是一种非常科学的毛发临床研究方法，可用于研究毛发某些方面，通过直接或间接地评价毛发的表面、硬度、弹性、形状和超微结构，多用于研究应用成分对毛发质量的改善作用。

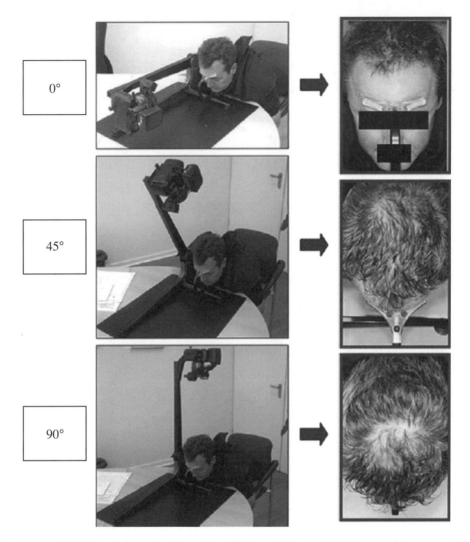

图 21.3　为评价额颞部、颅顶和顶点区域的整体毛发外观，需要拍摄 3 个位置（0°、45°、90°）的整体照片

21.18　电子显微镜

电子显微镜提供最高分辨率的组织图像，也可用于毛发。通过这项技术可评价毛发角质层表面的超微结构和光学轮廓，有助于评价毛干的异常，并获得毛发内部结构的纵向和（或）横向图像（例如髓质的变化/异常）。毛发电子显微镜（electron microscopy of hair，EMH）是一种不属于标准光谱毛发评价方法的技术，因为显微镜本身非常昂贵，评价耗时，因此无法进行高通量的研究。因此，它只用于高度科学的研究目的，但也用于遗传性毛发的特殊临床病例的最后验证性检查，如三角隧道毛发 [7]。

21.19 共聚焦激光扫描显微镜

共聚焦 LSM 是一种非侵入性的成像技术，可以提供毛发表面和内部结构（皮质和髓质）的三维图像。此外，该技术还能评价毛发角蛋白自发荧光或外源性添加荧光素的发射光谱，如荧光标记的化妆品或药物在毛发内的渗透或分布情况[7]。该技术的优点在于可以使用活体毛发进行评价，同时可以添加特异性荧光标志物以观察毛发内的特定结构。通过观察荧光标志物的渗透路径，还可以对体外毛发治疗进行动态研究。该方法可用于检测清洁洗发水的效果，评价分层聚合物的均匀性，并评价它们对毛发表面光学特性的影响，如不透明度、透明度和光泽度等。虽然该技术并非常规的毛发研究技术，但它在应用场景方面比 OCTH 和 EMH 更有趣。

21.20 结语

在所有提出的方法中，需要根据可行性、侵入性、检测精度和重复性、研究参数范围、复杂性、费用成本以及患者和研究者的时间成本等方面进行评价，选择几种方法的合理组合来解决一些临床或研究问题。本章的目的是帮助读者理解和应用不同维度的标准，并制定毛发研究的计划。为了方便获取有关技术方法的信息，表 21.1 提供了相关信息。

表 21.1 提供毛发评价技术的公司名单

技术	公司（名称、地址）	网址
发根显微成像	Galderma Laboratorium GmbH, Georg-Glock-Strasse 8,40474 Düsseldorf,Germany	www.galderma.de
毛发显微成像	Canfield Scientific, 4 Wood Hollow Road,Parsippany, NJ 07054, USA	www.canfieldsci.com
	Firefly Global, 464 Common Street, Suite 281, Belmont, MA 02478, USA	https://fireflyglobal.com
	IDCP, B.V., Manuscriptstraat 12–14, 1321 NN Almere, The Netherlands	www.idcp.eu
毛囊镜	C Cube Advanced Technologies, 5/1, Survey No.16/1, Chowdeshwari Road, Arehalli, 4th Cross, Hosakerehalli, Bengaluru—560061, Karnataka, India	www.indiamart.com/ ccubeadvancedtechnologies/
毛发发光显微镜 / TrichoScan	Tricholog GmbH, In den Eschmatten 24,79117 Freiburg i. Brsg., Germany	www.tricholog.de
	TeachScreen Software GmbH, Industriestr. 12, 84364 Bad Birnbach, Germany	www.fotofinder.de
	Moser,Wahl GmbH, Roggenbachweg 9,78089 Unterkirnach, Germany	www.moser-online.com
毛发整体外观	Canfield Scientific, 4 Wood Hollow Road, Parsippany, NJ 07054, USA	www.canfieldsci.com

针对毛发检测研究的纳入和排除标准而言，临床评分和毛发牵拉试验（HPT）是筛选研究人群脱发阶段和活动度的标准方法，而每日毛发计数、洗发试验（HWT）和毛发称重（HW）已是部分主观、部分客观（半）定量评价参数。这些参数可用作筛选参数，尽管它们已适合作为研究过程中评价毛发生长或脱发的目标参数。

HW 似乎是一种可靠和标准化的方法，在特定目标区域剪取毛发。然而，不同研究人员的样本误差未知。这主要是由于方法本身的问题，因为一旦毛发被剪掉，第二个研究人员就无法再剪相同的区域来评价方法的重复性。

长期以来，标准的发根显微成像（TG）是通过评价休止期和生长期毛发百分比来评价脱发的唯一和专业的定量方法。目前，更精细的方法已被开发出来并可以使用。其中一个是升级版的单位面积毛发显微成像（UATG），可附带评价毛发计数、毛干长度和直径。然而，这两种方法都有相对较高的变异度；纵向研究的问题是 TG 评价不能在不同时间节点的同一区域进行，而且该方法属于有创性，因此对患者来说并不舒服。可以观察到不同研究者收集的数据之间存在显著差异。既往多项研究显示，经验丰富的观察者报告的平均毛发总数明显大于经验不足的观察者[29]。

PTG/CE-PTG 和 ELMH 是标准 TG 的进一步迭代，后者可进行数字化分析。这两种方法在准确性、有效性、可重复性和可行性方面都存在争议。

光学显微镜结合数字化分析的应用历史已经相当悠久[32-33]。然而，目前尚未建立一套自动化的计算过程，因此测量毛发厚度仍需在计算机显示器上使用光标进行。该方法在不同研究人员的图像评价中差异高达 88.4%。相比之下，基于软件的 TrichoScan 自动化系统则表现出较高的观察者内和观察者间相关系数，分别为 91% 和 97%[2]。然而，这些相关性是在评价面积为 0.62 cm^2 的首个数字视频皮肤镜相机系统中得到验证的，而据作者所知，使用更高像素的数字相机的新系统中并未显示出这种相关性[34]。

传统的 PTG 方法需要人工标记图像上的毛发，但被认为是一种适合无创原位监测毛发生长的工具，并且有时被定义为最精确的检测方法。该技术可以通过图像分析[29]及随后的浸泡油和数字对比增强来改进[35]。然而，虽然图像有明显的改善，可以收集到更精确的定量数据，但据作者所知，目前尚未实现全自动分析，因为该技术仍然依赖于合格技术人员的数据处理和计算机辅助的图像分析。然而，经典 PTG 的改良版 CE-PTG 正在不断优化，已经成为临床研究中有价值的毛发质量评价工具[3]。

比较 PTG 和 TrichoScan 的特点需要从以下几个方面考虑。在一项通过 TrichoScan 比较 CE-PTG 和 ELMH 的研究中，发现 ELMH 检测的毛发计数相对 CE-PTG 更高，但毛发密度却更低，这在某种程度上是矛盾的。ELMH 组生长期毛发百分比低于 CE-PTG 组，但头皮顶点区则相反。不过，最重要的是方法内的差异性。在此参数内，CE-PTG 与头皮皮肤穿刺活检横断面中毛发数量进行比较，结果显示 CE-PTG 的毛发计数明显高于组织学横断面。此外，对 10 例 AGA 患者进行的 TrichoScan 和常规 PTG 的比较研究，评价了两种方法的变异性、效度和信度[30]。与人工标记毛发的相关系数为 0.894 ~ 0.996。与 TrichoScan 相比，PTG 的重复检测结果（范围 2.71% ~ 12.95%）具有一定的变异性（变异性 0%）。不过需要注意的是，这项比较评价是基于一名研究者的结果 [30]。与手动 PTG 相比，TrichoScan 的优势在于获得结果的速度更快，可重复性更强，且操作者误差范围更小。据报道，有经验的人员可以在 8 ~ 12 分钟内完成 TrichoScan 成像和分析，并获得最终的结果。TrichoScan 数据的一致性允许在较小的研究人群中获得具有统计学意义的结果。作为 TrichoScan 的一个关键点，需要清楚除边缘效应外，毛发纤维由于各种原因未进行 TrichoScan 分析，包括但不限于厚度、色素沉着、紧密程度和毛发交叉 [31]。然而，该软件采用一种算法，使用数学近似计算 50% 接近检测区域目标边界的所有毛发。平均而言，50% 接近边界的毛发进入检测区域（其根部在检测区外），而另外 50% 的根部在检测区内，但毛发本身不在检测区 [26]。尽管 TrichoScan 因信号检测方面存在误差而遭到批评，但如果这种误差是真实的话，则它是一种恒定误差，因为重复检测的变异性较低，仅为 0%[30] 或 9%[2]。相比于经典 PTG[30] 的 2.71% ~ 12.95%，其误差率也较低。而 CE-PTG 则具有评估退行期毛发数量 / 百分比和线性毛发生长速率（mm/d）的优势。总的来说，两个版本的 PTG 具有可比性且高度相关，应根据研究者的特殊需求和研究设计目的的不同进行选择。

另外，还有一些检测毛发生长的方法，如毛发荧光显微镜（ELMH）、反射式共聚焦显微镜（RCM）和光学相干层析成像（OCT）。一项研究使用剃须工具将 6 名女性受试者的小腿毛干去除后检测其毛发生长情况，并连续试验了 5 天，检测毛囊漏斗和生长中毛发的长度。3 种系统均显示出可靠的结果，其中 ELMH 最适合检测毛发，RCM 最适合分析毛囊，而 OCT 则被证明适合作为评价毛囊和毛发长度的辅助工具 [36]。

综上所述，科学家和临床医生开发和研究检测头皮毛发生长的方法已有数十年。随着药物阻止甚至逆转 AGA 毛囊的小型化，人们越来越需要可靠、经济和微创的方法来检测毛发生长，更具体地是检测对治疗的反应。本文就当前各种毛发检测方法的局限性和价值进行了综述，为临床医生和毛发研究者提供了有价值的信息，以正确应用和选择检测方法并成功开展毛发临床试验。

参考文献

1. Pierard GE, Pierard-Franchimont C, Marks R, Elsner P. EEMCO guidance for the assessment of hair shedding and alopecia. Skin Pharmacol Physiol. 2004;17:98-110.
2. Hoffmann R. TrichoScan: combining epiluminescence microscopy with digital image analysis for the measurement of hair growth in vivo. Eur J Dermatol. 2001;11:362-8.
3. Van Neste DJ. Contrast enhanced phototrichogram (CE-PTG): an improved non-invasive technique for measurement of scalp hair dynamics in androgenetic alopecia—validation study with histology after transverse sectioning of scalp biopsies. Eur J Dermatol. 2001;11:326-31.
4. Price VH, Menefee E. Quantitative estimation of hair growth. I. Androgenetic alopecia in women: effect of minoxidil. J Invest Dermatol. 1990;95:683-7.
5. Rushton DH, de Brouwer B, de Coster W, van Neste DJ. Comparative evaluation of scalp hair by phototrichogram and unit area trichogram analysis within the same subjects. Acta Derm Venereol. 1993;73:150-3.
6. Whiting DA, Waldstreicher J, Sanchez M, Kaufman KD. Measuring reversal of hair miniaturization in androgenetic alopecia by follicular counts in horizontal sections of serial scalp biopsies: results of finasteride 1 mg treatment of men and postmenopausal women. J Investig Dermatol Symp Proc. 1999;4:282-4.
7. Hillmann K, Blume-Peytavi U. Diagnosis of hair disorders. Semin Cutan Med Surg. 2009;28:33-8.
8. Kaufman KD, Olsen EA, Whiting D, Savin R, DeVillez R, Bergfeld W, Price VH, Van Neste D, Roberts JL, Hordinsky M, Shapiro J, Binkowitz B, Gormley GJ. Finasteride in the treatment of men with androgenetic alopecia. Finasteride Male Pattern

Hair Loss Study Group. J Am Acad Dermatol. 1998;39:578-89.

9. Lucky AW, Piacquadio DJ, Ditre CM, Dunlap F, Kantor I, Pandya AG, Savin RC, Tharp MD. A randomized, placebo-controlled trial of 5% and 2% topical minoxidil solutions in the treatment of female pattern hair loss. J Am Acad Dermatol. 2004;50:541-53.

10. Blume-Peytavi U, Kunte C, Krisp A, Garcia Bartels N, Ellwanger U, Hoffmann R. Comparison of the efficacy and safety of topical minoxidil and topical alfatradiol in the treatment of androgenetic alopecia in women. J Dtsch Dermatol Ges. 2007;5:391-5.

11. Fischer TW, Burmeister G, Schmidt HW, Elsner P. Melatonin increases anagen hair rate in women with androgenetic alopecia or diffuse alopecia: results of a pilot randomized controlled trial. Br J Dermatol. 2004;150:341-5.

12. Lengg N, Heidecker B, Seifert B, Trueb RM. Dietary supplement increases anagen hair rate in women with telogen effluvium: results of a double-blind, placebo-controlled trial. Therapy. 2007;4:59-65.

13. Hamilton JB. Patterned loss of hair in man; types and incidence. Ann N Y Acad Sci. 1951;53:708-28.

14. Norwood OT. Male-pattern baldness. Classification and incidence. South Med J. 1975;68:1359-70.

15. Ludwig E. Classification of the types of androgenetic alopecia (common baldness) occurring in the female sex. Br J Dermatol. 1977;97:247-54.

16. Rebora A, Guarrera M, Baldari M, Vecchio F. Distinguishing androgenetic alopecia from chronic telogen effluvium when associated in the same patient: a simple non-invasive method. Arch Dermatol. 2005;141:1243-5.

17. McDonald KA, Shelley AJ, Colantonio S, Beecker J. Hair pull test: evidence-based update and revision of guidelines. J Am Acad Dermatol. 2017;76:472-7.

18. Saitoh M, Uzuka M, Sakamoto M. Human hair cycle. J Invest Dermatol. 1970;54:65-81.

19. Bouhanna P. The tractiophototrichogram, an objective method for evaluating hair loss. Ann Dermatol Venereol. 1988;115:759-64.

20. Van Neste DJJ, Dumortier M, De Coster W. Phototrichogram analysis: technical aspects and problems in relation with automated quantitative evaluation of hair growth by computer-assisted image analysis. In: Van Neste DJJ, Lachapelle JM, Antoine JL, editors. Trends in human hair growth and alopecia research. Dordrecht: Kluwer; 1989. p. 155-65.

21. Friedel J, Will F, Grosshans E. Phototrichogram. Adaptation, standardization and applications. Ann Dermatol Venereol. 1989;116:629-36.

22. Hoffmann R. TrichoScan. A new instrument for digital hair analysis. Hautarzt. 2002;53:798-804.

23. Lacarrubba F, Micali G, Tosti A. Scalp dermoscopy or trichoscopy. Curr Probl Dermatol. 2015;47:21-32.

24. Lee BSL, Chan JL, Monselise A, McElwee K, Shapiro J. Assessment of hair density and caliber in Caucasian and Asian female subjects with female pattern hair loss by using the Folliscope. J Am Acad Dermatol. 2012;66:166-7.

25. Hoffmann R. TrichoScan: a novel tool for the analysis of hair growth in vivo. J Investig Dermatol Symp Proc. 2003;8:109-15.

26. Hoffmann R. TrichoScan, a GCP-validated tool to measure hair growth. J Eur Acad Dermatol Venereol. 2008;22:132-4; author reply 134-135.

27. Canfield D. Photographic documentation of hair growth in androgenetic alopecia. Dermatol Clin. 1996;14:713-21.

28. Lademann J, Shevtsova J, Patzelt A, Richter H, Gladkowa ND, Gelikonov VM, Gonchukov SA, Sterry W, Sergeev AM, Blume-Peytavi U. Optical coherent tomography for in vivo determination of changes in hair cross section and diameter during treatment with glucocorticosteroids—a simple method to screen for doping substances? Skin Pharmacol Physiol. 2008;21:312-7.

29. Rushton DH, Unger WP, Cotterill PC, Kingsley P, James KC. Quantitative assessment of 2% topical minoxidil in the treatment of male pattern baldness. Clin Exp Dermatol. 1989;14:40-6.

30. Gassmueller J, Rowold E, Frase T, Hughes-Formella B. Validation of TrichoScan technology as a fully-automated tool for evaluation of hair growth parameters. Eur J Dermatol. 2009;19:224-31.

31. Van Neste D, Trueb RM. Critical study of hair growth analysis with computer-assisted methods. J Eur Acad Dermatol Venereol. 2006;20:578-83.

32. Barman JM, Pecoraro V, Astore I. Method, technic and computations in the study of the trophic state of the human scalp hair. J Invest Dermatol. 1964;42:421-5.

33. Hayashi S, Miyamoto I, Takeda K. Measurement of human hair growth by optical microscopy and image analysis. Br J Dermatol. 1991;125:123-9.

34. Hoffmann R. Trichoscan: what is new? Dermatology. 2005;211:54-62.

35. Van Neste DJJ, Dumortier M, de Brouwer B, de Coster W. Scalp immersion proxigraphy (SIP): an improved imaging technique for phototrichogram analysis. J Eur Acad Derm Venereol. 1992;1:187-91.

36. Kuck M, Schanzer S, Ulrich M, Garcia Bartels N, Meinke MC, Fluhr J, Krah M, Blume-Peytavi U, Stockfleth E, Lademann J. Analysis of the efficiency of hair removal by different optical methods: comparison of Trichoscan, reflectance confocal microscopy, and optical coherence tomography. J Biomed Opt. 2012;17:101504.

第 22 章　感官知觉

Gregor B. E. Jemec　著

22.1　简介

敏感性皮肤是一个极具吸引力的概念。根据个人经验，大多数人承认皮肤刺激的感官知觉（在最广义的非皮肤病学意义下）在某些人身上比其他人更强烈。通常患者的描述是"过敏"或"超敏反应"。这种现象在不同的个体和不同的时间表现出不同的状态，这表明其中涉及一系列复杂的因素。

敏感性皮肤这个概念提出的时间较短。它的非专业起源很可能是该问题的根源。敏感性皮肤的概念是基于普通人对局部制剂和环境条件更不耐受的感受[1]。这里涉及许多不一致的因素，从已经被诊断为皮肤病的患者到将其疾病视为躯体化症状的抑郁症患者，再到确实表现出非特异性高反应的人群。一般而言，那些自述皮肤敏感的人群似乎更容易对皮肤的广泛非特异性刺激产生主观上的高反应，这些刺激不仅包括化妆品，还包括物理因素，如温度变化和空气湿度。然而，敏感性皮肤是一个值得进一步研究的领域，因为它反映了一种影响个体行为和生活的生物学现象。

22.2　敏感性皮肤

敏感性皮肤尚无统一的定义，但已确定了一些关键特征[1-2]：①刺痛、灼烧和瘙痒感；②皮肤紧绷感；③症状在严重程度和时间上的可变性；④无或仅有轻度的炎症临床体征；⑤与暴露于可疑诱因有密切的时间相关性。

这些特征表明，感官检测和排除皮肤疾病是评价敏感性皮肤的核心要素。因此，在受控环境下进行感官检测是任何研究的核心要素。

据报道，敏感性皮肤在面部比其他部位更常见。这可能是由于面部更频繁地使用化妆品，或者是由于面部皮肤的局部解剖特征[3]。表皮通透性、毛孔大小和神经支配都被认为是检测敏感性皮肤区域的重要参数。

若对所研究的现象没有更加精准的定义，那么有效的流行病学研究将难以进行。已有研究试图列举并更好地定义敏感性皮肤的严重程度。敏感性皮肤的患病率通常被描述为约

40%，女性患病率显著高于男性。一项研究发现女性患病率为 51%，男性患病率为 38%[4-5]。这种性别差异也出现在其他一些与健康有关的自我报告状态中，这促使一些作者提出皮肤状态非疾病的概念，即其他因素也发挥了作用 [2, 6]。大多数国家女性接受健康服务的频率普遍较高，皮肤疾病的症状也更加显著，因此报告皮肤疾病的情况更加准确。这些性别差异可能根源于生物学和心理社会因素，因此反映了这种生物学模糊现象的广泛影响。因此，敏感性皮肤简单、单一原因的解释越来越不可能，可能有数种病理生理途径导致相同的结果，使得系统性的调查和研究变得更加复杂。

　　然而，这也表明敏感性皮肤不仅对大量人群的健康产生影响，而且可能还会影响他们的行为模式。因此，那些以前未被皮肤科医生探索的领域需要进行更深入的研究和学术关注。

22.3　潜在机制

　　目前没有一个统一的概念能够充分解释敏感性皮肤。已经有研究提到，面部皮肤的神经支配、角化细胞结构、炎症介质和皮肤屏障功能的微小异常是潜在的机制。

22.4　感官知觉检测

　　基于对皮肤敏感性机制的假设，人们提出了不同类型的试验来研究敏感性皮肤。皮肤功能检测通常使用无创方法来评价皮肤的不同结构和生理参数。无创生物物理检测例如经皮水丢失（TEWL）和比色法，可以提供关于皮肤屏障功能的独立信息，并能更准确地评价皮肤反应。这些方法在本书的其他章节中有详细介绍，关于这些方法的应用指南已经发布，详见第 4.6 部分。通常有三种方法可用于检测和诊断敏感性皮肤：

主观刺激感官试验

　　相当多的敏感性皮肤患者没有炎症性症状，但会感到主观不适。因此，Kligman 等 [7] 设计了一个简单的试验，观察在鼻唇沟外用乳酸后是否会引起刺痛感。鼻唇沟是最敏感的部位，其次是颧部、下颌、前额和上唇 [2-3]。乳酸刺激试验（lactic acid sting test，LAST）是将 5% 的乳酸涂抹于受试者的鼻唇沟及面部皮肤。受试者应在温暖湿润的室内且必须出汗。10 秒、2.5 分钟和 5 分钟后对刺痛感进行评分，从 0 分（无）至 3 分（严重）[8]。然而，乳酸诱导的刺痛不能预测其他物质（如辣椒素、薄荷醇和乙醇）引起的刺痛。一项研究的 25 名受试者中仅有 4 人被发现对所有 4 种物质都有反应 [9]。这些试验的常规解释是皮肤敏感性与应用时间和浓度成反比。尽管皮肤触觉敏感性随年龄增长而降低，但在皮肤反应性上未表现出性别差异，痛觉感知能力除外 [10]，这表明受试者的年龄范围可以很广。目前，没有可靠的儿童数据。

　　该检测方法简单、便宜且方便，检测的是最常发生敏感反应的皮肤区域，不需要使用任何先进的技术。但其不足之处主要在于其主观性，需要非常大样本的群体或非常明确的预先检测具有明确反应模式的人群。

神经学试验

评价皮肤神经支配的神经学试验通常不用于敏感性皮肤研究，但有时会被用于研究神经疾病对敏感性皮肤的影响。这些试验包括标准的临床试验，如对温度变化、疼痛和触觉辨别等敏感性描述的试验，以及更详细的周围神经功能试验。这些试验可以通过电生理学或组织病理学的方式研究皮肤中神经纤维的外观、直径和密度[11]。

反应性试验

皮肤刺激反应性试验通常与可见的炎症表现或角质层皲裂相关。其中最常用的试验是月桂基硫酸钠（sodium lauryl sulfate，SLS）试验。SLS 会以可预测的方式对角质层造成化学损伤，导致屏障损伤和炎症。试验过程是在前臂屈侧或上背部进行 24 小时的斑贴试验。在封闭的检测室中使用 0.1% ~ 2.5%SLS 溶液，随后的反应可用简单的 4 分量表进行临床分级或使用更连续的 TEWL 检测数据[12]。其他刺激物（如维 A 酸类）也可以采用类似的方式，但 SLS 是最常用的成分。

SLS 会产生湿疹样反应，但也有研究使用其他成分作为皮肤反应性的功能标记。二甲基亚砜（dimethyl sulfoxide，DMSO）通过在角质层扩散后产生荨麻疹反应，也被用于研究皮肤反应性。将不同浓度的 DMSO 置于皮肤表面 5 分钟，然后在去除 10 分钟后对随后的荨麻疹风团进行评分。通过记录产生反应性的 DMSO 最低浓度或使用生物工程技术对反应性进行量化评价[13]。

这些试验可评价角质层的完整性，由于皮肤屏障较薄、脆弱并与对非特异性刺激的感官知觉增加相关，故试验可提供综合表皮完整性的替代指标，因此被有些人用于敏感性皮肤的检测。

22.5 试验设定

如果特定产品或成分会引起敏感性皮肤人群的反应，那么至少有两种方法可用于解决检测问题。一种是大规模人群的检测，另一种是针对特定人群的检测。

大规模人群的方法指的是对更多的健康受试者使用试验成分。这些受试者中有些个体皮肤敏感，因此需要根据自我评价的皮肤敏感性进行分类，并基于该参数对结果进行解释。将试验成分应用于鼻唇沟，在前 8 分钟内发生的任何感觉反应都要被记录下来，并以统一的 4 分量表评分，从无（0 分）至严重（3 分）。受试者应在 8 分钟后洗掉试验成分。

由于可随时找到大量健康的受试者，这种方法与其说是基于任何成分的可检测的生理效应，不如说是基于受试者的综合心理 - 生物反应。这种方法非常接近真实情况。为了提供有效数据，需要面对许多逻辑上的挑战。然而，这可能是筛选特定成分在普通人群中引起皮肤反应潜力的最合适的方法[14]。

敏感性皮肤并非在筛选过程中普遍存在，因此另一种方法是从相关人群中确定合适的受试人群，以便进行更特定的检测。理想情况下，筛选流程应使用多种检测的组合。为了确定合适的受试人群，应基于敏感性皮肤的初始定义（即你是否有敏感性皮肤），并根据自述的皮肤反应性招募受试者。

广泛招募后应选择合适的受试者。需要排除明显患有过敏、皮肤疾病、抑郁症、感染或神经性疾病的个体。这一过程可能需要皮肤科医生进行补充检验和检查。受试者接下来需要接受筛选试验，根据客观的可重复反应性，选择最终的检测组。受试者被分为"刺痛者""不一致刺痛者"和"非刺痛者"三组。每组有 8 人，总共 24 人，需要在每组保持相对平均的性别比例[14]。

实际检测采用自身对侧对照设计，将阳性对照（10% 乳酸）和试验成分（对侧）用棉签涂抹于鼻唇沟处。试验材料被随机应用至一半患者的右侧鼻唇沟和另一半患者的左侧鼻唇沟。将检测材料留存于原位 8 分钟，其间询问受试者关于在任何一侧的刺痛感受，反应性从 0 分（无刺痛）至 3 分（严重刺痛）分级。8 分钟后洁面并记录客观变化。受试者在 24 小时后再次接受检查，以确定是否出现任何长周期的客观变化。使用类似技术也可对类似产品进行比较，提供与竞品或类似产品的比较数据，以确定它们对刺痛的相对风险特征。

在确定试验组之前，这种方法也面临相当大的挑战。但它确保了后续检测可以非常有效地使用更敏感的生物学参数，从而可以量化反应。因此，在专门针对敏感性皮肤患者的产品检测中，这种方法显得更为合适。

22.6 结果说明

考虑到敏感性皮肤的变化，对试验结果的解释必须严格遵循其获取的过程。必须排除其他疾病的可能性，并且只能使用已知具有低风险毒理学特征并定义明确的试验成分。如果出现干燥 / 湿疹等客观反应，必须进行额外的检查和检验，以排除迄今尚未被认知的皮肤疾病的累积 / 发作，或者过敏性接触性皮炎的进展。

参考文献

1. Kligman AM, Sadiq I, Zhen X, Brosby M. Experimental studies on the nature of sensitive skin. Skin Res Technol. 2006;12:217-22.
2. Farage MA, Katsarou A, Maibach HI. Sensory, clinical and physiological factors in sensitive skin: a review. Contact Dermatitis. 2006;455:1-14.
3. Marriott M, Whittle E, Basketter DA. Facial variations in sensory responses. Contact Dermatitis. 2003;49:227-31.
4. Farage M. Perceptions of sensitive skin: changes in perceived severity and associations with environmental causes. Contact Dermatitis. 2008;59:226-32.
5. Willis CM, Shaw S, de Lacharriere O, Baveral M, Reiche L, Jourdain R, Bastien P, Wilkinson JS. Sensitive skin, and epidemiological study. Br J Dermatol. 2001;145:258-61.
6. Holm EA, Esmann S, Jemec GBE. Does visible atopic dermatitis affect quality of life more in women than in men? Gend Med. 2004;1:125-30.

7.   Frosch P, Kligman AM. Methods for appraising the sting capacity of topically applied substances. J Soc Cosmet Chem. 1977;28:197-209.

8.   Daugthers HL, Chew AL, Maibach HI. Sensitive skin. In: Loden M, Maibach HI, editors. Dry skin and moisturizers. Boca Raton: CRC Press; 2006.

9.   Marriott M, Holmes J, Peters L, Cooper K, Rowson M, Basketter DA. The complex problem of sensitive skin. Contact Dermatitis. 2005;53:93-9.

10.   Besne DC, Breton L. Effect of age and anatomical site on sensity of sensory innervation of human epidermis. Arch Dermatol. 2002;138:1445-50.

11.   Kim SJ, Lim SU, Won YH, An SS, Lee EY, Moon SJ, Kim J. The perception of threshold measurement can be a useful tool for evaluating sensitive skin. Int J Cosmet Sci. 2008;30:333-7.

12.   Agner T, Serup J. Sodium lauryl sulphate for irritant patch testing a dose-response study using bioengineering methods for determination of skin irritation. J Invest Dermatol. 1990;95:543-7.

13.   Agner T, Serup J. Quantification of the DMSO-response a test for assessment of sensitive skin. Clin Exp Dermatol. 1989;14:214-7.

14.   Cooper K, Marriott M, Peters L, Basketter D. Stinging and irritating substances: their identification and assessment. In: Loden M, Maibach HI, editors. Dry skin and moisturizers. Boca Raton: CRC Press; 2006.

第 23 章　活体皮肤结构可视化的新方法

Giovanni Pellacani, Stefania Guida, Silvana Ciardo　著

◎ 核心信息

目前，利用无创成像技术探索皮肤结构已成为可能。这种技术不仅可用于皮肤病学的诊断，也可用于化妆品领域。有趣的是，皮肤的结构信息可为皮肤生理学、诊断和研究中不同美容状态的结果提供重要见解。本章讨论的技术包括以下几种：

- 反射式共聚焦显微镜（reflectance confocal microscopy，RCM）能够活体检测皮肤水平层次的组织形态，并可深入达到 250 μm，提供关于色素沉着、水合、刺激、衰老和皮肤年轻化技术的信息。
- 光学相干层析成像（optical coherence tomography，OCT）提供皮肤的水平和垂直断面，深度可达 1～2 mm。虽然分辨率较 RCM 低，但仍可提供表皮、胶原和血管密度的信息。
- 多光子显微镜（multiphoton microscopy，MPM）能够生成高分辨的皮肤结构图像，并能提供额外的功能信息。不过，由于图像获取时间较长，因此该技术的应用受到限制。角质形成细胞、色素、胶原和弹性蛋白都可以用该技术来研究。

23.1　简介

皮肤是人体最大的器官。它是一个复杂而动态变化的器官，作为内部环境和外部世界之间的屏障，同时参与保护、调节和感觉等多种功能[1-2]。要了解皮肤功能，可以通过一些无创仪器，如角质层检测、经皮失水和皮脂含量检测等进行间接研究。然而，现在有一些新的工具可以在不同层次上研究皮肤结构对皮肤功能的影响。

新的诊断工具如体内反射式共聚焦显微镜（RCM）[3-4]、光学相干层析成像（OCT）[5]和多光子显微镜（MPM）[6]，可以提供实时的无创方法来获得皮肤准组织学图像。这些工具的主要优点是不需要进行任何皮肤活检即可观察到健康的皮肤，从而避免继发瘢痕。特别是在研究面部等美学单位的皮损时，这一点尤为重要。

我们将在本章中详细介绍上述提到的技术（RCM、OCT 和 MPM），阐述如何可视化皮肤，以及这些工具在不同皮肤状态下的应用。

23.2　反射式共聚焦显微镜（RCM）

RCM 是一项非侵入性技术，可用于对皮肤进行水平可视化，提供细胞学和结构细节的高对比度和高分辨率图像 [3]。由于 RCM 完全无创地提供了活体组织的光学"组织学"活检，因此已被证明是皮肤学诊断和健康皮肤隔层分析的有效辅助工具。

23.2.1　RCM 技术说明

本章讲述的是市售两款共聚焦显微镜——VivaScope® 1500 和 3000。这些显微镜是宽探针手持式，由德国的 Mavig 公司制造。共聚焦显微镜包括点光源、聚光镜、物镜和点探测器。它们的针孔只收集从"聚焦"平面发出的光线。RCM 产生高对比度的机制是后向散射。灰度共焦图像中明亮（白色）结构的组成部分与周围环境相比具有较高的折射率，其大小与光的波长相似。后向散射主要由结构相对于周围介质的折射率决定。

细胞器元件中黑素、胶原蛋白和角蛋白等的反射率最高。共聚焦扫描产生高分辨率的黑白水平图像（0.5 mm×0.5 mm），其横向分辨率为 1.0 μm，轴向分辨率为 3～5 μm，检测深度可达 250 μm（到达真皮浅层）。

宽探针 RCM 由一个探针（显微镜的头部）通过一次性塑料窗贴附于皮肤，而塑料窗被胶带固定于金属环。可以获取特定深度的全分辨率单个图像序列，并将其"缝合"在一起，形成大小从 2 mm×2 mm 至 8 mm×8 mm 的图像。对于炎症性或生理性皮肤疾病，通常采用 3 mm×3 mm 的 VivaCube®，由 4 个 25 μm 序列的图像组成。除了水平方向成像，垂直 VivaStack® 也可成像。它由从 200 μm 皮肤表面获取的单一高分辨率图像组成，从而获得一种"光学活检"。VivaStack 模式也可以用于评价表皮厚度。

手持式 RCM 由一个更小、更灵活的仪器组成，非常适用于难以接触到的部位（例如皮肤皱褶和耳部）。该工具可以对激光功率、成像深度和捕获进行仪器调控，但不能扫描较大范围 [3-4]。

23.2.2　RCM 与健康皮肤结构

RCM 分析表皮、真皮 - 表皮连接处（dermo-epidermal junction，DEJ）以及真皮浅层等几个层次（表 23.1），可以观察到皮肤的不同维度。

皮肤外部在表皮层面的第一张图像展示角质层，并且可以观察到大而明亮、多角形的无核角质细胞。共聚焦图像中角质细胞占据 10～30 μm，由深色的轮廓或沟壑分隔成巨大的"岛状"。值得注意的是，皮肤褶皱的形状和排列与身体部位（前额几乎没有，腹部表现显著）和年龄有关 [7]。

颗粒层和棘层（角质层下 15～100 μm）的角质形成细胞是 15～30 μm 大小的细胞，细胞核呈深色的椭圆形，细胞质明亮。颗粒层细胞中可以看到由细胞器导致的"颗粒状"结构。角质形成细胞聚集在一起并形成类似蜜蜂蜂巢的蜂窝状结构（图 23.1a）。角质形成细胞之间的轮廓通常比细胞质明亮，轮廓清晰 [3, 8]。

表 23-1　RCM 特征定义

RCM 特性	
表皮层	
规则的蜂窝	具有相同大小和形状的多边形角质形成细胞，轮廓清晰，细胞边界完整
不规则的蜂窝	具有不同大小和形状的角质形成细胞，细胞边界并非总是轮廓清晰和完整
斑状色素沉着	蜂窝状结构下聚集的明亮角质形成细胞
表皮厚度	基于从第一张显示蜂窝状图案的图像到胶原蛋白结构首次出现的堆叠数量计算，以微米为单位
皱纹	角质形成细胞群之间的暗褶，其方向和交点被描述为"菱形"
分离的角质细胞	多角形结构具有中高反射率，边缘清晰可见，对应于角质层内的单个或小簇角质层细胞
靶样角质形成细胞	颗粒 - 棘细胞层内的角质形成细胞边界增宽，中央有亮斑
明亮的多边形结构	基底层角质形成细胞，胞质明亮，轮廓分明
胞外分泌	明亮的小点通常位于角质形成细胞之间
真皮 - 表皮连接处	
多环乳头状轮廓	球根状突起和索状，排列曲折多变
皮脂腺	圆形至椭圆形的环状结构与腺体实质相对应，以毛囊为中心
真皮层	
细网状胶原蛋白	明亮的薄纤维结构形成精致的网状图案；这种结构可在滤泡开口周围检测到
粗厚胶原蛋白	粗丝状的厚结构有被堆积的倾向；仍可观察到蛛网状的图案，但具有更大且不规则分布的网格
蜷缩胶原蛋白	非晶态和低反射材料大的低折射光斑；单个胶原纤维不再可见
弹力组织变性	高折射的粗而短的波动纤维，当出现严重的日光弹力纤维变性时，有时形成致密的团块
噬黑素细胞	大而不规则形状的明亮细胞，边界不清，真皮乳头内通常未见细胞核
毛囊皮脂腺单位	
大小	漏斗 / 皮损的主轴，单位为 μm，距皮肤表面 15 μm 处
漏斗的边界	边界可以是：规则 / 不反射，明亮且薄，明亮且厚，不确定 / 边界变形
内容物	- 漏斗内的非晶态物质，可见为形状和轮廓不清的灰色团块
	- 粉刺内有组织的高反射性炎症浸润，呈圆形 / 卵圆形致密高反射聚集物

　　相反，深色皮肤类型显示出含有黑素的角质形成细胞，呈现为明亮的多边形细胞，体积较小，被较暗的轮廓（鹅卵石图案）分隔开，因此类似蜂窝状图案的反面 [9]。

　　蜂窝状结构的不规则性表现在其多边形角化的细胞形态上。细胞大小和形态会发生变化，而细胞边界并非总是轮廓清晰和完整（图 23.1b）。从显示蜂窝状图案的第一张图像到胶原结构首次出现的堆叠数量，可估算表皮厚度 [10]。

　　更深层次（颗粒 - 棘细胞层以下）可观察到基底层细胞，其大小和形状一致。由于黑素帽在细胞核顶部形成明亮的圆盘，基底细胞比棘层角质形成细胞更小且折射更强。

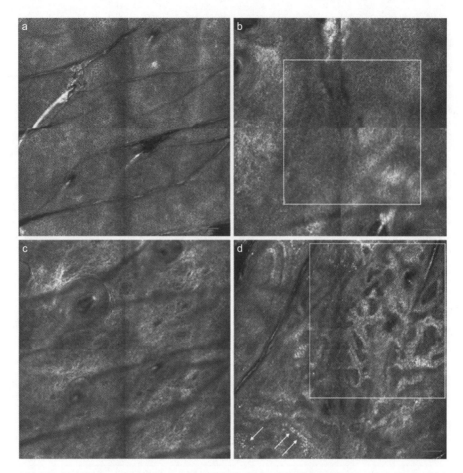

图 23.1 展示了真皮 - 表皮连接处（DEJ）的共聚焦显微镜反射图。（a）呈规则的蜂窝状；（b）呈不规则的蜂窝状（白色方块）；（c）是典型健康浅肤色受试者的真皮 - 表皮连接处；（d）呈现出真皮 - 表皮连接处的多环乳头状轮廓（白色方块）和斑驳的色素沉着（白色箭头）。标尺长度为 100 μm

　　真皮 - 表皮连接处基底细胞在规则的网嵴存在下，形成圆形或椭圆形的明亮角质形成细胞环，围绕深色的真皮乳头形成环状图案[3, 7]。角质形成细胞的亮度直观上与黑素含量及日光反应性皮肤分型相关：皮肤光型越高，基底细胞和皮肤环越亮（图 23.1c，d）。

　　此外，在正常情况下，黑素细胞无法与角质形成细胞区分。因为它们的大小和黑素含量相似，且在正常代谢条件下，无法通过 RCM 检测到树突。但在皮肤肿瘤（即黑素细胞痣和黑素瘤）或炎症性皮肤疾病（即黄褐斑）中，可区分黑素细胞。通过 RCM 可观察到健康皮肤色素沉着的间接影响，即存在所谓的斑驳色素沉着[10]，其定义为蜂窝状背景下的明亮角质形成细胞小簇[7]。

　　当色素沉着主要出现在真皮 - 表皮连接处时，会表现出富含黑素细胞的亮度，与表皮增生相关联，并形成多环乳头轮廓对应的表皮延长和棒状嵴桥接。皮肤色素沉着也可能位于更深的层次，以噬黑素细胞的形式出现于真皮乳头层[10-13]。

血液在真皮 - 表皮连接处下方每个乳头内的毛细血管循环中流动，经过更高分辨率和放大镜观察，可观察到循环血细胞与胶原纤维和胶原束[3]。

胶原纤维可能呈现出不同的形态，通常与受试者的年龄和光损伤相关。细网状胶原纤维、粗胶原纤维、成团的胶原纤维和卷曲的胶原纤维是常见形态。细网状胶原纤维对应明亮的薄纤维结构形成精致的网状图案，这在年轻的受试者中是典型的表现。随着年龄增长，粗胶原蛋白（描述为大的低反射胶原蛋白的粗网络）和（或）胶原蛋白堆积，表现为大的低反射率的无定形和低折射物质。此外，当存在严重的日光弹力纤维变性时，卷曲的明亮结构组织成致密团块[10]（图 23.2）。

有趣的是，中年女性中不同胶原蛋白类型与不同遗传背景相关[14]。

其他可见的结构包括模糊的螺旋形或新月形亚结构，它们位于细胞核中心或边缘（假定为核仁）、皮脂腺、毛囊内的毛干和螺旋状进入真皮层的汗腺导管[3]。研究人员也可以通过 RCM 来研究毛囊皮脂腺单位的相关结构。

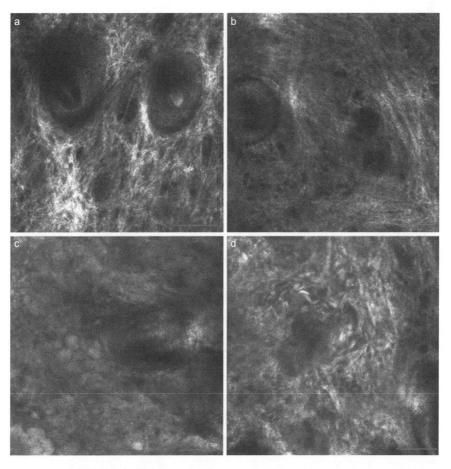

图 23.2 真皮经过反射式共聚焦显微镜观察到以下现象：（a）年轻受试者的网状胶原蛋白；（b）粗胶原蛋白；（c）胶原蛋白聚积；（d）日光弹力纤维变性受试者观察到卷曲的纤维。标尺长度为 100 μm

关于皮脂腺大小、边界和含量的详细描述可以参考表 23.1[15]。面部存在大量毛囊，形成深色的圆形区域，中心为毛干 [7]。

23.2.3　RCM 与皮肤色素沉着

考虑到黑素的高反射率，皮肤色素沉着（如前一部分所述）和相关疾病如白癜风和黄褐斑的评价是 RCM 的最佳应用之一。

23.2.3.1　白癜风

白癜风是一种获得性色素紊乱疾病，由于黑素细胞受损而引起。该病会在皮肤表面形成局限性至弥漫性的白斑，对于患者的外貌和生活质量都有很大的影响 [16]。目前，有多种方法可用于诊断和治疗监测，包括白癜风面积评分指数（VASI）、伍德灯以及新兴的皮肤镜检查。然而，除了 RCM 以外，这些工具都不能提供关于疾病微观信息的详细资料 [17-18]。

白癜风中 RCM 应用的初步研究结果表明，受累区域的形态与其组织病理学对应关系明显不同于非受累区域。RCM 可以观察到真皮 - 表皮连接处无色素区域缺乏明亮的乳头环，而表面呈现正常皮肤时，色素分布异常。这与整体保留的皮肤解剖结构有关 [19]。然而，尽管没有明亮的环，乳头轮廓仍然可见。这种特殊的形态可被定义为"有边无环的乳突"。另一项研究将白癜风患者明显正常的皮肤与健康对照组的皮肤进行比较，证实白癜风患者受累区域没有亮环，但色素分布不规则 [20]。

因此，表皮角质形成细胞色素沉着缺失或明显减少被认为是白癜风 RCM 的次要诊断标准。然而，RCM 在白癜风诊断中的局限性是无法研究和量化单个黑素细胞，以评价黑素细胞损耗和失活情况。如前所述，正常人体皮肤中实际上无法区分有色素的角质形成细胞和黑素细胞。

考虑到 RCM 具有高分辨率的特点，可以观察到活动性白癜风无色素性皮损及皮损周围的炎症细胞和噬黑素细胞 [21]。而在稳定期的白癜风中，这些细胞很少或没有。此外，毛囊周围存在噬黑素细胞、炎症细胞和色素残留物，而毛乳头或其他附属器结构的开口周围没有任何色素。这似乎证实黑素细胞的破坏发生在毛囊之间至毛囊周围区域，而且复色过程通常可以从毛囊周围部位开始。这些毛囊周围的色素结构可能对复色概率有间接影响，为疾病预后提供合理的思路。然而，这一假说还需进一步的长期随访研究来证实。

RCM 在白癜风中的一个非常有趣的应用是疾病监测。因此，可以在同一区域进行连续检查，以在细胞水平上评估治疗的时程反应。由于 RCM 技术的无创性和快速性，可以无限制地重复进行。在新近出现的色素斑中可识别出亮度高、形态奇特的树突状和活化的黑素细胞。这些细胞通常位于毛囊周围，看起来像大的多角形至星状结构，细胞核呈黑色，胞质呈颗粒状反光，轮廓清晰，主细胞体上有明显的、有时很长的树突分支。实际上在接受 UVB-NB 和 PUVA 治疗的患者中，可观察到大量的上述细胞，从而能在出现临床改善前对治疗的临床反应进行早期评价。

23.2.3.2　黄褐斑

黄褐斑是一种色素沉着障碍，可以表现为从浅至深的褐色斑点，全球有数百万人患有该病。这种皮肤问题最常见于 Fitzpatrick 皮肤分型为Ⅲ~Ⅴ型的女性，通常出现在面部，有时也会出现在颈部、前臂等其他光暴露的区域[22-23]。黄褐斑的治疗极具挑战性，通常需要采取多种治疗手段。为了制订合理的治疗方案，需要进行充分的临床评估，包括个人史、皮损部位和既往史（如药物应用）。然而，评价皮损的黑素分布和深度在治疗计划中至关重要[13]。

黄褐斑通常被分为三种临床类型：表皮型（黑素存在于表皮层）、真皮型（黑素和噬黑素细胞存在于真皮层）和混合型（前两种类型的组合）[25]。然而，目前广泛使用的黄褐斑评价工具（如伍德灯和皮肤镜）在色素定位方面与组织学的相关性较差[26-27]。相反，有报道黄褐斑的组织病理学与 RCM 具有很好的相关性[12, 28]。一些研究报道，RCM 检测所有类型黄褐斑皮损的表皮部分持续存在，故提出黄褐斑主要有两类：表皮型和混合型。因此，提出一种新的黄褐斑分类，基于黄褐斑皮损黑素的深度分为表皮型和混合型[12-13, 28]。

表皮色素沉着是黄褐斑的组织学特征[12]，呈现为斑驳状色素沉着，真皮乳头周围可见明显的乳头环[11, 13]。真皮层色素对应于噬黑素细胞[12]。

RCM 对黄褐斑与炎症后色素沉着的鉴别诊断有所帮助。后者与黄褐斑的不同之处在于表皮受累较少，在真皮 - 表皮连接处表现出强亮度的边缘。值得注意的是，噬黑素细胞似乎没有被观察到，可能是因为它们定位于真皮乳头深层或（和）网状层，而 RCM 的穿透有限[29]。此外，RCM 在黄褐斑治疗监测中也发挥了重要作用。黄褐斑治疗后，持续的复发有时与活化的黑素细胞相关[11-13, 28]。

在黄褐斑激光治疗后早期复发的病例中，可在毛囊周围区域看到对治疗效果的影响[11]。另外，真皮层中噬黑素细胞的存在可能与较差的疗效相关[12]。

总之，RCM 提供了一种可靠的黄褐斑黑素分布"图谱"，不仅对治疗选择有很好的指导作用，而且也是一种治疗监测的方法。因为 RCM 分析是一种高度敏感的仪器，能够检测到临床肉眼无法察觉的变化[11, 13, 30-31]。

23.2.4　RCM 与皮肤含水量

对于轻度至中度皮肤干燥的临床受试者，可观察到表皮层的 RCM 变化，表现为表面不规则、反射率不均匀。这主要是由于存在大小不同的鳞屑，形成了明亮的角质细胞脱落背景的超反射区域。颗粒 - 棘细胞层的蜂窝状结构显示出不明显的角质形成细胞轮廓和低反射边界，但角质形成细胞的形状未见改变[8]。

除了观察皮肤变化，RCM 也可用于治疗监测。既往一项针对干燥皮肤的研究表明，使用保湿剂后皮肤表面的鳞屑和皱纹明显减少，皮肤表面的规则化程度增加。保湿剂诱导的延迟机制是对角质形成细胞间隙成分产生影响。此外，研究发现油包水的保湿剂可以迅速渗入表皮层，但其持久性较低。总体而言，通过基于细胞代谢的潜在变化对 RCM 进行处理分析后，我们可以观察到皮肤内聚力、皮肤屏障 / 完整性的增强[8]。

23.2.5　RCM 与皮肤刺激

有些研究聚焦于皮肤刺激的微观层面。刺激性接触性皮炎的试验模型包括使用含有 5%
月桂基硫酸钠（SLS）水溶液的 24 小时斑贴试验。然后比较三个部位：一个部位在 SLS 治
疗前使用维生素 E 产品，一个部位在 SLS 治疗后使用维生素 E 产品，以及一个对照部位（仅
使用 SLS）。

可以观察到刺激性接触性皮炎表现为纹理加重、角质细胞脱落、表面明亮不均、颗粒 -
棘细胞层的角质形成细胞结构不规则、靶样角质形成细胞、基底层的明亮角质形成细胞（后
两种实体对应于坏死 / 凋亡细胞）以及乳头状不规则（表 23.1）。未发现明显的胞吐。综上所
述，上述数据表明，SLS 引起的刺激似乎可以影响到表皮最深层和最小程度的表皮网嵴结
构[32]。

因此，由于该工具高分辨率的特性，RCM 能够在细胞水平上观察刺激诱导的损伤。此
外，它能够分析和检测参与皮肤屏障和（或）修复过程的不同制剂对刺激物导致的皮肤损伤
的保护和修复[32]。

此外，在斑贴试验后，既往有皮肤过敏史的受试者的 RCM 特征会诱发皮肤反应。这些
受试者观察到角质层破坏、海绵样增生伴囊泡形成、胞吐和表皮内浸润性炎症细胞以及血
管扩张（表 23.1）。有趣的是，虽然斑贴试验后 24 小时可以观察到与朗格汉斯细胞相对应的
树突状细胞，但角质层破坏通常发生在去除斑贴试验后的 48 小时和 72 小时[33]。

23.2.6　RCM 与皮肤老化

为了实现对随时间推移所发生的变化进行可视化，我们采用了 RCM 技术。前文已介绍
了健康皮肤的典型特征。年轻健康的皮肤通常呈现出规则的蜂窝状图案，并在真皮层形成反
光网状纤维结构。然而，随年龄的增长，皮肤的各个层次都会发生变化。

为了检测这些变化的存在和程度，已经开发了不同的评分标准，包括表皮紊乱评分、
表皮增生评分和胶原改变评分。

- 表皮紊乱评分（0 ~ 9 分）= 不规则蜂窝状图案 + 表皮厚度 + 沟壑图案。
- 表皮增生评分（0 ~ 9 分）= 斑驳状色素沉着 + 多环乳头范围 + 表皮厚度。
- 胶原改变评分（0 ~ 12 分）= 卷曲纤维 3 分 + 胶原团 2 分 + 粗胶原 1 分 + 细网状胶原 0 分。

有研究者分析了 50 名年龄在 24 ~ 88 岁的女性受试者的面部 RCM 图像（左侧颧突），
并进行上述评分。结果显示，表皮紊乱评分在 65 岁前保持稳定，而 65 岁以上受试者的评
分显著增加。随着年龄的增长，增生程度和总胶原评分呈上升趋势，从青年到中年，增生
程度逐渐增加。此外，还观察到不同比例的胶原蛋白类型[34]。

有研究分析了除面部皮肤外前臂屈侧非光暴露皮肤的 RCM 特征，并将其与前臂伸侧光
暴露皮肤的 RCM 特征进行比较。研究对象包括 75 名 Fitzpatrick 光型Ⅰ ~ Ⅲ的受试者，分为
两个年龄组（20 ~ 30 岁和 50 ~ 60 岁）。研究重点关注与生理老化相关的变化，发现在光暴

露的前臂伸侧变化更加明显。这些变化包括细小皮肤皱纹消失导致更宽、更少、交叉的皱纹，不规则的表皮蜂窝状图案，不规则的斑点色素沉着，不规则乳头状环状图案，纤细胶原纤维缺失以及胶原蛋白团块出现[35]。

23.2.7　RCM 与皮肤年轻化

一些研究通过使用皮肤活检或动物模型，研究了局部用药和激光治疗引起的形态学变化。具体来说，RCM 技术可以检测外用产品应用后皮肤的体内变化，并实时评价表皮层和真皮浅层发生的变化[8, 36-40]。

最近的一些研究分析了激光治疗后皮肤相对于基线时的变化，主要采用 RCM 评估分析了点阵激光术后的变化。点阵激光微剥脱或非剥脱模式可治疗数种皮肤问题，如皮肤老化、瘢痕和膨胀纹。RCM 技术可使治疗后的胶原重塑可视化（呈现为明亮、直长的纤维）[41-44]。此外，还有研究探讨了其他激光治疗的效果，包括创新性的皮秒激光治疗[45-48]。另外，正如在黄褐斑部分中介绍的，在黄褐斑患者中也观察到了一些有趣的表现。

23.2.8　RCM 和易患痤疮皮肤

RCM 已被应用于研究痤疮皮肤，并描述了其相应特征，如粉刺、丘疹和脓疱等[15]。然而，同一项研究还分析了痤疮患者外观健康的皮肤，并将其与健康受试者的皮肤进行比较。与正常皮肤相比，易患痤疮的皮肤毛囊周围常出现明亮的同心圆状物质（漏斗部角化过度），有时呈洋葱样排列，与角蛋白堆积相对应。漏斗部过度角化可能是微粉刺形成、皮脂腺和角蛋白物质累积的早期现象，从而参与痤疮的发病机制[49]。随着时间的推移，毛囊皮脂腺单位的改变进行性增加，随后出现炎症反应和微血管变化。RCM 似乎能够识别出易患痤疮皮肤临床无法检测的特征[15, 50-51]。此外，体内 RCM 可能是痤疮疗效的客观评价和治疗后个体反应评价的有效工具。因此，该工具能够评价局部炎症和角化过度成分的逐步减少，与临床评分改善一致[39]。

23.3　光学相干层析成像

光学相干层析成像（OCT）是一种光学成像方法，可用于可视化活体组织。最初，它被应用于眼科[52-53]。由于其技术特点，如高达 3 ~ 15 μm 的分辨率和 1 ~ 2 mm 的穿透深度，OCT 还可用于无创检测表皮层、真皮 - 表皮连接处和真皮层的垂直与水平（正面）断面的形态特征[54-56]（图 23.3）。

23.3.1　OCT 技术说明

OCT 的工作原理与超声类似，但其检测的是皮肤反射 / 反向散射的红外线强度，而非声波。由于光速过高，不能直接检测光回波，因此采用低相干干涉检测，将组织反射 / 反向散射光与已知参考路径的光相关联。数据以图像形式显示，每个反射点分配灰度值来表示信

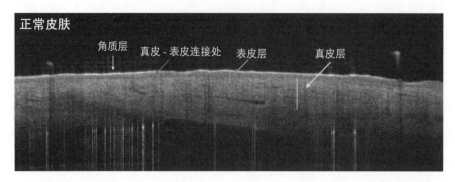

图 23.3　正常健康皮肤的光学相干层析图像，显示角质层、表皮层、真皮 - 表皮连接处和真皮层

号强度 [57-58]。

　　早期的 OCT 仪器被称为时域型 OCT（TD-OCT），分辨率为 10 ~ 15 μm，可以提供高达 2 mm 的穿透深度。超高分辨率或高清型 OCT（HD-OCT）扫描仪的分辨率显著高于传统 OCT（1 ~ 3 μm），但穿透深度较低 [59-60]。此外，频率域型 OCT（Fourier-domain OCT，FD-OCT）系统包括光谱域型 OCT（spectral domain OCT，SD-OCT）和扫频源型 OCT，结合了 TD-OCT 和 HD-OCT 的优点 [60]。功能性 OCT 如偏振敏感型 OCT（polarization sensitive OCT，PS-OCT）也已开发出来 [61-63]。

　　随着 OCT 技术的不断发展，例如基于斑点变化 OCT 的动态型 OCT，简称 D-OCT，它可在体内评价血管及其在特定皮肤区域内的分布，因此具有特殊意义。OCT 血管成像也可采用扫频源 OCT 实现 [64-65]。

23.3.2　OCT 和皮肤层次

　　OCT 在皮肤科具有重要的应用，可用于评价表皮、胶原和血管等结构特征。实际上已有多种 OCT 工具被用于评价皮肤结构特征，其中一些能够精准评价胶原蛋白的形态特征，而另一些则能够评价血管的情况 [14, 50, 65-66]。

　　OCT 图像反映了众所周知的皮肤分层结构。在大多数图像中，表皮层和真皮层之间的分界（即真皮 - 表皮连接处）非常明显。同时，根据不同皮肤部位的特点，正常皮肤中也存在一些差异。表皮层的反射 / 反向散射比真皮层要少，信号通过皮肤从表皮层到真皮层的衰减速度称为衰减 [67]。

　　由于光线在皮肤表面的散射，表皮层水平会产生一条明亮带，对应着角质层 [68]。在皮肤的垂直断面图像中，表皮层厚度可以通过至少 3 个预设的检测点（包括图像中心和两个与中心固定距离的外侧点）之间的平均值来计算，其中的预设检测点位于角质层和真皮 - 表皮连接处之间 [5]。OCT 估算的表皮层厚度已被证实与组织学检测的厚度相关 [69]。

　　已有研究证实，随着时间的推移，OCT 能够检测到表皮层厚度的减少和表皮 - 真皮连接处的逐渐变平，这通常与皮肤的内源性老化相关 [68, 70-72]。对于光老化的皮肤，OCT 成像表现为表皮层的萎缩、表皮表面不均匀以及角质层的增厚 [73]。具体来说，60 岁的人群表皮层明显比 20 岁和 40 岁的人群更薄[65]。

此外，OCT 与 RCM 相似，可评价不同皱纹形态的皮肤水平断面[72]。随着年龄的增长，皮肤粗糙度增加，这与进行性表皮层变化和真皮层退变有关[35, 74]。

OCT 可以评估真皮层水平的胶原和血管。根据皮肤部位及使用的特定工具和分析，OCT 可以观察到不同的胶原特征。例如，扫频源型 OCT 可以提供皮肤胶原结构的信息，其中胶原束紧密堆积的程度和密度影响其成像结果；而偏振敏感型 OCT 则可以通过检测反射光的偏振状态变化来获取胶原的三维成像[54, 75]。此外，OCT 也可以描述胶原纤维结构的完整性或碎片以及方向（平行或无序）[14]。将散斑相关方法应用于 OCT 层析成像，则可以评价血管密度[14, 65]。

23.3.3 OCT 的应用

通过 OCT 技术可无创显示皮肤随时间的变化。当胶原含量减少时，如光老化或光损伤导致皮肤表皮层逐渐变薄，光的偏振状态也会缓慢变化，这就可以观察到较低的相位延迟率[76]。根据不同的皮肤部位，下背部皮肤平均相位延迟率较高，而颞部区域的相位延迟率很低[54, 66, 75-77]。随着皮肤的内源性老化，胶原纤维变得更厚、更长且更直，并逐渐聚集成花边样网络结构[72]。胶原含量增加的组织（如瘢痕和纤维化）中光的偏振状态会迅速改变，表现出更高的相位延迟率[76]。

通过对垂直或水平图像的定量数据评价，可以确定血管密度和平均血管直径的聚焦值。这些定量数据证实，60 岁年龄组的血管密度和平均血管直径低于 20 岁和 40 岁年龄组（图 23.4）[65]。此外，D-OCT 结果显示，具有特定遗传背景的受试者面部血管密度的增加可能与皮肤光老化相关[14]。

与 RCM 的结果相似，痤疮的病理变化也在 OCT 图像中呈现出相关特征。然而，痤疮患者的正常皮肤和健康受试者的皮肤在 OCT 图像中并无明显的区别。这可能是因为 OCT 的

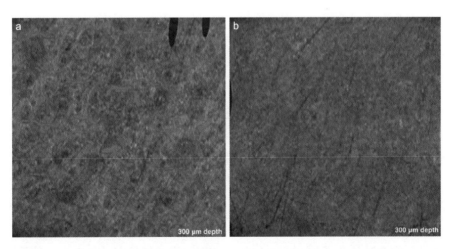

图 23.4（见彩插） 展示动态光学相干层析成像（Vivosight，Michelson Diagnostics，英国）在正常面部皮肤上的应用。图（a）和图（b）分别呈现 25 岁和 61 岁受试者血管密度的差异

分辨率较低，而 D-OCT 和 OCT 的穿透深度增加后，炎症可得以显示[50]。

有趣的是，OCT 已经被应用于局部用药和激光治疗后的疗效评价[78]。临床试验证实，OCT 可专门用来评价抗衰老面霜对皮肤粗糙程度的改善作用[79]。

最近的一项研究表明，OCT 是评价 Er:YAG 激光治疗改善面部皱纹疗效的一种有效方法。具体来说，OCT 用于客观观察治疗后 4 周与临床改善相关的胶原新生[80]。

23.4　多光子激光显微镜

多光子激光显微镜（MPM）是一种非侵入性的活体技术，可在细胞和亚细胞水平上对活体皮肤断面进行实时成像。MPM 成像利用组织内在荧光团的自发荧光和组织基质成分（如胶原）产生的非线性谐振波，能够对未染色的生物组织进行功能和结构成像[81-90]。研究表明，MPM 结果与组织病理学之间存在良好的相关性[89]。然而，该技术的一个主要短板是耗费时间较长，因为获取信息需要一定时间。

23.4.1　MPM 技术说明

使用 MPTflex（JenLab，德国）可以获得 MPM 获取的图像，并与组织表面平行的光学截面对应。这些图像可达到 200 μm 的深度分辨率，横向分辨率为 0.5 μm，轴向分辨率为 1 ~ 2 μm[83, 85, 89]。

与传统的共聚焦荧光显微镜不同，MPM 的荧光团是通过同时吸收两个或多个较长波长的光子来激发。这些波长较长的近红外辐射比可见光更少散射，因此可以进行更深层次的高分辨率成像。此外，为了有效地激发 MPM，需要使用超短飞秒激光脉冲，这将产生非线性效应，如二次谐波生成（second harmonic generation，SHG），这种效应可在胶原等周期性结构中观察到[84, 89]。总体而言，自体荧光成像和 SHG 的结合可提供皮肤细胞和细胞外基质的形态和结构图像[81-90]。

自发荧光是通过激发细胞内或细胞外的一些成分（称为荧光团）而产生荧光。一旦荧光团吸收能量，就可以发射能量并产生可见信号[89]。自体荧光的优点是可以避免使用造影剂或外源性标记物，简化检查和患者准备。人体皮肤中存在的内源性荧光生物分子包括还原型烟酰胺腺嘌呤二核苷酸（NADH）、还原型烟酰胺腺嘌呤二核苷酸磷酸（NADPH）、胶原、角蛋白、黑素、弹性蛋白、核黄素、卟啉、色氨酸、胆钙化醇和脂褐素[81-90]。

自发荧光不仅包括可见光范围内的发射，还包括 SHG 信号。SHG 信号源自非中心对称分子（如胶原和肌球蛋白），其特征是发射波长相当于入射光子的一半。这种特殊信号能够显示真皮胶原束，并将其与细胞成分和弹性纤维区分开[91]。

荧光寿命成像（fluorescence lifetime imaging，FLIM）可以提供与荧光衰减率相关的组织不同状态的增强信息。由于 FLIM 不受强度伪影的影响，因此与强度成像相比，它能实现更稳定的图像数值描述[92]。不同颜色对应于每个图像像素的特定荧光寿命，使得基于 FLIM 图像中的颜色即刻视觉识别细胞、亚细胞或细胞外结构。例如，角质形成细胞表现出长 - 中等的荧光衰减值，在视觉上对应于蓝绿色范围；而黑素细胞则表现出中 - 短的荧光衰减时间，对应于黄红色范围内[93]。

黑素瘤细胞在 800 nm 波长下被选择性激发，呈高荧光，并表现出不典型和多形性特征。

23.4.2　MPM 与皮肤层

MPM/FLIM 技术已经被用于研究离体和在体样本的皮肤生理和病理状态。此外，还可以利用细胞培养进行研究[92, 94]。这种技术可以非侵入性地监测间充质干细胞在各种分化刺激下对代谢活性、形态和氧化应激的影响[94]。

MPM 和 FLIM 技术可以在不需要细胞处理和染色的情况下，对成纤维细胞培养过程中的形态和代谢变化进行精准和快速的评价[92]。这种方法对暴露于各种环境因素或药物的样本也适用。

与既往报道的 RCM 类似，健康表皮细胞和细胞核的直径、细胞密度以及 MPT/FLIM 特征不仅受表皮细胞深度的影响，也会因皮肤部位的不同而异。

老年受试者的表皮细胞形态和大小发生变化，表层细胞和细胞核的直径变小，基底细胞数量也减少。衰老过程中上、下两层的 FLIM 值都会增加[93]。上述数据可用于比较病理状态下表皮细胞 MPM/FLIM 维度。通过深入真皮层，可以观察到胶原纤维和弹性纤维的形态。

23.4.3　MPM 的应用

随着皮肤老化和真皮病理状态的变化，可能会观察到不同的结果。衰老过程中，通过 MPM 评价的纤维张力、形态、网络模式和血栓形成可能会发生变化[95-96]。Lin 等通过 MPM 成像对不同年龄患者的面部皮肤样本进行研究，发现真皮细胞外基质的年龄依赖性变化[88]。

20 岁个体的 AF 和 SHG 信号散布于真皮乳头层，而 70 岁个体的 SHG 信号仅在基底膜下的极薄区域被检测到。在真皮层中发现大量的荧光弹性纤维，其与日光弹力纤维变性相对应。SHG 信号的降低和自发荧光信号的增加趋势与组织学上胶原纤维减少和弹性组织增生的增加有很好的相关性。

此外，为了区分内源性老化和光老化，对臀部和前臂进行 MPM，发现后者表现出较低的 SHG 信号密度和强度。进一步的小波分析显示，与臀部相比，前臂的胶原蛋白网络呈现出更低的纹理多样性。这也可以解释为较高的网状水平降低了纤维的活动性。另外，臀部较低水平的网状结构会导致更强的 SHG 信号和更高的胶原蛋白密度，因为胶原蛋白网络会在真皮层中占据更大的空间。弹性蛋白含量的其他差异可能导致这些信号的差异[97]。

另一个有趣的应用是黄褐斑诊断。MPM 证实了既往 RCM 的发现，即诊断为表皮型黄褐斑的患者中可见噬黑素细胞存在于真皮层。表皮型黄褐斑的黑素面积分数（14%±4%）显著高于皮损周围皮肤（11%±3%）（$P<0.05$）。此外，皮损处的弹力组织变性比皮损周围更严重，并与基底角质形成细胞的黑素分布变化相关[98]。

23.5　结语

无创皮肤成像是皮肤科诊断领域常用的方法。RCM、OCT 和 MPM 等技术提供了与皮肤不同功能相关的重要皮肤结构信息，使得这些技术能够应用于医美领域。

参考文献

1.　Klaassen CD, editor. Casarett and Doull's toxicology: the basic science of poisons. 5th ed. New York: McGraw-Hill; 1996. p. 529–46.

2.　Monteiro-Riviere NA. Introduction to histological aspects of dermatotoxicology. Microsc Res Tech. 1997;37:171.

3.　Rajadhyaksha M, Gonzalez S, Avislan JM, Anderson RR, Webb RH. In vivo confocal laser scanning microscopy of human skin II: advances in instrumentation and comparison with histology. J Invest Dermatol. 1999;113:292-303.

4.　Branzan AL, Landthaler M, Szeimies RM. In vivo confocal laser scanning microscopy in dermatology. Lasers Med Sci. 2007;22:73-82.

5.　Trojahn C, Dobos G, Richter C, Blume-Peytavi U, Kottner J. Measuring skin aging using optical coherence tomography in vivo: a validation study. J Biomed Opt. 2015;20:045003.

6.　Seidenari S, Arginelli F, Bassoli S, Cautela J, French PM, Guanti M, Guardoli D, König K, Talbot C, Dunsby C. Multiphoton laser microscopy and fluorescence lifetime imaging for the evaluation of the skin. Dermatol Res Pract. 2012;2012:810749.

7.　Longo C. Well-aging: early detection of skin aging signs. Dermatol Clin. 2016;34:513-8.

8.　Manfredini M, Mazzaglia G, Ciardo S, Simonazzi S, Farnetani F, Longo C, Pellacani G. Does skin hydration influence keratinocyte biology? In vivo evaluation of microscopic skin changes induced by moisturizers by means of reflectance confocal microscopy. Skin Res Technol. 2013;19:299-307.

9.　Longo C, Zalaudek I, Argenziano G, et al. New directions in dermatopathology: in vivo confocal microscopy in clinical practice. Dermatol Clin. 2012;30:799-814.

10.　Longo C, Casari A, Beretti F, Cesinaro AM, Pellacani G. Skin aging: in vivo microscopic assessment of epidermal and dermal changes by means of confocal microscopy. J Am Acad Dermatol. 2013;68:e73-82.

11.　Longo C, Pellacani G, Tourlaki A, Galimberti M, Bencini PL. Melasma and low-energy Q-switched laser: treatment assessment by means of in vivo confocal microscopy. Lasers Med Sci. 2014;29:1159-63.

12.　Kang HY, Bahadoran P, Suzuki I, Zugaj D, Khemis A, Passeron T, Andres P, Ortonne JP. In vivo reflectance confocal microscopy detects pigmentary changes in melasma at a cellular level resolution. Exp Dermatol. 2010;19:e228-33.

13.　Ardigo M, Cameli N, Berardesca E, Gonzalez S. Characterization and evaluation of pigment distribution and response to therapy in melasma using in vivo reflectance confocal microscopy: a preliminary study. J Eur Acad Dermatol Venereol. 2010;24:1296-303.

14.　Guida S, Ciardo S, De Pace B, De Carvalho N, Peccerillo F, Manfredini M, Farnetani F, Chester J, Kaleci S, Manganelli M, Guida G, Pellacani G. The influence of MC1R on dermal morphological features of photo-exposed skin in women revealed by reflectance confocal microscopy and optical coherence tomography. Exp Dermatol. 2019;28(11):1321-7.

15.　Manfredini M, Mazzaglia G, Ciardo S, Farnetani F, Mandel VD, Longo C, Zauli S, Bettoli V, Virgili A, Pellacani G. Acne: in vivo morphologic study of lesions and surrounding skin by means of reflectance confocal microscopy. J Eur Acad Dermatol Venereol. 2015;29:933-9.

16.　Borderé AC, Lambert J, van Geel N. Clinical and emerging therapy for management of vitiligo. Clin Cosmet Investig Dermatol. 2009;2:15-25.

17.　Ducharme EE, Silverberg NB. Selected applications of technology in the pediatric dermatology office. Semin Cutan Med Surg. 2008;27:94-100.

18.　Chuh AA, Zawar V. Demonstration of residual perifollicular pigmentation in localized vitiligo a reverse and novel application of digital epiluminescence dermoscopy. Comput Med Imaging Graph. 2004;28:213-7.

19.　Ardigò M, Malizewsky I, Dell anna ML, Berardesca E, Picardo M. Preliminary evaluation of vitiligo using in vivo reflectance confocal microscopy. J Eur Acad Dermatol Venereol. 2007;21:1344-50.

20.　Kang HY, le Duff F, Passeron T, Lacour JP, Ortonne JP, Bahadoran P. A noninvasive technique, reflectance confocal microscopy, for the characterization of melanocyte loss in untreated and treated vitiligo lesions. J Am Acad Dermatol. 2010;63:e97-100.

21.　Costa MC, Abraham LS, Pacifico A, Leone G, Picardo M, Ardigo M. New reflectance confocal microscopy features in vitiligo: beyond the papillary rings. XXIst international pigment cell conference (IPCC). Pigment Cell Melanoma Res. 24:832-3.

22.　Rigopoulos D, Gregoriou S, Katsambas A. Hyperpigmenation and melasma. J Cosmet Dermatol. 2007;6:195-202.

23.　Sheth VM, Pandya AG. Melasma: a comprehensive update: part I. J Am Acad Dermatol. 2011;65:689-97.

24.　Sheth VM, Pandya AG. Melasma: a comprehensive update: part II. J Am Acad Dermatol. 2011;65:699-714.

25.　Sanchez NP, Pathak MA, Sato S, Fitzpatrick TB, Sanchez JL, Mihm MC Jr. Melasma: a clinical, light microscopic, ultrastructural, and immunofluorescence study. J Am Acad Dermatol. 1981;4:698-710.

26.　Grimes PE, Yamada N, Bhawan J. Light microscopic, immunohistochemical and ultrastructural alterations in patients with melasma. Am J Dermatopathol. 2005;27:96-101.

27. Sarvjot V, Sharma S, Mishra S, Shing A. Melasma: a clinicopathological study of 43 cases. Indian J Pathol Microbiol. 2009;52:357-9.

28. Liu H, Lin Y, Nie X, Chen S, Chen X, Shi B, Tian H, Shi Z, Yu M, Zhang D, Yang B, Wang G, Wu M, Zhang F. Histological classification of melasma with reflectance confocal microscopy: a pilot study in Chinese patients. Skin Res Technol. 2011;17:398-403.

29. Hofmann-Wellenhof R, Pellacani G, Malvehy J, Soyer HP. Reflectance confocal microscopy for skin diseases. Heidelberg: Springer; 2012.

30. Goberdhan LT, Mehta RC, Aguilar C, Makino ET, Colvan L. Assessment of a superficial chemical peel combined with a multimodal, hydroquinone-free skin brightener using in vivo reflectance confocal microscopy. J Drugs Dermatol. 2013;12:S38-41.

31. Tsilika K, Levy JL, Kang HY, Duteil L, Khemis A, Hughes R, Passeron T, Ortonne JP, Bahadoran P. A pilot study using reflectance confocal microscopy (RCM) in the assessment of a novel formulation for the treatment of melasma. J Drugs Dermatol. 2011;10:1260-4.

32. Casari A, Farnetani F, De Pace B, Losi A, Pittet JC, Pellacani G, Longo C. In vivo assessment of cytological changes by means of reflectance confocal microscopy demonstration of the effect of topical vitamin E on skin irritation caused by sodium lauryl sulfate. Contact Dermatitis. 2017;76:131-7.

33. González S, González E, White WM, Rajadhyaksha M, Anderson RR. Allergic contact dermatitis: correlation of in vivo confocal imaging to routine histology. J Am Acad Dermatol. 1999;40:708-13.

34. Longo C, Casari A, De Pace B, Simonazzi S, Mazzaglia G, Pellacani G. Proposal for an in vivo histopathologic scoring system for skin aging by means of confocal microscopy. Skin Res Technol. 2013;19:e167-73.

35. Wurm EM, Longo C, Curchin C, Soyer HP, Prow TW, Pellacani G. In vivo assessment of chronological ageing and photoageing in forearm skin using reflectance confocal microscopy. Br J Dermatol. 2012;167:270-9.

36. Addor FAS. Topical effects of SCA® (Cryptomphalus aspersa secretion) associated with regenerative and antioxidant ingredients on aged skin: evaluation by confocal and clinical microscopy. Clin Cosmet Investig Dermatol. 2019;12:133-40.

37. Diluvio L, Dattola A, Cannizzaro MV, Franceschini C, Bianchi L. Clinical and confocal evaluation of avenanthramides-based daily cleansing and emollient cream in pediatric population affected by atopic dermatitis and xerosis. G Ital Dermatol Venereol. 2019;154:32-6.

38. Bağcı IS, Ruini C, Niesert AC, Horváth ON, Berking C, Ruzicka T, von Braunmühl T. Effects of short-term moisturizer application in different ethnic skin types: noninvasive assessment with optical coherence tomography and reflectance confocal microscopy. Skin Pharmacol Physiol. 2018;31:125-33.

39. Manfredini M, Greco M, Farnetani F, Mazzaglia G, Ciardo S, Bettoli V, Virgili A, Pellacani G. In vivo monitoring of topical therapy for acne with reflectance confocal microscopy. Skin Res Technol. 2017;23:36-40.

40. Meinke MC, Richter H, Kleemann A, Lademann J, Tscherch K, Rohn S, Schempp CM. Characterization of atopic skin and the effect of a hyperforin-rich cream by laser scanning microscopy. J Biomed Opt. 2015;20:051013.

41. Guida S, Galimberti MG, Bencini M, Pellacani G, Bencini PL. Treatment of striae distensae with non-ablative fractional laser: clinical and in vivo microscopic documentation of treatment efficacy. Lasers Med Sci. 2018;33:75-8.

42. Bencini PL, Tourlaki A, Galimberti M, Longo C, Pellacani G, De Giorgi V, Guerriero G. Nonablative fractional photothermolysis for acne scars: clinical and in vivo microscopic documentation of treatment efficacy. Dermatol Ther. 2012;25:463-7.

43. Grönemeyer LL, Thoms KM, Bertsch HP, Hofmann L, Schön MP, Haenssle HA. Reflectance confocal microscopy and Hailey-Hailey disease: assessment of response to treatment after CO2 laser ablation. J Dtsch Dermatol Ges. 2014;12:1135-7.

44. Longo C, Galimberti M, De Pace B, Pellacani G, Bencini PL. Laser skin rejuvenation: epidermal changes and collagen remodeling evaluated by in vivo confocal microscopy. Lasers Med Sci. 2013;28:769-76.

45. Guida S, Pellacani G, Bencini PL. Picosecond laser treatment of atrophic and hypertrophic surgical scars: in vivo monitoring of results by means of 3D imaging and reflectance confocal microscopy. Skin Res Technol. 2019;25:896-902.

46. Guida S, Bencini PL, Pellacani G. Picosecond laser for atrophic surgical scars treatment: in vivo monitoring of results by means of reflectance confocal microscopy. J Eur Acad Dermatol Venereol. 2019;33:e114-6.

47. Jo DJ, Kang IH, Baek JH, Gwak MJ, Lee SJ, Shin MK. Using reflectance confocal microscopy to observe in vivo melanolysis after treatment with the picosecond alexandrite laser and Q-switched Nd:YAG laser in melasma. Lasers Surg Med. 2018. [Epub ahead of print].

48. Fu Z, Huang J, Xiang Y, Huang J, Tang Z, Chen J, Nelson JS, Tan W, Lu J. Characterization of laser-resistant port wine stain blood vessels using in vivo reflectance confocal microscopy. Lasers Surg Med. 2019;51(10):841-9.

49. Holmes RL, Williams M, Cunliffe WJ. Pilo-sebaceous duct obstruction and acne. Br J Dermatol. 1972;87:327-32.

50. Manfredini M, Greco M, Farnetani F, Ciardo S, De Carvalho N, Mandel VD, Starace M, Pellacani G. Acne: morphologic and vascular study of lesions and surrounding skin by means of optical coherence tomography. J Eur Acad Dermatol Venereol. 2017;31:1541-6.

51. Manfredini M, Bettoli V, Sacripanti G, Farnetani F, Bigi L, Puviani M, Corazza M, Pellacani G. The evolution of healthy skin to acne lesions: a longitudinal, in vivo evaluation with reflectance confocal microscopy and optical coherence tomography. J Eur Acad Dermatol Venereol. 2019;33:1768-74.

52. Fercher AF, Mengedoht K, Werner W. Eye-length measurement by interferometry with partially coherent light. Opt Lett. 1988;13:186-8.

53. Huang D, Swanson EA, Lin CP, et al. Optical coherence tomography. Science. 1991;254:1178-81.

54. Sattler EC, Kastle R, Welzel J. Optical coherence tomography in dermatology. J Biomed Opt. 2013;18:061224.

55. Ring HC, Mogensen M, Hussain AA, Steadman N, Banzhaf C, Themstrup L, et al. Imaging of collagen deposition disorders using optical coherence tomography. J Eur Acad Dermatol Venereol. 2015;29:890-8.

56. Ulrich M, Themstrup L, de Carvalho N, Ciardo S, Holmes J, Whitehead R, et al. Dynamic optical coherence tomography of skin blood vessels proposed terminology and practical guidelines. J Eur Acad Dermatol Venereol. 2018;32:152-5.

57. Fujimoto JG. Optical coherence tomography for ultrahigh resolution in vivo imaging. Nat Biotechnol. 2003;21:1361-7.

58. Gladkova ND, Petrova GA, Nikulin NK, et al. In vivo optical coherence tomography imaging of human skin: norm and pathology. Skin Res Technol. 2000;6:6-16.

59. Gambichler T, Schmid-Wendtner M, Plura I, Kampilafkos P, Stücker M, Berking C, et al. A multicentre pilot study investigating high-definition optical coherence tomography in the differentiation of cutaneous melanoma and melanocytic naevi. J Eur Acad Dermatol Venereol. 2015;29:537-41.

60. Reddy N, Nguyen BT. The utility of optical coherence tomography for diagnosis of basal cell carcinoma: a quantitative review. Br J Dermatol. 2019;180:475-83.

61. De Boer JF, Milner TE, Martin JCG, Nelson JS. Two-dimensional birefringence imaging in biological tissue by polarization-sensitive optical coherence tomography. Opt Lett. 1997;22:934-6.

62. Hee MR, Huang D, Swanson EA, Fujimoto JG. Polarization-sensitive low-coherence reflectometer for birefringence characterization and ranging. J Opt Soc Am B. 1992;9:903-8.

63. Yasuno Y, Makita S, Sutoh Y, Itoh M, Yatagai T. Birefringence imaging of human skin by polarization-sensitive spectral interferometric optical coherence tomography. Opt Lett. 2002;27:1803-5.

64. Ulrich M, Themstrup L, de Carvalho N, Manfredi M, Grana C, Ciardo S, et al. Dynamic optical coherence tomography in dermatology. Dermatology. 2016;232:298-311.

65. Hara Y, Yamashita T, Kikuchi K, Kubo Y, Katagiri C, Kajiya K, Saeki S. Visualization of age-related vascular alterations in facial skin using optical coherence tomography-based angiography. J Dermatol Sci. 2018;90:96-8.

66. Mamalis A, Ho D, Jagdeo J. Optical coherence tomography imaging of normal, chronologically aged, photoaged and photodamaged skin: a systematic review. Dermatol Surg. 2015;41:993-1005.

67. Mogensen M, Morsy HA, Thrane L, Jemec GB. Morphology and epidermal thickness of normal skin imaged by optical coherence tomography. Dermatology. 2008;217:14-20.

68. Neerken S, Lucassen GW, Bisschop MA, Lenderink E, Nuijs TA. Characterization of age-related effects in human skin: a comparative study that applies confocal laser scanning microscopy and optical coherence tomography. J Biomed Opt. 2004;9:274-81.

69. Gambichler T, Moussa G, Regeniter P, Kasseck C, Hofmann MR, Bechara FG, Sand M, Altmeyer P, Hoffmann K. Validation of optical coherence tomography in vivo using cryostat histology. Phys Med Biol. 2007;52:N75-85.

70. Wu S, Li H, Zhang X, Li Z. Optical features for chronological aging and photoaging skin by optical coherence tomography. Lasers Med Sci. 2013;28:445-50.

71. Florence P, Cornillon C, D Arras MF, Flament F, Panhard S, Diridollou S, Loussouarn G. Functional and structural age-related changes in the scalp skin of Caucasian women. Skin Res Technol. 2013;19:384-93.

72. Boone MA, Suppa M, Marneffe A, Miyamoto M, Jemec GB, Del Marmol V. High-definition optical coherence tomography intrinsic skin ageing assessment in women: a pilot study. Arch Dermatol Res. 2015;307:705-20.

73. Barton JK, Gossage KW, Xu W, Ranger-Moore JR, Saboda K, Brooks CA, Duckett LD, Salasche SJ, Warneke JA, Alberts DS. Investigating sun-damaged skin and actinic keratosis with optical coherence tomography: a pilot study. Technol Cancer Res Treat. 2003;2:525-35.

74. Lagarrigue SG, George J, Questel E, Lauze C, Meyer N, Lagarde JM, Simon M, Schmitt AM, Serre G, Paul C. In vivo quantification of epidermis pigmentation and dermis papilla density with reflectance confocal microscopy: variations with age and skin phototype. Exp Dermatol. 2012;21:281-6.

75. Phillips KG, Wang Y, Levitz D, et al. Dermal reflectivity determined by optical coherence tomography is an indicator of epidermal hyperplasia and dermal edema within inflamed skin. J Biomed Opt. 2011;16:040503.

76. Babalola O, Mamalis A, Lev-Tov H, Jagdeo J. Optical coherence tomography (OCT) of collagen in normal skin and skin fibrosis. Arch Dermatol Res. 2014;306:1-9.

77. Pierce MC, Strasswimmer J, Hyle Park B, Cense B, De Boer JF. Birefringence measurements in human skin using polarization-sensitive optical coherence tomography. J Biomed Opt. 2004;9:287-91.

78. Hara Y, Masuda Y, Hirao T, Yoshikawa N. The relationship between the Young s modulus of the stratum corneum and age: a pilot study. Skin Res Technol. 2013;19:339-45.

79. Vasquez-Pinto LM, Maldonado EP, Raele MP, Amaral MM, de Freitas AZ. Optical coherence tomography applied to tests of skin care products in humans a case study. Skin Res Technol. 2015;21:90-3.

80. Kunzi-Rapp K, Dierickx CC, Cambier B, Drosner M. Minimally invasive skin rejuvenation with erbium: YAG laser used in thermal mode. Lasers Surg Med. 2006;38:899-907.

81. Denk W, Strickler JH, Webb WW. Two-photon laser scanning fluorescence microscopy. Science. 1990;248:73-6.

82. Kollias N, Zonios G, Stamatas GN. Fluorescence spectroscopy of skin. Vib Spectrosc. 2002;28:17-23.

83. Konig K, Riemann I. High-resolution multiphoton tomography of human skin with subcellular spatial resolution and picosecond time resolution. J Biomed Opt. 2003;8:432-9.

84. Zipfel WR, Williams RM, Christiet R, Nikitin AY, Hyman BT, Webb WW. Live tissue intrinsic emission microscopy using multiphoton-excited native fluorescence and second harmonic generation. Proc Natl Acad Sci U S A. 2003;100:7075-80.

85. Riemann I, Dimitrow E, Fischer P. High resolution multiphoton tomography of human skin in vivo and in vitro in proceedings of the femtosecond laser applications in biology, vol. 5312 of Proceedings of SPIE, Strasbourg, France, April 2004, pp. 21-28.
86. Schenke-Layland K, Riemann I, Damour O, Stock UA, König K. Two-photon microscopes and in vivo multiphoton tomographs—powerful diagnostic tools for tissue engineering and drug delivery. Adv Drug Deliv Rev. 2006;58:878-96.
87. Becker W, Bergmann A, Biskup C. Multispectral fluorescence lifetime imaging by TCSPC. Microsc Res Tech. 2007;70:403-9.
88. Lin SJ, Jee SH, Dong CY. Multiphoton microscopy: a new paradigm in dermatological imaging. Eur J Dermatol. 2007;17:361-6.
89. König K. Clinical multiphoton tomography. J Biophotonics. 2008;1:13-23.
90. Tsai TH, Jee SH, Dong CY, Lin SJ. Multiphoton microscopy in dermatological imaging. J Dermatol Sci. 2009;56:1-8.
91. Zhao J, Chen J, Yang Y, Zhuo S, Jiang X, Tian W, Ye X, Lin L, Xie S. Jadassohn-Pellizzari anetoderma: study of multiphoton microscopy based on two-photon excited fluorescence and second harmonic generation. Eur J Dermatol. 2009;19:570-5.
92. Stefania S, Simona S, Paola A, Luisa B, Stefania B, Jennifer C, Chiara F, Paul F, Stefania G, Karsten K, Cristina M, Clifford T, Christopher D. High-resolution multiphoton tomography and fluorescence lifetime imaging of UVB-induced cellular damage on cultured fibroblasts producing fibres. Skin Res Technol. 2013;19:251-7.
93. Benati E, Bellini V, Borsari S, Dunsby C, Ferrari C, French P, Guanti M, Guardoli D, Koenig K, Pellacani G, Ponti G, Schianchi S, Talbot C, Seidenari S. Quantitative evaluation of healthy epidermis by means of multiphoton microscopy and fluorescence lifetime imaging microscopy. Skin Res Technol. 2011;17:295-303.
94. Rice WL, Kaplan DL, Georgakoudi I. Two-photon microscopy for non-invasive, quantitative monitoring of stem cell differentiation. PLoS One. 2010;5:e10075.
95. Koehler MJ, Preller A, Kindler N, Elsner P, König K, Bückle R, Kaatz M. Intrinsic, solar and sunbed-induced skin aging measured in vivo by multiphoton laser tomography and biophysical methods. Skin Res Technol. 2009;15:357-63.
96. Koehler MJ, Hahn S, Preller A, Elsner P, Ziemer M, Bauer A, König K, Bückle R, Fluhr JW, Kaatz M. Morphological skin ageing criteria by multiphoton laser scanning tomography: non-invasive in vivo scoring of the dermal fibre network. Exp Dermatol. 2008;17:519-23.
97. Le Digabel J, Houriez-Gombaud-Saintonge S, Filiol J, Lauze C, Josse G. Dermal fiber structures and photoaging. J Biomed Opt. 2018;23:1-12.
98. Lentsch G, Balu M, Williams J, Lee S, Harris RM, König K, Ganesan A, Tromberg BJ, Nair N, Santhanam U, Misra M. In vivo multiphoton microscopy of melasma. Pigment Cell Melanoma Res. 2019;32:403-11.

第 24 章　瘙痒和敏感性皮肤的评价

Flavien Huet, Laurent Misery　著

24.1　瘙痒

24.1.1　介绍

瘙痒被定义为一种需要抓挠的不适感觉[1]。瘙痒是皮肤科最常见的症状,造成了巨大的社会心理负担:全球疾病负担项目将瘙痒列为导致高负担水平的 50 种最常见的跨学科症状之一[2]。瘙痒在普通人群中也很常见。最近的一项研究表明,32% 的普通人群有瘙痒症状[3]。此外,慢性瘙痒(即持续 6 周以上的瘙痒)会严重影响患者的生活质量和睡眠质量[4-5]。最近的一项横断面研究发现,瘙痒对 2/3 的患者日常生活产生负面影响,超过 88% 以上的瘙痒患者中观察到失眠[6]。因此,有必要对瘙痒进行研究,因为不仅皮肤疾病会引起慢性瘙痒,全身疾病、神经或精神疾病也会引起。由于瘙痒是一种主观症状,评价瘙痒仍然是一项挑战,目前还未设计出一种客观检测症状的方法[7]。国际瘙痒研究论坛(International Forum for the Study of Itch,IFSI)将慢性瘙痒分为三类:①炎症皮肤的慢性瘙痒;②正常皮肤的慢性瘙痒;③伴有严重皮损的慢性瘙痒[8]。

检测瘙痒对于评价患者至关重要,同时也有助于提高人们对慢性瘙痒在医疗健康中影响的认识。此外,随机临床试验(randomized clinical trials,RCT)有必要对瘙痒进行标准化评价,以便进行研究间比较,并确保最高的医学和专业标准[9]。可以使用不同类型的量表来检测瘙痒强度。同时,还需要考虑睡眠障碍、焦虑和抑郁等因素。

24.1.2　瘙痒强度

关于瘙痒检测,可采用单维和多维量表。临床护理和随机对照试验中常规使用的单维量表可快速检测瘙痒强度。

数值评分量表(numerical rating scale,NRS)可用于评价主观症状强度,患者被要求对其瘙痒强度进行评分,从 0 分(无症状)至 10 分(极其严重的瘙痒)。另一种单维量表为视觉模拟量表(visual analog scale,VAS),它提供一种快速评价强度的方法,在随机临床试验中特别有用,是目前最常用的检测工具。VAS 通过为患者提供一个 10 cm 带刻度标记的标尺对瘙痒强度进行评价,两个端点均用与强度对应的数字标记,左端 0 表示"不痒",右

端 10 表示 "极严重的瘙痒"。评分低于 3.0 分通常表示轻度瘙痒，高于 6.9 分表示严重瘙痒，评分在 9.0 分以上代表极严重瘙痒。还有一种单维量表为语言评分量表（verbal rating scale，VRS），它为患者提供了逐渐上升的形容词（0 分为无瘙痒，4 分为非常严重的瘙痒）来选择他们瘙痒强度的选项[10]。

这些量表已通过大规模研究得到验证，适用于罹患瘙痒性皮肤病的慢性瘙痒或各种原因引起瘙痒的患者。不同量表之间具有较高的可重复性和相关性[10-12]。随机临床试验中常应用 NRS、VAS 和 VRS。然而，对于最佳回忆期（12 小时、24 小时、3 天或 7 天）的争议仍然存在，通常建议使用过去的 24 小时。需要注意的是，这些量表仅提供特定时间点的瘙痒强度评价，可能会受到压力、焦虑及并发症等因素的影响。

也可以选用多维量表，如 5-D 瘙痒量表（5-D itch scale）。5-D 瘙痒量表是一种可靠的多维的瘙痒测量方法，在慢性瘙痒患者中已得到验证，可用于检测瘙痒随时间推移的变化[13]。该量表包含 5 个维度，分别为瘙痒强度、持续时间、症状变化、生活质量和瘙痒皮损面积。临床试验中，5-D 瘙痒量表可作为一项有用的结果衡量指标。

瘙痒严重程度量表（Pruritus Severity Scale，PSS）是一个自我报告的 7 项量表，综合了瘙痒强度、睡眠障碍和症状（瘙痒）负担，旨在对瘙痒影响给出综合评级[14]。另外，12 项瘙痒严重程度量表（12-Item Pruritus Severity Scale，12-PSS）也是一种简单的、多维度评价瘙痒强度的方法[15]。该量表包括瘙痒强度（2 个问题）、瘙痒程度（1 个问题）、持续时间（1个问题）、瘙痒对注意力和患者心理的影响（4 个问题）以及对瘙痒刺激的挠抓动作（4 个问题）。12-PSS 和 VAS 与生活质量水平具有显著相关性，且具有较高的可重复性。

除此之外，还有其他一些可用于评价瘙痒的量表，例如动态瘙痒评分（Dynamic Pruritus Score，DPS）（与之前定义的时间点相比，衡量瘙痒强度的变化，使其能够更精确地阐释瘙痒过程）、瘙痒严重程度量表（Itch Severity Scale，ISS）、ItchyQuant 瘙痒问卷和 Eppendorf 瘙痒问卷等[16]。挠抓症状也可考虑用另外两个量表，即挠抓症状评分或瘙痒活动评分[17]。

24.1.3　生活质量

慢性瘙痒会影响生活质量，并带来巨大的社会心理负担，尤其是瘙痒会影响患者睡眠，并增加焦虑和抑郁的风险。皮肤疾病生活质量指数（Dermatology Life Quality Index，DLQI）是一种广泛应用的皮肤病特异性健康相关生活质量量表[18]，包括 10 个条目，集中在以下 8 个维度：症状、日常活动、娱乐、工作、个人关系、感觉、学校和治疗。评分结果可通过计算总分（0 ~ 30 分），并用百分比表示。总分越高，生活质量受影响越严重。一般而言，评分为 6 ~ 11 分的患者生活质量中度受影响，11 ~ 21 分的患者生活质量严重受影响，评分 ≥21 分的患者生活质量极度受影响[19]。

36 项简表（36-item short form，SF-36）可用于评价慢性瘙痒对患者生活质量的影响。SF-12 是 SF-36 的简化版，由 12 个条目组成。它是一种与健康相关的一般生活质量问卷，可用于一般人群评价其健康状况[20]。问题的回答采用二分法（是 / 否）或序数法（优秀到差），或者表示频率（总是到从不）。从这 12 个问题可以计算出两个分数：生理健康总评（Physical Component Summary，PCS-12）和心理健康总评（Mental Component Summary，MCS-12）。需要注意的是，如果这些子量表中有问题未回答，则无法计算总分。因此，特定受试者可能只有 PCS-12 评分，而没有 MCS-12 评分。计算这两个分数时，需要对异常反应和相反问题进行处理，并为每个反应赋一个系数。PCS-12 和 MCS-12 总分采用累加法。评分越高，生活质量越好[21]。

ItchyQoL 问卷旨在评价慢性瘙痒（chronic pruritus，CP）患者的健康相关生活质量（health-related quality of life，HRQoL）受影响情况。该问卷包含 22 个条目，对某些焦点领域进行了描述（如症状、功能和情绪），与皮肤病生活质量指数密切相关[22]。

此外，还可以使用一些特异性较低的皮肤病量表，如欧洲五维生活质量（EuroQol 5-dimensions，EQ-5D）问卷。该问卷是一种评价皮肤病患者健康相关生活质量影响的宝贵工具[23-24]。EQ-5D 是由两部分组成的标准化通用量表[25]。EQ 视觉模拟量表（EQ visual analog scale，EQ-VAS）记录受试者通过视觉模拟量表自评的健康状况，范围从"0"到"100"（即最差到最好的健康状态）。这些信息可作为个体受试者判断健康状态的量化指标。EQ-5D 进一步评价活动能力、自理能力、日常活动、疼痛 / 不适和焦虑 / 抑郁等多维度的健康状态，反映当前的总体健康状态。

完成瘙痒影响评价后，可使用特定的睡眠障碍或精神合并症（焦虑、抑郁）量表。

24.2 敏感性皮肤

24.2.1 介绍

敏感性皮肤综合征（sensitive skin syndrome，SSS）是一种常见的皮肤不适症状，严重影响患者的生活质量。最近，国际瘙痒研究论坛（IFSI）的敏感性皮肤特别兴趣小组（Special Interest Group，SIG）达成了共识定义[26]。敏感性皮肤是一种综合征，其定义为对正常情况下不应引起不适感（如刺痛、灼烧、疼痛、瘙痒和麻刺感）的刺激产生不适感。这些刺激可以是物理因素（如紫外线、热、冷和风）或化学因素（主要是化妆品和水），偶尔也可以是心理或激素因素。此外，上述不适感不能归因于其他皮肤病。敏感性皮肤可以影响身体的任何部位，但主要影响面部（85%）和手部（58%）。

24.2.2 评价

敏感性皮肤的诊断和评价可通过多种感官检测方法进行。这些方法包括乳酸（或辣椒素、二甲基亚砜或热探针）刺痛试验、封闭试验、膝后试验、冲洗和过度浸泡试验，以及瘙痒评价和定量感觉检测（quantitative sensory testing，QST）[27-28]。然而，全球尚未达成对首选方法的共识。在任何情况下，都需要评价患者的主观感受。因为敏感性皮肤被定义为一种主观症状，伴随着对各种因素的异常感觉，使用患者报告量表是诊断敏感性皮肤的最佳方法[29]。

最简单的方法是询问受试者一个关于是否存在敏感性皮肤的开放性问题。另一种可能的建议是在 4 个答案中选择：无、轻度敏感性皮肤、敏感性皮肤或重度敏感性皮肤。敏感性评价量表有 14 项和 10 项两种版本，均是无创评价敏感性皮肤的有效工具[30]。该量表在11 个国家通过不同语言对 2966 名受试者进行试验，发现其与 DLQI 的相关性。采用 10 项内容的版本似乎更可取，因为它更快速、更易于完成，而且内部一致性相同。敏感性皮肤部位中头皮是最常受累的部位之一。评价敏感性头皮的问卷经过验证并命名为 3S 问卷（3S Questionnaire）[31]。最终评分由感觉异常严重程度评分乘以感觉总数获得。这两种量表可用于敏感性皮肤的诊断、病情严重程度评价及疗效评价。

乳酸刺痛试验常被用于研究敏感性皮肤。试验过程中将乳酸溶液涂于鼻唇沟处，然后评价受试者主观症状的强度。右侧鼻唇沟涂抹乳酸溶液，对侧部位则使用等量的生理盐水。受试者需使用 4 分量表对乳酸涂抹后 2.5 分钟和 5 分钟时刺痛的程度进行评分，其中 0 分表示无刺痛，1 分表示轻度刺痛，2 分表示中度刺痛，3 分表示重度刺痛。若 2.5 分钟和 5 分钟的累计评分≥3 分，则为阳性反应。2019 年发表的一项研究纳入 292 名受试者，结果表明，乳酸刺痛试验评分可用于识别以刺痛和瘙痒为主要特征的敏感性皮肤受试者，但不能识别以灼烧和红斑为主要特征的受试者[32]。

量表评价结果显示，受试者之间存在较大差异，非敏感性皮肤受试者与敏感性皮肤患者之间没有明确的界限。因此，需要根据经验数据确定临界值[30-31]。

24.2.3　负担

许多皮肤疾病已经被证明对生活质量有极大的影响，其中包括敏感性皮肤综合征，其对人们的生活质量改变带来了沉重负担[2, 33-34]。疾病负担可以被定义为其对总体健康的影响[35]。由于大多数皮肤疾病与死亡率无关，因此评估发病率在衡量疾病负担时具有更重要的意义[35]。由于皮肤疾病具有很多特异性，因此全球使用的工具不具备足够的相关性或适应性来衡量疾病负担。个体负担包括疾病相关负面影响的广泛维度，包括心理、身体、社会和经济因素，所有这些维度都必须在专门的问卷中予以考虑[36]。

敏感性皮肤负担（Burden of Sensitive Skin，BoSS）是一种特异性且经过验证的评价工具，与敏感性皮肤综合征相关[36]。该问卷包括 14 个条目，与 SF-12 的两个组成部分及DLQI 相关。BoSS 问卷可用总分评价，评分范围为 0～70 分，其中 0 分表示无影响，70 分表示有最大影响。总分是将构成问卷的 14 个条目的得分相加得出。这些条目的评分为：0 分表示从未，1 分表示很少，2 分表示有时，3 分表示经常，4 分表示总是。

24.3　结语

由于瘙痒和敏感性皮肤都是主观症状，所以主要依靠问卷调查来对其进行评价。

参考文献

1. Misery L, Ständer S, éditeurs. Pruritus [Internet]. 2ᵉ éd. Springer International Publishing; 2016.

2. Hay RJ, Johns NE, Williams HC, Bolliger IW, Dellavalle RP, Margolis DJ, et al. The global burden of skin disease in 2010: an analysis of the prevalence and impact of skin conditions. J Invest Dermatol. 2014;134(6):1527-34.

3. Huet F, Taieb C, Corgibet F, Brenaut E, Richard MA, Misery L. Pruritus, pain and depression associated with the most common skin diseases: data from the French study Objectif Peau . In process.

4. Gowda S, Goldblum OM, McCall WV, Feldman SR. Factors affecting sleep quality in patients with psoriasis. J Am Acad Dermatol. 2010;63(1):114-23.

5. Kaaz K, Szepietowski JC, Matusiak Ł. Influence of itch and pain on sleep quality in atopic dermatitis and psoriasis. Acta Derm Venereol. 2019;99(2):175-80.

6. Kopyciok MER, Ständer HF, Osada N, Steinke S, Ständer S. Prevalence and characteristics of pruritus: a one-week cross-sectional study in a German dermatology practice. Acta Derm Venereol. 2016;96(1):50-5.

7. Ständer S, Augustin M, Reich A, Blome C, Ebata T, Phan NQ, et al. Pruritus assessment in clinical trials: consensus recommendations from the International Forum for the Study of Itch (IFSI) special interest group scoring itch in clinical trials. Acta Derm Venereol. 2013;93(5):509–14.

8. Ständer S, Weisshaar E, Mettang T, Szepietowski JC, Carstens E, Ikoma A, et al. Clinical classification of itch: a position paper of the international forum for the study of itch. Acta Derm Venereol. 2007;87(4):291-4.

9. Pereira MP, Ständer S. Assessment of severity and burden of pruritus. Allergol Int. 2017;66(1):3-7.

10. Phan NQ, Blome C, Fritz F, Gerss J, Reich A, Ebata T, et al. Assessment of pruritus intensity: prospective study on validity and reliability of the visual analogue scale, numerical rating scale and verbal rating scale in 471 patients with chronic pruritus. Acta Derm Venereol. 2012;92(5):502-7.

11. Reich A, Heisig M, Phan NQ, Taneda K, Takamori K, Takeuchi S, et al. Visual analogue scale: evaluation of the instrument for the assessment of pruritus. Acta Derm Venereol. 2012;92(5):497-501.

12. Furue M, Ebata T, Ikoma A, Takeuchi S, Kataoka Y, Takamori K, et al. Verbalizing extremes of the visual analogue scale for pruritus: a consensus statement. Acta Derm Venereol. 2013;93(2):214-5.

13. Elman S, Hynan LS, Gabriel V, Mayo MJ. The 5-D itch scale: a new measure of pruritus. Br J Dermatol. 2010;162(3):587-93.

14. Majeski CJ, Johnson JA, Davison SN, Lauzon CJ. Itch severity scale: a self-report instrument for the measurement of pruritus severity. Br J Dermatol. 2007;156(4):667-73.

15. Reich A, Bożek A, Janiszewska K, Szepietowski JC. 12-Item Pruritus Severity Scale: development and validation of new itch severity questionnaire. Biomed Res Int. 2017;2017:3896423.

16. Ständer S, Blome C, Anastasiadou Z, Zeidler C, Jung KA, Tsianakas A, et al. Dynamic pruritus score: evaluation of the validity and reliability of a new instrument to assess the course of pruritus. Acta Derm Venereol. 2017;97(2):230-4.

17. Pölking J, Zeidler C, Schedel F, Osada N, Augustin M, Metze D, et al. Prurigo activity score (PAS): validity and reliability of a new instrument to monitor chronic prurigo. J Eur Acad Dermatol Venereol. 2018;32(10):1754-60.

18. Finlay AY. Quality of life assessments in dermatology. Semin Cutan Med Surg. 1998;17(4):291-6.

19. Lewis V, Finlay AY. 10 years experience of the dermatology life quality index (DLQI). J Investig Dermatol Symp Proc. 2004;9(2):169-80.

20. Ware J, Kosinski M, Keller SD. A 12-item short-form health survey: construction of scales and preliminary tests of reliability and validity. Med Care. 1996;34(3):220-33.

21. Lim LL, Fisher JD. Use of the 12-Item Short-Form (SF-12) Health Survey in an Australian heart and stroke population. Qual Life Res. 1998;8(1 2):1-8.

22. Zeidler C, Steinke S, Riepe C, Bruland P, Soto-Rey I, Storck M, et al. Cross-European validation of the ItchyQoL in pruritic dermatoses. J Eur Acad Dermatol Venereol. 2019;33(2):391-7.

23. Balieva F, Kupfer J, Lien L, Gieler U, Finlay AY, Tomás-Aragonés L, et al. The burden of common skin diseases assessed with the EQ5D : a European multicentre study in 13 countries. Br J Dermatol. 2017;176(5):1170-8.

24. Yang Y, Brazier J, Longworth L. EQ-5D in skin conditions: an assessment of validity and responsiveness. Eur J Health Econ. 2015;16(9):927-39.

25. EuroQol Group. EuroQol a new facility for the measurement of health-related quality of life. Health Policy. 1990;16(3):199-208.

26. Misery L, Ständer S, Szepietowski JC, Reich A, Wallengren J, Evers AWM, et al. Definition of sensitive skin: an expert position paper from the Special Interest Group on sensitive skin of the International Forum for the Study of Itch. Acta Derm Venereol. 2017;97(1):4-6.

27. Berardesca E, Fluhr JW, Maibach HI. Sensitive skin syndrome. New York: Taylor & Francis. 2006; 281 p.

28. Misery L, Loser K, Ständer S. Sensitive skin. J Eur Acad Dermatol Venereol. 2016;30 Suppl 1:2-8.

29. Misery L. Sensitive skin. Expert Rev Dermatol. 2013;8(6):631-7.

30. Misery L, Jean-Decoster C, Mery S, Georgescu V, Sibaud V. A new ten-item questionnaire for assessing sensitive skin: the sensitive Scale-10. Acta Derm Venereol. 2014;94(6):635-9.

31. Misery L, Rahhali N, Ambonati M, Black D, Saint-Martory C, Schmitt A-M, et al. Evaluation of sensitive scalp severity and symptomatology by using a new score. J Eur Acad Dermatol Venereol. 2011;25(11):1295-8.

32. Ding D-M, Tu Y, Man M-Q, Wu W-J, Lu F-Y, Li X, et al. Association between lactic acid sting test scores, self-assessed sensitive

skin scores and biophysical properties in Chinese females. Int J Cosmet Sci. 2019;41(4):398-404.

33. Misery L, Jourdan E, Huet F, Brenaut E, Cadars B, Virassamynaïk S, et al. Sensitive skin in France: a study on prevalence, relationship with age and skin type and impact on quality of life. J Eur Acad Dermatol Venereol. 2018;32(5):791-5.

34. Dalgard FJ, Gieler U, Tomas-Aragones L, Lien L, Poot F, Jemec GBE, et al. The psychological burden of skin diseases: a cross-sectional multicenter study among dermatological out-patients in 13 European countries. J Invest Dermatol. 2015;135(4):984-91.

35. Chren M-M, Weinstock MA. Conceptual issues in measuring the burden of skin diseases. J Investig Dermatol Symp Proc. 2004;9(2):97-100.

36. Misery L, Jourdan E, Abadie S, Ezzedine K, Brenaut E, Huet F, et al. Development and validation of a new tool to assess the Burden of Sensitive Skin (BoSS). J Eur Acad Dermatol Venereol. 2018;32(12):2217–23.

第 25 章　经皮水丢失检测的实际用途与意义

Truus Roelandt, Jean-Pierre Hachem　著

25.1　简介

皮肤作为物理屏障可防止身体水分流失，阻止有毒物质渗透和传染性病原体的入侵[1]。角质层的完整性、结构和功能是形成渗透屏障的关键因素[2]。因此，测量经皮水丢失（TEWL）和皮肤含水量被广泛用于评价皮肤屏障功能[3]。TEWL 指的是由于身体内部空间与环境水蒸气压力梯度而通过皮肤蒸发的水分损失量。它通常反映皮肤的屏障功能和完整性。人体的平均 TEWL 损失量为 300～400 ml/d，但也可能受到环境和（或）内在因素的影响。因此，检测 TEWL 可以在出现疾病迹象之前的早期阶段发现皮肤屏障的紊乱。正常皮肤状态下允许少量水分蒸发，而特应性皮肤体质的特征是临床非湿疹性皮肤有大量水分流失现象。因此，TEWL 是一种有价值的工具，可用于研究基础、疾病和实验条件下的皮肤状况，例如过敏试验、职业病学、监测受损皮肤状态下（实验诱发或活动性疾病）的屏障修复过程，以及化妆品功效的检测[4]。

25.2　砖墙结构

完整的角质层对于维持表皮的渗透屏障非常重要，该屏障可防止体液、电解质和其他分子的流失，以及微生物、过敏原和有毒物质等外来物的渗透[5-6]。角质层被认为是由富含蛋白质的角化细胞组成，这些细胞嵌入在富含脂质的细胞间基质中，形成所谓的"砖墙结构"[7]。这些角化细胞缺乏细胞核（"砖"），含有角蛋白丝，并与交联蛋白（如兜甲蛋白、内披蛋白和丝聚蛋白）组成的外周角化包膜（cornified envelope，CE）结合。细胞间隙充满着由神经酰胺、游离甾醇和游离脂肪酸的混合物构成的片层脂质（"灰浆"）。这些片层脂质是由角质层 / 颗粒层连接处的板层小体（lamellar body，LB）分泌而来[8-9]。所有这些因素共同作用，促进 TEWL 的调控，形成有效的屏障。为了维持有效屏障，表皮通过内稳态过程不断进行自我修复。角质形成细胞从基底层分离，产生过渡性角质形成细胞，然后遵循程序性分化的路径：表达角蛋白，形成角透明质颗粒并组装板层小体。最后一步是细胞死亡（即生理性凋亡），这发生于表皮的颗粒层，促使角质层的形成。这个终末分化过程需要板层小

体的分泌、核碎片处理和角化包膜的形成[10]。表皮的外层角质层形成了一个有效屏障，保护机体内部环境不受外部干燥环境的影响，并调控 TEWL[11]。

25.3 表皮屏障状态及其修复的仪器评价

25.3.1 立法与行业要求

欧盟（EU）化妆品立法要求提供化妆品功效宣称的技术文件。其中，功效验证已经成为技术文档的必要组成部分，可供消费者、行业和立法者之间进行讨论和留存。为此，民间倡议促成了 EEMCO（欧洲化妆品及其他外用产品功效检测小组）或 Colipa（欧洲化妆品、盥洗用品和香水协会）的成立，专家们重新制定了关于功效检测的指导文件[12-13]。

25.3.2 如何评价身体乳和护肤霜对屏障渗透功能的正面作用

一款产品的保湿效果可通过简单的检测来获得。在短期和长期的护理方案下，可以通过检测角质层电性能（电容）的变化来获得产品的保湿效果。如果需要证实产品在屏障功能方面的效果宣称，可以在应用所检测的配方前后进行 TEWL 的量化检测[14]。一般来说，化妆品研究的检测试验需要在无过敏史或炎症性皮肤疾病的成年健康人群中进行。基于润肤剂的靶向效果，应尽可能选择性别和年龄相似的受试人群。试验前建议受试者使用温和的肥皂，避免暴露于紫外线或刺激性产品，避免可能影响结果重现性的外部因素，以确保皮肤检测的理想条件。

为了有效地检测 TEWL，需要考虑其他的指南，因为外部因素会显著影响检测结果。理想的环境温度应该在 19 ~ 23 ℃，相对湿度应该在 40% ~ 60%。建议优选同一操作人员在水平表面进行检测，并保持探头和皮肤表面间的低且恒定的接触压力。

在进行 TEWL 检测时，最重要的考虑因素包括空气对流、室内温度和环境湿度。在检测前臂皮肤时，可以使用棉布覆盖的塑料盒或通风罩来减少空气对流的影响。受试者应该在相对湿度为 45% ~ 55%、室温为 20 ~ 22℃的环境控制下，身体放松至少 15 ~ 30 分钟。必须避免直接光源和阳光照射，以防受试部位局部温度升高和不必要的出汗。最后，在评估前检测探头的温度应该等于受试区域的皮肤温度（表 25.1 总结了 TEWL 检测的步骤和建议）。

即使使用产品后立即检测 TEWL，也无法准确评价产品对皮肤屏障功能的影响，因为这种方法只能评价产品的封闭性能，而无法评价润肤剂中活性成分对屏障功能的改善或破坏。为了真正了解产品对角质层性能的影响，需要进行长期试验，首次使用产品后至少 12 小时进行检测。一般认为，如果受试产品在正常皮肤应用后能显著增加角质层含水量并降低 TEWL，那么它被认为是"有效的配方"。然而，"改善皮肤屏障"的表述只有在经过检测的配方能够改善受损的角质层时才能被使用。表皮损伤可以通过使用阴离子表面活性剂（如十二烷基硫酸钠）或玻璃纸胶带进行化学或物理性损伤。角质层损伤会破坏渗透屏障并导致 TEWL 显著增加。如果反复应用受试产品能够改善超过生理恢复的 TEWL（包括未经处理或安慰剂处理的区域），那么"改善皮肤屏障"的表述可能成立。屏障恢复的计算通常以角质层

表 25.1　TEWL 检测指南

1.	设定实验环境温度（20 ~ 22 ℃）和相对湿度（45% ~ 55%）
2.	受试者在检测 TEWL 前适应 15 分钟
3.	身体部位区域对称选择以避免相关差异
4.	应用 TEWL 探头进行检测时要谨慎仔细
5.	预热探头至受试者体表温度
6.	探头对皮肤施加恒定且适度的压力
7.	保持探头与皮肤表面水平接触
8.	检测受试部位 30 秒或直到稳定的 TEWL（如 TEWL 达到平稳水平）
9.	两次检测间间隔 1 分钟
10.	产品使用前立即检测一次 TEWL，随后至少 3 小时（推荐 6 小时）再次检测
11.	建议进行多次检测（如电容、pH 值）以备份 TEWL 数据

损伤后 TEWL 下降的百分比来表示。时间 - 零 -TEWL（$TEWL_0$）是在对表皮造成所需损伤后立即检测，并在使用受试产品之前检测。在所需时间节点（如 $TEWL_1$、$TEWL_2$、$TEWL_3$ 等）进行恢复率检测，计算公式如下：屏障恢复 $\% = 100 \times (TEWL_{1-n} - TEWL_0)/TEWL_0$。

25.3.3　寻找最佳配方

"遮盖皮肤"的概念早已过时。现代润肤剂的配方注重于重塑角质层适合的脂质成分。这些现代制剂包括可以修复紊乱和缺失的脂质物质，以恢复生理双层结构。此外，产品还可能含有活性成分，可以直接影响表皮分化和（或）板层小体分泌。例如，一些信号传导分子可以通过直接影响活性表皮内颗粒层（SG）水平来实现这一点。此外，要给予配方的 pH 值应有的重视，因为角质层表面的 pH 值为酸性，而在颗粒层 / 角质层界面接近中性。pH 值的变化会直接影响屏障状态[15]。中性 pH 值通过适当地抑制脂质合成酶的功能来阻碍双分子层的形成，或通过激活角质层丝氨酸蛋白酶来促进表皮脱落[16]。

25.3.4　TEWL 检测皮肤屏障的有效性

目前，评价屏障的渗透功能是通过 TEWL 检测仪器的封闭或开放系统进行。TEWL 作为一种广泛接受的检测屏障状态的方法，曾遭学者质疑其有效性。这一质疑基于体外模型未能发现基础 TEWL 与人或猪表皮的通透性之间的相关性[17]。然而，设计性试验中 TEWL 已多次被证明是反映屏障状态的有效工具。近期，Fluhr 等[3] 发现，在不同的体内试验条件下，封闭或开放系统都与绝对失水率相关，失水率可通过重量测定获得。封闭系统和开放系统的检测结果相互关联，并且每种方法检测到不同程度的屏障功能障碍。此外，作者还发现所有检测仪器都是评价试验诱导屏障渗透率变化的可靠工具。

25.3.5　目前检测皮肤失水的常见仪器

在进行 TEWL 检测时，可以采用两种不同的水样本采集技术：①开放室法，即皮肤探头暴露于周围空气，但易受到外部空气对流和湍流的影响；②封闭室法，即与周围空气隔绝，检测不受外部空气对流和湍流的影响[18]（表 25.2）。

在开放室法中，TEWL 由在室内精确定位的两个湿度传感器提供的斜率计算得出。该法的扩散原理可用以下公式计算：

$$dm/dt=D \times A \times dp/dx,$$

其中 A 表示表面积（m^2），m 表示输送水量（g），t 表示时间（h），D 表示扩散常数 [=0.0877 g/（m·h）（mmHg）]，p 表示空气下的蒸气压（mmHg），x 表示皮肤表面到检测点的距离（m）。

表 25.2　已上市的常用 TEWL 检测仪器

设备名称	开关	制造商
Aquaflux	–/+	Biox 系统有限公司，英国
AS-CT1	–/+	朝日生物科技株式会社，日本
DermaLab	–/+	皮层技术，丹麦
H4300*	–/+	Nikkiso-YSI，日本
Tewameter	–/+	Courage & Khazaka，德国
VapoMeter SWL3	–/+	Delfin Technologies，芬兰

TEWA 水分计由德国科隆的 Courage & Khazaka 电子公司制造。该仪器采用间接检测法，通过两对组合的热敏电阻和湿度传感器来检测水蒸汽压力梯度，这些传感器分别存在于两个不同高度的空心圆柱体内（高 2 cm，直径 1 cm）。探头以恒定压力水平放置于皮肤上，其较小的尺寸使内部空气湍流的影响最小化。密度梯度由空心圆筒内的两对传感器（温度和相对湿度）间接检测，并由微处理器进行分析。此外，小重量的探头对皮肤表面结构没有影响且操作便利。

接触皮肤后，TEWA 水分计形成封闭腔室，电子湿度计可检测腔室内的相对湿度。市面上有两种型号的 TEWA 水分计，分别为 VapoMeter 和 Aquaflux。VapoMeter 是由 Delfin 技术有限公司（芬兰库奥皮奥）生产的便携式电池驱动仪器，采用非通风室检测法，内置霍尼韦尔湿度传感器 HIH 3605-B。其圆筒状空气室配有相对湿度和温度传感器（T），皮肤表面的水汽在空气室中聚集，使湿度随时间上升，起初缓慢，随后呈线性上升。通过曲线线性上升部分的斜率来计算通量密度。检测完成后，需要将容器从通量源升起，让积聚的水蒸气逸出。

Aquaflux（英国伦敦 Biox 公司）采用冷凝器 - 腔室检测法。其腔室一端由冷凝器封闭，并保持在比水的冰点低数度的可控温度。

25.4 TEWL 检测的局限性和劣势

TEWL 数据常被用于支持化妆品行业产品的功效宣称。这些产品声称能够改善皮肤屏障，这种表述是基于对人体进行的 TEWL 检测实验。皮肤屏障的改善被定义为在健康受试者皮肤应用该成分后 TEWL 的改善。然而，由于角质层细胞的防水性，TEWL 仅反映水分通过脂质"灰浆"的过程（图 25.1）。在这种情况下，TEWL 的减少将取决于"砖"之间脂质双分子层的含量和（或）结构。然而，改善的 TEWL 也可能与颗粒层 / 角质层界面板层小体的高分泌相关。这一特征可能发生于表皮增生（即病理状态）的早期。作者试验工作的两个案例均支持这一假设[19]。蛋白酶激活受体（PAR）-2[20] 和小泡蛋白 -1 基因敲除小鼠（caveolin-1 knockout mice）[19] 均显示出屏障破坏后 TEWL 的改善，这与颗粒层 / 角质层界面板层小体的高分泌相关，而双分子层结构完全没有变化。然而，小鼠缺乏 PAR-2 和 caveolin-1 会使其表皮层对表皮增生甚至皮肤癌更加易感[19, 21]。如果 TEWL 反映脂质状态，那么它完全低估角质层细胞的状态，而角质层细胞是皮肤"砖和灰浆"的主要组成部分。角化细胞的形成很大程度上取决于来自颗粒层上层角质形成细胞的正确终末分化。尽管脂质分泌和角化细胞形成紧密联系，但新角化细胞形成不足和板层小体高分泌现象可清晰地反映屏障的结构和功能异常，而 TEWL 的检测仍可执行。

最后，应该谨慎解读 TEWL 的改善结果。为了支撑"改善皮肤屏障的护肤品"的功效宣称，我们应该对角质层含水量、pH 值以及免疫组织化学和电子显微镜研究进行补充评价。

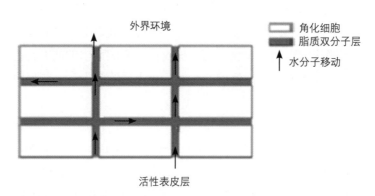

图 25.1 砖墙模型。箭头表示"隐性失水"从内部向外部移动

参考文献

1. Hachem JP. The two compartment model of the stratum corneum: biochemical aspects and pathophysiological implications. Verh K Acad Geneeskd Belg. 2006;68(5 6):287-317.
2. Elias PM, Menon GK. Structural and lipid biochemical correlates of the epidermal permeability barrier. Adv Lipid Res. 1991;24:1-26.
3. Fluhr JW, Feingold KR, Elias PM. Transepidermal water loss reflects permeability barrier status: validation in human and rodent in vivo and ex vivo models. Exp Dermatol. 2006;15(7):483-92.
4. Schmuth M, Feingold KR, Elias PM. Stress test of the skin: the cutaneous permeability barrier treadmill. Exp Dermatol. 2020;29(1):112-3.
5. Corcuff P, Fiat F, Minondo AM. Ultrastructure of the human stratum corneum. Skin Pharmacol Appl Skin Physiol. 2001;14(Suppl 1):4-9.
6. Ponec M, et al. Barrier function in reconstructed epidermis and its resemblance to native human skin. Skin Pharmacol Appl Skin Physiol. 2001;14(Suppl 1):63-71.
7. Elias PM. Epidermal lipids, barrier function, and desquamation. J Invest Dermatol. 1983;80(1 Suppl):44s-9s.
8. Elias PM. Stratum corneum architecture, metabolic activity and interactivity with subjacent cell layers. Exp Dermatol. 1996;5(4):191-201.
9. Elias PM, et al. The secretory granular cell: the outermost granular cell as a specialized secretory cell. J Investig Dermatol Symp Proc. 1998;3(2):87-100.
10. Demerjian M, et al. Acute modulations in permeability barrier function regulate epidermal cornification: role of caspase-14 and the protease-activated receptor type 2. Am J Pathol. 2008;172(1):86-97.
11. Roop D. Defects in the barrier. Science. 1995;267(5197):474-5.
12. Meloni M, Berardesca E. The impact of COLIPA guidelines for assessment of skin compatibility on the development of cosmetic products. Am J Clin Dermatol. 2001;2(2):65-8.
13. Rogiers V, E. Group. EEMCO guidance for the assessment of transepidermal water loss in cosmetic sciences. Skin Pharmacol Appl Skin Physiol. 2001;14(2):117-28.
14. de Paepe K, et al. Claim substantiation and efficiency of hydrating body lotions and protective creams. Contact Dermatitis. 2000;42(4):227-34.
15. Hachem JP, et al. pH directly regulates epidermal permeability barrier homeostasis, and stratum corneum integrity/cohesion. J Invest Dermatol. 2003;121(2):345-53.
16. Hachem JP, et al. Sustained serine proteases activity by prolonged increase in pH leads to degradation of lipid processing enzymes and profound alterations of barrier function and stratum corneum integrity. J Invest Dermatol. 2005;125(3):510-20.
17. Chilcott RP, et al. Transepidermal water loss does not correlate with skin barrier function in vitro. J Invest Dermatol. 2002;118(5):871-5.
18. du Plessis J, et al. International guidelines for the in vivo assessment of skin properties in non-clinical settings: part 2. Transepidermal water loss and skin hydration. Skin Res Technol. 2013;19(3):265-78.
19. Roelandt T, et al. The caveolae brake hypothesis and the epidermal barrier. J Invest Dermatol. 2009;129(4):927-36.
20. Hachem JP, et al. Serine protease signaling of epidermal permeability barrier homeostasis. J Invest Dermatol. 2006;126(9):2074–86.
21. Rattenholl A, et al. Proteinase-activated receptor-2 (PAR2): a tumor suppressor in skin carcinogenesis. J Invest Dermatol. 2007;127(9):2245–52.

第 26 章 通过实地研究进行依从性检测：产品检测的先进方法

Gabriel Khazaka 著

> ◎ 核心信息
> - 经典实验室检测的详细介绍。
> - 新的方法可在受试者日常环境中收集检测数据。
> - 克服招募受试者地域限制的方法已被提出。
> - 产品在正常使用环境下的特性提供了有趣的信息。

26.1 介绍：经典实验室检测

化妆品功效检测基于全球公认明确的科学方案和标准进行。在进行使用特定产品后角质层含水量增加的典型长期试验时，受试者将被邀请到检测实验室。试验开始前，受试者必须先对环境条件适应一段时间，以使其皮肤适应检测环境的相对湿度和室温。然后（一般至少 30 分钟后），在使用该产品的皮肤区域和未处理的对照部位检测角质层含水量或其他皮肤参数，并比较处理和未处理的皮肤。这被称为时间节点 T0 的基线值或初始值[1]。

在整个长期试验过程中，每位受试者将按照详细的方案将受试产品应用于规定皮肤区域。通常情况下，这些方案包含关于必须使用产品的皮肤区域、产品用量、使用频率和时间，以及可能影响产品功效的其他重要因素（如皮肤清洁、饮食和水分摄入、睡眠习惯和日晒）的信息。

在长期试验期间，受试者将按预设的间隔（例如每周）到检测实验室进行随访研究，最迟在试验结束时。受试者将再次适应实验室条件，并进行研究参数的检测，如角质层含水量。结果将进行统计学分析，包括 T0、T1 到 Tx 的结果，从而生成有关产品功效的数据。从科学角度来看，这个过程被认为是重要的且不可或缺，因为它能尽可能严格地控制检测过程中的影响因素。

考虑到试验设计的需要，必须接受某些不可控因素，因此只能对检测结果进行适度解释。受试者必须严格遵守产品使用规程，这对试验过程至关重要。一般而言，随访和在实验室一次检测间的时间跨度可被视为一个"黑箱"，检测实验室对此无法控制。受试者是否遵循使用规程、何时使用以及如何使用都无法在实验室中控制。目前有关防晒霜和防护霜使用依从性的研究很少 [2-4]。一般而言，随访检测间的时间间隔越长，可以假定的依从性就越低。

　　临床试验中未考虑产品在受试者全天正常生活中（如居家、工作和运动）的性能，然而这一信息相当重要，因为该产品意味着在正常情况下及消费者或患者的日常生活情况下有效。此外，参加临床试验的受试者通常居住离实验室所在地区域较近的地方。该因素限制了试验的规模，特别是针对国际市场开发的产品。由于产品未来将在不同的气候区域供应，因此试验可能需在几个国家甚至不同大陆同时进行。由于极高的成本和检测区域及受试者的可获取性，只有极少数制造商和检测实验室能够在全球范围内开展多中心检测。

　　因此，需要寻找新的方法来收集关于化妆品和皮肤病产品功效的额外信息。这些新方法并非要取代目前的标准检测方法，而是作为对现有检测方法和使用真实数据试验设计的补充。

26.2　消费者真实环境中的功效检测

　　在前文中提到的实验室功效检测是全球公认的标准程序。目前已为许多方法制定了指导方案（参见第 4 章）。考虑到不同的地理区域，在受试者典型的一天中对产品进行功效检测尚未有报道。

　　除了成本因素外，最重要的因素之一是缺乏测量设备，允许消费者在日常生活和生活环境中自行进行测试。如今，科技设备已经融入日常生活，不仅在工作中，而且在家里（例如健身手表、智能手机和电脑等）。大多数情况下，这些设备易于操作、小巧、安全且稳定，因此用户无须经过任何专门培训即可轻松学会使用。

　　考虑到这一点，皮肤检测仪器制造商已经开始设计价格合理的检测仪器，这些仪器经过简短的培训（介绍和指导）后可以由临床试验受试者操作。此类检测仪器的使用将提供有关产品使用后和正常使用（例如工作、家庭和运动）时皮肤表面特性的额外信息。

　　另一个可以进行实地研究的领域是患有特殊（通常是罕见）皮肤疾病的家庭。这些罕见的皮肤病通常具有遗传背景，并且在特定家族中聚集，例如特应性皮炎 [5]。研究人员可能会在这些家庭所在地区展开研究，以研究这些家庭的皮肤疾病，特别是屏障功能和（或）角质层含水量的改变。

26.3　皮肤水分检测仪（ Corneometer® DC 3000 移动数据采集器 ）

　　Corneometer® 是全球应用最广的角质层含水量检测仪器，已有 30 余年的历史，广泛应用于化妆品检测和皮肤科研究中，相关研究成果已发表在各大皮肤科学期刊。该仪器的检测原理基于电容原理，不仅快速便捷，而且仅受到皮肤残留物（如盐或产品）轻微影响。此外，该仪器关注的角质层含水量，而角质层是化妆品功效检测中最关键的皮肤层次之一 [6-8]。

为了满足实地研究的需要，研究人员还开发了一种小型便携式角质层检测仪 ®，用于角质层含水量的实地研究。受试者编码可以被轻松录入该仪器。该仪器体积轻巧，采用电池供电，可以装配在小保护盒内，方便实验室分发和在任何地点进行操作，这将有助于扩大受试者的招募范围。此外，仪器、受试产品和受试者培训操作手册可被一并发送至全球各地（图 26.1 和图 26.2）。

受试者还可以轻松使用 Corneometer® DC 3000 移动数据采集器。每次检测结果包括含水量、具体测量日期和时间，以及从连接传感器获取的环境条件（温度、相对湿度）。这些

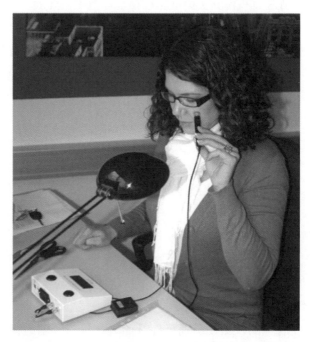

图 26.1　展示 Corneometer® DC 3000 移动数据采集器在受试者面部的应用操作。可以看到移动数据采集器连接了环境检测仪器（温度、相对湿度）

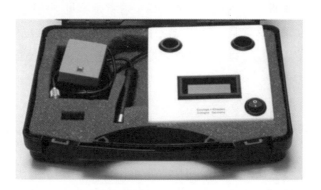

图 26.2　展示 Corneometer® DC 3000 移动数据采集器被妥善地装在一个保护运输箱中，准备分发给受试者或在检测现场使用

数据都可以存储在仪器内。根据试验方案，建议每天进行多次检测（如在不同时间点或使用产品前后）。通过长期的研究，可以收集和存储多达 3000 个检测值。

研究结束后，仪器被送回实验室（或在最后一次随访时带回）。所有检测值均被下载至中央电脑并进行统计学分析。研究过程中，受试者还可通过网络将仪器连接至计算机，并将数据传输至实验室。不管是受试者还是实验室，都无法对保存的数据进行修改。

26.4　结语与展望

通过结合上述实地检测思路和新技术，可以获得关于产品日常应用的额外信息，并与已建立的实验室研究相结合，从而实现新技术的进步。可以实现监测个人和整体受试人群的依从性，而招募受试者的半径也可扩大至全球范围。当然，这些仪器只能交给可靠的、经过培训的受试者，并在试验结束后归还仪器。

值得一提的是，这种经常定期检测的实地研究对受试者附加一定约束。受试者会更加仔细和自律地按照研究方案执行，并在使用产品时清楚地记录皮肤检测值。受试者可能会感到自己受到监督，从而增加依从性。

新一代仪器可以通过蓝牙与智能手机连接，使用专门的 APP 将数据和其他信息实时传输到类似运动手表的中央 IT 系统。同时，这样的 APP 会定时提醒受试者使用产品、进行皮肤检测记录并包括关于产品性能的主观评价。这种技术进步的重要性在于实现从检测仪器通过智能手机至中央数据存储的安全数据传输协议。针对此类数据安全程序，立法已经有明确的规定[9-11]。

未来，这种理念还将包括其他皮肤检测参数，例如黑素、红斑和皮脂量或机械性能检测，从而为受试产品性能提供更多额外信息。

参考文献

1. Bornkessel A, Flach M, Arens-Corell M, Elsner P, Fluhr JW. Functional assessment of a washing emulsion for sensitive skin: mild impairment of stratum corneum hydration, pH, barrier function, lipid content, integrity and cohesion in a controlled washing test. Skin Res Technol. 2005;11:53-60.
2. Armstrong AW, Watson AJ, Makredes M, Frangos JE, Kimball AB, Kvedar JC. Text-message reminders to improve sunscreen use: a randomized, controlled trial using electronic monitoring. Arch Dermatol. 2009;145:1230-6.
3. Neale R, Williams G, Green A. Application patterns among participants randomized to daily sunscreen use in a skin cancer prevention trial. Arch Dermatol. 2002;138:1319-25.
4. Wigger-Alberti W, Caduff L, Burg G, Elsner P. Experimentally induced chronic irritant contact dermatitis to evaluate the efficacy of protective creams in vivo. J Am Acad Dermatol. 1999;40:590-6.
5. Lindh JD, Bradley M. Clinical effectiveness of moisturizers in atopic dermatitis and related disorders: a systematic review. Am J Clin Dermatol. 2015;16:341-59.
6. Breternitz M, Kowatzki D, Langenauer M, Elsner P, Fluhr JW. Placebo-controlled, double-blind, randomized, prospective study of a glycerol-based emollient on eczematous skin in atopic dermatitis: biophysical and clinical evaluation. Skin Pharmacol Physiol. 2008;21:39-45.
7. Crowther JM, Sieg A, Blenkiron P, Marcott C, Matts PJ, Kaczvinsky JR, Rawlings AV. Measuring the effects of topical moisturizers on changes in stratum corneum thickness, water gradients and hydration in vivo. Br J Dermatol. 2008;159:567-77.
8. Fluhr JW, Darlenski R, Surber C. Glycerol and the skin: holistic approach to its origin and functions. Br J Dermatol. 2008;159:23 34.

9. BSI TR-02102-1. (Online; Last accessed January 19, 2020). https://www.bsi. bund.de/SharedDocs/Downloads/EN/BSI/ Publications/TechGuidelines/TG02102/BSI-TR-02102-1.pdf.
10. BSI TR-02102-2. (Online; Last accessed January 19, 2020). https://www.bsi. bund.de/SharedDocs/Downloads/EN/BSI/ Publications/TechGuidelines/TG02102/ BSI-TR-02102-2.pdf.
11. General Data Protection Regulation (Online; Last accessed January 19, 2020). https://gdprinfo. eu.

彩　插

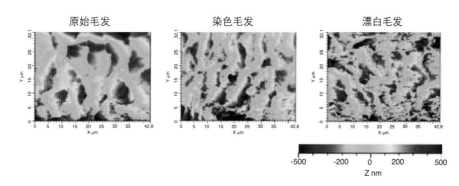

图 16.1　原始、染色和漂白毛发的形态

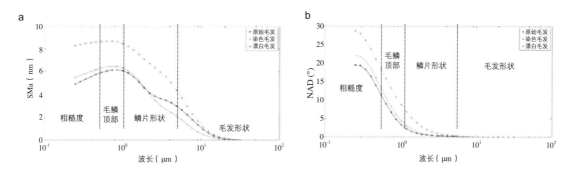

图 16.2　展示了原始、染色和漂白毛发样品的 SMa（a）和 NAD（b）光谱。为了更加清晰地呈现，本图显示了每种类型毛发的平均光谱

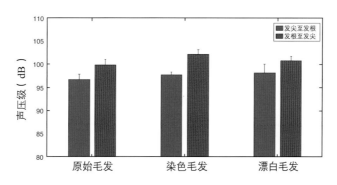

图 16.3　化学处理的效果和毛发的方向性依赖主要集中于声压级，所有数值均对应于平均值 ± 标准差值

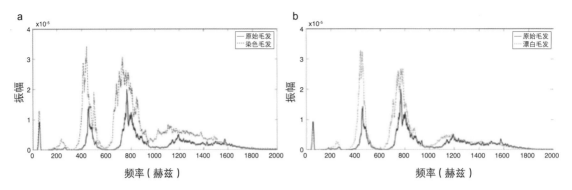

图 16.4 PSD 信号发根至发尖方向。(a)原始毛发与染色毛发比较;(b)原始毛发与漂白毛发比较

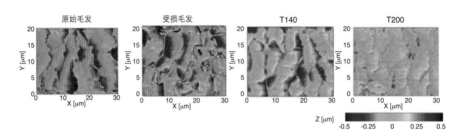

图 16.5 原始、受损与光滑毛发(140 ℃和 200 ℃)的形态

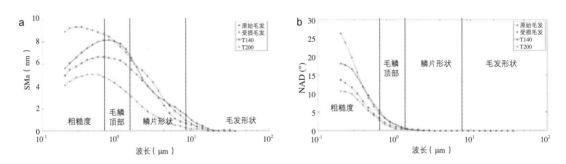

图 16.6 呈现了原始、损伤和光滑毛发样品(分别经过 140 ℃和 200 ℃ 处理)的 SMa(a)和 NAD(b)光谱。为了更直观地展示结果,该图呈现了每种类型毛发的平均光谱

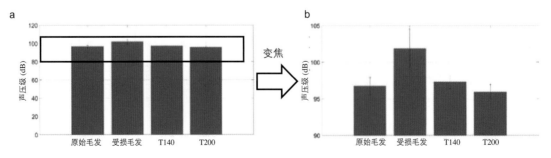

图 16.7 毛发热机械处理对(a)声压级的影响;(b)声压级聚焦。所有值均对应于平均值 ± 标准差值

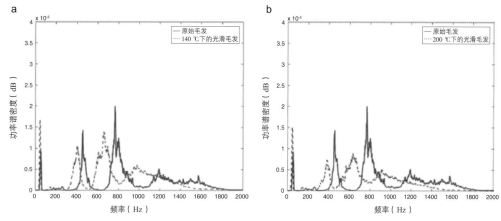

图 16.8 PSD 信号比较：(a) 原始与光滑毛发 (140 ℃)；(b) 原始与光滑毛发 (200 ℃)

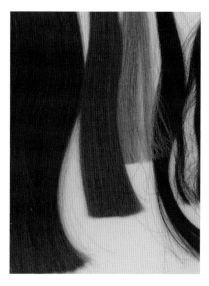

图 19.2 展示了不同形状和大小的毛发，这些毛发可用于检测护发产品。图片由纽约国际毛发进口商 (International Hair Importers，New York) 提供

图 19.3 展示了将不同个体的毛发混合成均匀毛发的过程。图片由纽约国际毛发进口商 (International Hair Importers，New York) 提供

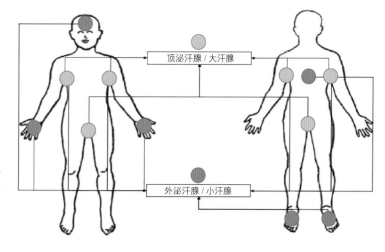

图 20.1 大汗腺 (位于腋窝、腹股沟，显示为橙色) 和小汗腺 (位于手掌、足底、前额和背部，显示为蓝色) 密度较高的皮肤解剖部位

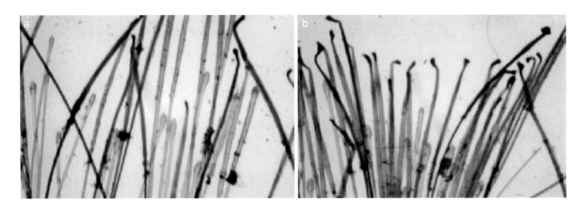

图 21.1 展示了男性型雄激素性脱发患者额颞区（a）和枕部（b）的毛柱图。额颞区可清晰地看到高比例透明的球茎状休止期毛发，而枕部则显示正常的发根 / 休止期比例

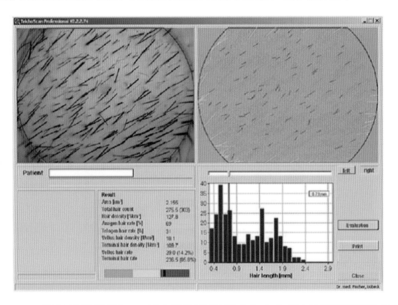

图 21.2 TrichoScan 的扫描软件窗口，其中数字化图像（左上）显示了修剪和染色毛发，右上角是各自的毛发扫描图像，下部列出了毛发密度（n/cm^2）、生长期 / 休止期百分比、毳毛和终末毛百分比的检测结果

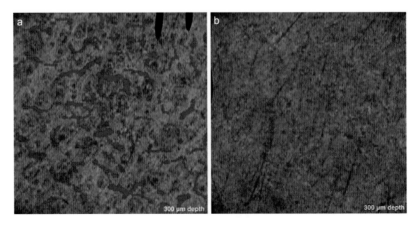

图 23.4 展示动态光学相干层析成像（Vivosight，Michelson Diagnostics，英国）在正常面部皮肤上的应用。图（a）和图（b）分别呈现 25 岁和 61 岁受试者血管密度的差异